正規表現技術入門

最新エンジン実装と理論的背景

新屋良磨、鈴木勇介、高田謙
［著］

技術評論社

本書記載の内容に基づく運用結果について、著者、ソフトウェアの開発元/提供元、株式会社技術評論社は一切の責任を負いかねますので、あらかじめご了承ください。

本書に登場する会社名、製品名は一般に各社の登録商標または商標です。本文中では、™、©、®マークなどは表示しておりません。

本書について

プログラミングの世界には実に多くの技術や方法論が溢れていますが、その中でも「正規表現」はかなり特別な存在です。文字列のパターンを簡単な式で記述できる正規表現は、文字列処理をはじめ、さまざまな場面で活躍してくれるとても便利な道具です。たとえば正規表現を使うことで……っと、そのあたりは本編でたっぷり解説しますので、この前書きでは本書の特徴についてまとめておきます。

本書では、正規表現の基礎/入門から始まり、正規表現の歴史/しくみ/実装/理論などなど幅広い話題を取り上げています。各話題を、その道のエキスパートが解説していきます(執筆担当一覧は次ページを参照)。

正規表現の話題がここまで網羅的に纏められている書籍は、本書の他にはありません。とくに、正規表現を上手に使いこなす上で重要な「正規表現エンジンのしくみ」については、実際のソースコードレベルで詳細に解説を行っており、本書の大きな特徴となっています。

初学者の方々でも本書を読むことで正規表現を使いこなせるよう、「正規表現とは何か?」という基本から、一貫してわかりやすく丁寧な解説を心懸けました。また、正規表現の歴史/しくみ/理論、さらには正規表現を処理するVMの設計方針からJITによる高速化まで扱い、日頃から正規表現に慣れ親しんでいるプログラマや正規表現の深いところまで知りたいという熟練者、そして言語処理系の開発に興味のある読者も楽しめる内容になっています。加えて、理論にも興味のある読者の方々を想定し、巻末のAppendixには「正規表現の数学的背景」として、正規表現の裏側に潜む数理の解説を盛り込みました。

プログラミング言語の公式マニュアル、プログラマ向けの技術解説記事、ブログ、情報共有サービスなどが充実している現在、正規表現に関するさまざまな情報はWebなどで検索/閲覧できます。しかし、とりわけ初学者の方々にとって、それらの情報は断片的なものも少なくないのが現状です。

そんな中、「1冊の本」として軸を通した正規表現の解説は、むしろ「今」だからこそ価値がある存在になり得ると思い、本書を執筆しました。本書を片手に、身近なようでいて意外と知られていない、そんな正規表現の世界を巡ってみてもらえたら、またさらなる発見につながれば、と願っています。

2015年3月
著者を代表して　新屋 良磨

執筆担当一覧

章/節		執筆担当
前付け	各言語の公式ドキュメント、および正規表現の対応状況一覧表	新屋 良磨
第1章	**[入門]正規表現** メタ文字、構文、エンジン	新屋 良磨
	・章末コラム	鈴木 勇介
第2章	**正規表現の歴史** 理論と実装の両面から	新屋 良磨
	・「JavaScript」項	鈴木 勇介
	・「Ruby」項	高田 謙
第3章	**プログラマのための一歩進んだ正規表現** 純粋な正規表現と、最新エンジン実装の比較	新屋 良磨
第4章	**DFA型エンジン** 有限オートマトンと決定性	新屋 良磨
第5章	**VM型エンジン** 鍵を握るのは「バックトラック」	高田 謙
第6章	**正規表現エンジンの三大技術動向** JITコンパイル、固定文字列探索、ビットパラレル	
	・6.1節「JITコンパイル──JavaScriptや正規表現エンジンの高速化」	鈴木 勇介
	・6.2節「固定文字列探索による高速化」	新屋 良磨
	・6.3節「ビットパラレル手法によるマッチング」	喜田 拓也(特別寄稿)
第7章	**正規表現の落とし穴** バックトラック増加、マッチ、振る舞いの違い	新屋 良磨
第8章	**正規表現を超えて** 「書かない」「読み解く」「不向きな問題を知る」	新屋 良磨 (協力:鈴木 勇介)
Appendix	・A.1節「正規と非正規の壁──正規表現の数学的背景」	新屋 良磨
	・A.2節「正規性の魅力──正規言語の『より高度な数学的背景』」	浦本 武雄(特別寄稿)

■───謝辞

　第1章～第3章とAppendixに関しては、稲葉一浩氏に詳細にレビューしていただきました。ありがとうございました。

各言語の公式ドキュメント、および正規表現の対応状況一覧表

　本書執筆にあたり、参考にしたPerl/Ruby/JavaScript/Python/Javaの正規表現の公式ドキュメント（とその和訳）は以下のとおりです。公式ドキュメントには機能/構文が網羅されていますので、普段正規表現を使っていて何か困ったことがあれば、まず公式のドキュメントを参照するのが良いでしょう。

　また、上記言語の正規表現のおもな機能について、対応状況一覧として**表0.1〜表0.5**にまとめましたので、適宜参考にしてみてください[※]。

- Perl
  URL http://perldoc.jp/docs/perl/5.20.1/perlreref.pod
- Ruby
  URL http://docs.ruby-lang.org/ja/2.1.0/doc/spec=2fregexp.html
- JavaScript
  URL http://www.ecma-international.org/ecma-262/5.1/#sec-15.10
  URL https://developer.mozilla.org/ja/docs/Web/JavaScript/Guide/Regular_Expressions
- Python
  URL http://docs.python.jp/3/library/re.html?highlight=re#module-re
- Java
  URL http://docs.oracle.com/javase/7/docs/api/java/util/regex/package-summary.html

※ 『WEB+DB PRESS』(Vol. 19、技術評論社、2004)の「特別企画1：Java, PHP, .NETではじめる正規表現」内の、「Appendix：各言語正規表現対応表」(小山 浩之著)を参考に、本書で必要な情報をまとめました。

表0.1　グループ化、キャプチャ、先読み/後読み

構文	機能	Perl	Ruby	JavaScript	Python	Java
()	グループ化（キャプチャあり）	○	○	○	○	○
(?:)	グループ化（キャプチャなし）	○	○	○	○	○
(?\<name>)	名前付きキャプチャ	○	○	×	×	○
(?'name')	名前付きキャプチャ	○	○	×	×	×
(?P\<name>)	名前付きキャプチャ	○	×	×	○	×
(?=)	先読み	○	○	○	○	○
(?!)	否定先読み	○	○	○	○	○
(?<=)	後読み	△	△	×	△	△
(?<!)	否定後読み	△	△	×	△	△

表0.2 量指定子

構文	機能	Perl	Ruby	JavaScript	Python	Java
欲張り量指定子						
*	0回以上の繰り返し	○	○	○	○	○
+	1回以上の繰り返し	○	○	○	○	○
?	0回か1回	○	○	○	○	○
{n}	n回の繰り返し	○	○	○	○	○
{n,}	n回以上の繰り返し	○	○	○	○	○
{n,m}	n回以上m回以下の繰り返し	○	○	○	○	○
控え目量指定子						
*?	0回以上の繰り返し	○	○	○	○	○
+?	1回以上の繰り返し	○	○	○	○	○
??	0回か1回	○	○	○	○	○
{n}?	n回の繰り返し	○	○	○	○	○
{n,}?	n回以上の繰り返し	○	○	○	○	○
{n,m}?	n回以上m回以下の繰り返し	○	○	○	○	○
強欲な量指定子						
*+	0回以上の繰り返し	○	○	×	×	○
++	1回以上の繰り返し	○	○	×	×	○
?+	0回か1回	○	○	×	×	○
{n}+	n回の繰り返し	○	×	×	×	○
{n,}+	n回以上の繰り返し	○	×	×	×	○
{n,m}+	n回以上m回以下の繰り返し	○	×	×	×	○
(?>)	アトミックグループ	○	○	×	×	○

表0.3 ドット、文字クラス、エスケープシーケンス

機能	Perl	Ruby	JavaScript	Python	Java
.(改行除く)	○	○	○	○	○
.(改行含む)	/sフラグ	/mフラグ	×	re.DOTALLフラグ	Pattern.DOTALLフラグ
\w	Unicodeも含む	[a-zA-Z0-9_][1]	[a-zA-Z0-9_]	Unicodeも含む	[a-zA-Z0-9_]
\d	Unicodeも含む	[0-9][1]	[0-9]	Unicodeも含む	[0-9]
\s	Unicodeも含む	[\t\r\n\f\v][1]	Unicodeも含む	Unicodeも含む	[\t\r\n\f\v][2]
[...]	○	○	○	○	○
[^...]	○	○	○	○	○
POSIX文字クラス	○	○	×	×	×

※1 Rubyの場合、\w、\d、\sは(?u)を指定すればUnicodeを含む。
※2 Javaの場合、UNICODE_CHARACTER_CLASSを指定すればUnicodeも含む。

表0.4 Unicodeプロパティ/スクリプト/ブロック

機能	Perl	Ruby	JavaScript	Python	Java
\p{L}などの一般プロパティ	○	○	×	×	○
\p{InHiragana}などのブロック	○	○	×	×	○
\p{Hiragana}などのスクリプト	○	○	×	×	○

表0.5 マッチング/置換の基本構文

処理		コード

Perl	マッチング	`if ($text =~ m/pattern/) {`
		`    # マッチ成功`
		`}`

	置換	`$text =~ s/pattern/format/;`

Ruby	マッチング	`if text.match(/pattern/)`
		`    # マッチ成功`
		`end`

	置換	`text.gsub(/pattern/, format)`

JavaScript	マッチング	`if (text.match(/pattern/)) {`
		`    // マッチ成功`
		`}`

	置換	`text.replace(/pattern/, format);`

Python	マッチング	`import re`
		`if re.match(pattern, text):`
		`    # マッチ成功`

	置換	`import re` `re.sub(pattern, format, text)`

Java	マッチング	`if (java.util.regex.Pattern.matches(pattern, text)) {`
		`    // マッチ成功`
		`}`

	置換	`text.replaceAll(pattern, format);`

[目次] **正規表現技術入門** ——最新エンジン実装と理論的背景

本書について iii
執筆担当一覧、謝辞 iv
各言語の公式ドキュメント、および正規表現の対応状況一覧表 v
目次 viii

第1章
[入門]正規表現 ——メタ文字、構文、エンジン

1.1 正規表現の基本 3
正規表現とは何か 3
パターンとマッチ 3
 書き方はいろいろ 4
基本的な正規表現のメタ文字と構文 5
正規表現エンジン 6

1.2 文字列と文字列処理 7
 Column 「正規」とは? 7
コンピュータと文字列 8
 文字列は扱いやすい 8
プログラミングで 9
プログラムの実行で 10
設定ファイルの書き換えで 11
ログの検索や整形で 12
Twitterで 13

1.3 正規表現の基本三演算 ——連接、選択、繰り返し 15
3つの基本演算とは? 15
パターンの連接 15
パターンの選択 16
 連接と選択の組み合わせ 16
パターンの繰り返し 17
 Column 「任意の〜」 17
 長さに制限のないパターン 18
 Column きちんとした文法の定義 ——BNF 18
基本三演算の組み合わせ 19
 基本三演算を1種類しか使えない場合 19
 基本三演算を2種類しか使えない❶ ——「連接/選択だけしか使えない」場合 19
 基本三演算を2種類しか使えない❷ ——「選択と繰り返しだけしか使えない」場合 ... 20
 基本三演算を2種類しか使えない❸ ——「連接と繰り返しだけしか使えない」場合 ... 20
 演算を制限した場合に表現できるパターン 20
演算子の結合順位 21
 丸括弧によるグループ化 21

1.4 正規表現のシンタックスシュガー 22
より便利な構文を求めて 22

目次

　　　　量指定子 22
　　　　　　プラス演算 + ——1回以上の任意回の繰り返し 23
　　　　　　疑問符演算? ——0回か1回、あるかないか? 23
　　　　　　範囲量指定子 {n,m} ——n回からm回の繰り返し 23
　　　　　　範囲量指定子の万能性 24
　　　　ドット . ——任意の1文字 24
　　　　文字クラス 25
　　　　　　範囲指定 25
　　　　　　否定 26
　　　　エスケープシーケンス 27
　　　　　　メタ文字をエスケープする 28
　　　　アンカー 28
　　　　　　`Column` 長さがゼロの文字列? 29
1.5　キャプチャと置換 ——正規表現で文字列を操作する 30
　　　　文字列の部位 ——接頭辞、接尾辞、部分文字列 30
　　　　マッチングの種類 31
　　　　　　部分一致か、完全一致か 32
　　　　　　アンカーとマッチングの種類 33
　　　　サブパターンとサブマッチ 33
　　　　キャプチャ 34
　　　　　　順番で指定 34
　　　　　　名前で指定 ——名前付きキャプチャ 35
　　　　　　grepでのキャプチャ 37
　　　　キャプチャしないグループ化 37
　　　　サブマッチの優先順位 38
　　　　　　`Column` よく使う構文ほど簡潔に ——Huffman符号化の原則 38
　　　　　　優先順位の高さは左から右 39
　　　　　　欲張り量指定子と控え目な量指定子 40
　　　　　　欲張りな量指定子と控え目な量指定子の挙動の違い 41
　　　　　　控え目な量指定子の活用例 42
　　　　　　サブマッチの優先順位を理解する 43
　　　　正規表現による文字列の置換 44
　　　　文字列置換のツール 45
　　　　　　sed 45
　　　　　　Perlのワンライナー実行 46
　　　　　　There's More Than One Way To Do It 46
1.6　正規表現の拡張機能 ——先読み/再帰/後方参照 47
　　　　先読み 48
　　　　　　否定先読み 49
　　　　　　否定先読みで正規表現の「否定」を書く 49
　　　　　　後読みと否定後読み 49
　　　　　　先読み/後読みの便利さ 50
　　　　　　先読みで正規表現の「積」(AND)を書く 50
　　　　再帰 51
　　　　　　再帰的なパターン 52
　　　　　　再帰を使わないと書けないパターン 52
　　　　後方参照 53
　　　　基本三演算では表現できないパターン 54
　　　　　　強力さと読みやすさ 55

[ix]

1.7　正規表現エンジンの基本 ... 55
正規表現エンジンの種類——DFA型とVM型 ... 55
DFA型のキーワード——決定性と非決定性 ... 56
有限オートマトンで正規表現の理解を深める ... 57
VM型のキーワード——バックトラック ... 57
次章からの流れ ... 58
　Column　NFA？ VM？ バックトラック？ ... 59
　Column　プログラミングと正規表現 ... 60

第2章
正規表現の歴史——理論と実装の両面から　61

2.1　正規表現の起源——「計算」に関する定式化 ... 63
チューリングマシンとアルゴリズム ... 63
脳の計算モデルと形式的ニューロン ... 64

2.2　Kleeneによる統一 ... 65
記憶領域の有無——形式的ニューロンとチューリングマシンの決定的な違い ... 65
正規表現の誕生 ... 66
有限オートマトンの導入 ... 67
　Column　正規（regular）って何？ ... 67
オートマトン理論の発展 ... 68

2.3　[実装編]プログラマの相棒へ ... 69
最初の正規表現エンジン ... 69
QED——正規表現による検索ができるテキストエディタの登場 ... 69
edエディタからgrepへ ... 71
Unixと正規表現 ... 73

2.4　プログラミング言語と正規表現の出会い ... 74
汎用プログラミング言語への進出——AWK ... 74
POSIXによる標準化 ... 74
Henry Spencerの正規表現ライブラリ ... 75

2.5　現代の正規表現エンジン事情 ... 76
GNU grep ... 76
Google RE2 ... 78
Perl ... 78
　PCRE ... 79
　Column　後方参照の起源 ... 80
JavaScript ... 81
Ruby ... 81

第3章
プログラマのための一歩進んだ正規表現——純粋な正規表現と、最新エンジン実装の比較　83

3.1　「純粋」な正規表現と正規言語 ... 85
集合の基本 ... 85

目次

- 文字の集合 ... 85
  - Column Σは総和記号？ 文字の集合？ ... 87
- 文字列の集合 ... 88
  - Σ*は空文字列を含む ... 88
  - Σ*は無限集合 ... 89
- 集合の書き方——外延的記法と内包的記法 ... 89
- 言語＝文字列の集合 ... 89
  - Column 形式言語理論 ... 90
- 純粋な正規表現 ... 91
  - Column 形式言語と自然言語 ... 91
  - 空集合と空文字列を表す正規表現 ... 92
- 正規言語——正規表現で表現できる言語 ... 93
  - Column 見た目の異なる正規表現が同じ正規言語を表すかどうか ... 94

3.2 現代の正規表現と、多様な機能/構文/実装 ... 95
- 正規表現に対する機能追加の歴史、多様な実装の存在理由 ... 95
- 正規表現エンジン間の機能/構文のサポートの違い ... 96
- 既存実装のベンチマーク ... 98
  - 正規表現ライブラリ ... 99
  - grepファミリー ... 100

3.3 読みやすい正規表現を書くために ... 101
- 簡潔に書く ... 101
  - グループ化や量指定子、文字クラスやエスケープシーケンスをうまく使う ... 103
  - 先読みや後読みなどの拡張機能をうまく使う ... 103
- 説明的に書く ... 103

3.4 現実的に妥協する ... 105
- 厳密な正規表現 ... 105
  - メールアドレスの正規表現 ... 105
  - 電話番号の正規表現 ... 106
  - URL/URIの正規表現 ... 107
  - Column 電話番号にマッチする「真」の正規表現 ... 107
- 妥協した正規表現 ... 108
  - URLの正規表現 ... 109

第4章
DFA型エンジン——有限オートマトンと決定性　111

4.1 正規表現と有限オートマトン ... 113
- 正規表現マッチングを有限状態で表す ... 113
- 有限オートマトン ... 115
- 非決定的な遷移 ... 116
- NFAからDFAを作る ... 117
- 形式的定義 ... 118
  - NFAを形式的に書いてみる ... 119
  - DFAを形式的に書いてみる ... 120
  - オートマトンと正規表現の関係——Kleeneの定理 ... 120
  - Column オートマトンの形式的定義 ... 122

4.2 オートマトンを実装する ... 123

Thompsonの構成法 ——最もシンプルなオートマトンの作り方 123
 文字に対応する標準オートマトン 124
 選択に対応する標準オートマトン 124
 連接に対応する標準オートマトン 125
繰り返しに対応する標準オートマトン 125
 Thompsonの構成法の例 126
ε遷移の除去 127
NFAからDFAを作る(再) 129
NFAエンジン vs. DFAエンジン ——有限オートマトンによるマッチングの計算効率... 131

4.3 [実装テクニック]On-the-Fly構成法 133
grepのソースコードの概要 133
遅延評価 133
必要になった状態だけ計算する 134
GNU grepのOn-the-Fly構成コード 136
On-the-Fly構成の威力 138

4.4 DFAの良い性質 ——最小化と等価性判定 139
見た目は違うけど同じ言語を認識するオートマトン？ 139
 `Column` シンプルで美しいBrzozowskiの最小化法 141

第5章 VM型エンジン ——鍵を握るのは「バックトラック」 143

5.1 基本的なVM型エンジンの実装 145
VM型エンジンの基本構成 145
 バックトラックの基礎知識 146
最も単純なバックトラック型実装 148
 match関数とmatchhere関数 148
 matchstar関数 ——バックトラック実装の肝 150
 matchstar関数とバックトラックの関係 150

5.2 より実用的なVM実装 151
仮想マシンのしくみ ——マッチの実行部分 151
VMの基本命令 153
正規表現のコンパイルと実行例 154
 バックトラックの動作 154
 バックトラック型実装とスレッドの実行 155
仮想マシンの最小限の実装 156
 共通部分 156
 再帰的なバックトラック実装——recursive、recursiveloop 157
 ループと再帰を組み合わせたバックトラック実装——recursiveloop 158
 非再帰的なバックトラック実装——backtrackingvm 160

5.3 鬼雲のVM実装 162
鬼雲の基本構成 162
VM命令 162
スタック 164
個々の命令の実装 166
 文字とのマッチ 167

             複数文字とのマッチ 169
             文字クラスとのマッチ 170
             JUMP 171
             PUSH 172
             キャプチャ 173
             後方参照 174
             部分式呼び出し 176
             条件分岐 177
         鬼雲VM実装のまとめ 178
5.4   VM以外の部分の実装 178
         パーサ 178
             多文法対応 180
             多文法対応の実装 182
             マルチバイト対応 182
             文字単位のマッチとバイト単位のマッチ 184
             鬼雲における実装方法 185
         コンパイラ 187
             空のループのチェック 188
             大文字小文字同一視の場合は、選択へ展開 188
             括弧によるキャプチャの使用状況を確認 189
             繰り返し文字列の展開 189
             その他の繰り返しの最適化 189
             直後が固定文字のときの最適化 189
             自動"強欲化" 189
             暗黙のアンカーによる最適化 190
         検索 190
             固定文字列検索 190
             アンカーによる最適化 191
         鬼雲の新機能 191
             \K:保持(Keep pattern) 191
             \R:改行文字 192
             \X:拡張Unicode結合文字シーケンス 193
             Column 鬼雲の今後の課題 195

5.5   鬼雲を動かしてみる 197
         鬼雲のコンパイル 197
         デバッグ機能の有効化方法 197
         バックトラックの制御 201
             欲張りマッチ 201
             控え目なマッチ 202
             強欲マッチ 203

5.6   まとめ 205
             Column Windows環境の正規表現エンジン事情 206

第6章
正規表現エンジンの三大技術動向 ——JITコンパイル、固定文字列探索、ビットパラレル　207

6.1   JITコンパイル ——JavaScriptや正規表現エンジンの高速化 209
         JavaScript ——高速なテキスト処理を求めて 209

[xiii]

　　　　JITコンパイルの導入と成果 210
　　　　JITコンパイルによる高速化のカラクリ 212
　　　　正規表現のJITコンパイル 214
　6.2　固定文字列探索による高速化 218
　　　　固定文字列とは？ 218
　　　　正規表現とキーワード 219
　　　　DFAよりも高速な固定文字列探索アルゴリズム 220
　　　　　　ブルートフォースアルゴリズム 220
　　　　　　Quick searchアルゴリズム 221
　　　　複数文字列探索アルゴリズム 225
　　　　　　`Column` 固定文字列探索アルゴリズムのススメ 225
　6.3　ビットパラレル手法によるマッチング 226
　　　　ビットパラレル手法 226
　　　　固定文字列探索を行うNFA 227
　　　　固定文字列探索を行うNFAのシミュレーションをビットパラレル手法で計算する 227
　　　　文字クラスへの拡張 ──固定文字列探索よりも柔軟に 230
　　　　　　`Column` SIMD命令による高速化 232

第7章
正規表現の落とし穴 ──バックトラック増加、マッチ、振る舞いの違い　233

　7.1　バックトラック増加によるパフォーマンスの低下とその解決策 235
　　　　[問題点]指数関数的なバックトラックの増加 235
　　　　　　バックトラックベースのVM型エンジン特有の問題 235
　　　　[解決策❶]控え目な量指定子によるサブマッチ優先度の明示 236
　　　　[解決策❷]強欲な量指定子によるバックトラックの抑制 237
　　　　　　強欲な量指定子で無駄なバックトラックを抑制する ──PCREの例❶ 239
　　　　　　強欲な量指定子で無駄なバックトラックを抑制する ──PCREの例❷ 239
　　　　自動強欲化 241
　　　　　　可能な限り量指定子のネストは避ける 241
　　　　　　　`Column` 量指定子のネストに関するPython 2.x系の制限 242
　　　　　　文字列探索による高速化の実例 243
　　　　[押さえておきたい]正規表現エンジンの最適化/高速化技法 243
　　　　アトミックグループ 243
　　　　　　`Column` 欲張り、控え目、強欲 244
　　　　バックトラックの制御機能 ──控え目/強欲な量指定子とアトミックグループのサポートの対応表 245
　7.2　マッチについてさらに踏み込む 245
　　　　最左最長のPOSIX 246
　　　　早い者勝ちのVM型 247
　　　　最左最長と早い者勝ち ──二刀流のRE2 248
　　　　サブマッチは上書きされる 248
　　　　マッチのオーバーラップ 249
　　　　先読みによるオーバーラップの回避 250
　7.3　異なる正規表現エンジン間での振る舞いの違い 251
　　　　文字クラスについて 252

Column さまざまな正規表現エンジンの検証	253
マルチバイト文字の文字クラスとUnicodeプロパティ	254
アトミックグループを先読みと後方参照で模倣する	255
先読みよりもサポートの弱い後読み	256
空文字列の繰り返しに関するJavaScript特有の挙動	257

第8章 正規表現を超えて ——「書かない」「読み解く」「不向きな問題を知る」 259

8.1 正規表現を自動生成する 261
- ABNFから正規表現を自動生成する 261
- ABNFによるURIの文法の定義 262
- ABNFから正規表現へ変換するツール 264
- VerbalExpressions 264

8.2 複雑な正規表現を読み解く 265
- オートマトンで可視化 265
- 可視化ツール 267
  - Column 最小の正規表現 267
- RFCに準拠したURIに対応するDFA 268
- 正規表現から「マッチする文字列」を生成する 270
  - Column ファジング ——正規表現で脆弱性チェック? 272

8.3 構文解析の世界 ——正規表現よりも表現力の高い文法を使う 273
- 正規表現と構文解析 273
- 基本三演算では表現できない再帰的な構文 274
  - BNFとCFG ——「四則演算の構文は再帰的な構文」を例に 274
  - 文脈自由言語＝正規言語＋括弧の対応 276
- PEG 277
  - Column 文脈自由言語とChomskyの階層 277
- PEGによる四則演算パーサ 278
- 強力さの代償 279
  - Column CFGとPEGの構文解析計算量 282

Appendix 283

A.1 正規と非正規の壁 ——正規表現の数学的背景 284
- 否定は正規 284
- 先読みは正規 286
- 正規言語のポンピング補題 287
  - 必要条件と十分条件 287
  - 言語が無限集合であるということ 288
  - ポンピング補題の内容とその証明 289
  - 正規言語Lが有限集合の場合 292
- Myhill-Nerodeの定理 292
  - Column 便利で人気のあるポンピング補題 292
  - 同値関係 293
  - 同値関係で割ったもの 293
  - 右同値類 294

[xv]

- Myhill-Nerodeの定理の内容 ... 295
- 最小DFAの一意性 ... 295
- 再帰は非正規 ... 297
  - ポンピング補題による証明 ... 297
  - Myhill-Nerodeの定理による証明 ... 298
- 後方参照は非正規 ... 299
  - ポンピング補題による証明 ... 300
  - Myhill-Nerodeの定理による証明 ... 300
- ポンピング補題 vs. Myhill-Nerodeの定理 ... 301

A.2 正規性の魅力 ── 正規言語の「より高度な数学的背景」 ... 303

- [はじめに] 正規言語の短所と長所 ... 303
- 正規言語の「理論」への出発点 ── 最適化問題の視点から ... 304
  - 正規表現の最適化に係る基本作業 ... 305
  - 正規表現からメタ文字を削除する ... 305
  - メタ文字の役割と計算コスト ... 305
  - 繰り返しの*を削除して、正規表現の形を根本から変えてみる ... 308
  - 自動的に正規表現を最適化するには ... 309
  - より高度な正規言語理論へ ... 310
- 正規言語の理論へ ── 正規言語のsyntactic monoid ... 311
  - 正規言語のsyntactic monoid ── その作り方 ... 312
  - 正規言語からsyntactic monoidを作る ... 312
  - 第1段階 ... 313
  - 第2段階 ... 315
  - ここで少し用語の統一 ... 317
  - 積(multiplication) ... 317
  - monoid(モノイド) ... 318
- 正規言語のsyntactic monoidの使い方 ... 319
- Syntactic monoidを実際に使ってみる ... 320
  - ❶正規表現から*を削除できるか確かめるアルゴリズム ... 320
  - ❷*を使わない、等価な正規表現を生成するアルゴリズム ... 321
  - Schützenbergerの定理と、アルゴリズムとしての証明 ... 321
- [まとめ] 正規言語のsyntactic monoidの使い方 ── より高いところから俯瞰してみる ... 322
  - Syntactic monoidを使った方法の適用範囲 ... 323
  - この方法に伴うコスト ... 324
  - じゃあ、なぜsyntactic monoidか? ... 325
- [エピローグ] 背後にある数学「双対性」 ... 326
  - 双対性って? ... 326
  - 正規言語とsyntactic monoidの双対性 ... 326
  - 正規言語とsyntactic monoidの相互関係を支えるストーン双対性 ... 326
- おわりに ... 328

A.3 参考文献 ... 329

索引 ... 331

第1章

[入門]正規表現
メタ文字、構文、エンジン

※ 本章は記法を解説する導入の章ということで、正規表現のパターンを「等幅フォント」、文字列を『等幅フォント』として掲載しています。ただし、文脈から明らかな場合、記号の混在で読みにくい場合などには省略している箇所もあります。

第1章 [入門]正規表現 ——メタ文字、構文、エンジン

　正規表現は元々文字列のパターンを記述するための「表現式」として生まれたものですが、プログラマの世界では、検索や置換などの文字列処理に使える「小さなプログラミング言語」として重宝されています。実際、正規表現を使いこなすために覚えるべき構文は（基本的には）わずかであるにもかかわらず、極めて柔軟にいろいろな処理、たとえば文字列検索、抽出、削除、置換などを行うことができます。

　プログラミングの世界には実に多くの技術や方法論が溢れていますが、その中でも正規表現というものはかなり特別な存在です。正規表現の良いところ、および学ぶ利点を筆者なりに絞り込んでみると、次の3点になります。

- ほどほどに「単純」であること
  シンプルなことは良いことである。そして正規表現の基本はシンプルである

- それでいて「強力」であること
  正規表現を使って解決できる問題は多くある。その事実は、ほぼすべてのプログラミング言語が標準ライブラリや組み込みで正規表現をサポートしていることからも知ることができる

- そして「廃れない」こと
  正規表現は半世紀近く前から現在に至るまで、文字列処理の道具としてプログラマに愛され続けている。正規表現の性質の良さには確かな実装的/理論的裏付けがあり、簡単に廃れるようなものではない

　本章では、正規表現の基本を丁寧に解説します。この基本を通して、正規表現の「単純さ」と「強力さ」を知ることができるでしょう。本章ではまず「正規表現とは何か」から始め、正規表現がどのように役立つかの一例を見ていきます。そして、正規表現の基本的な書き方（基本三演算）と便利な構文、文字列処理に欠かせない機能、さらに、正規表現の拡張機能もしっかり押さえ、次章以降の話題の流れを概観します。

　本章では正規表現のおさらいも兼ねて、ごくごく基本的な部分から解説を行っていきます。正規表現を「すでに知っている/使っている」という読者の方も、後半の「正規表現の拡張機能」には新たな発見があるかもしれません。

1.1 正規表現の基本

　まず、正規表現が文字列のパターンを記述するための「表現式」であることの解説から始めましょう。本節では正規表現を構成する部品(メタ文字や演算子)の説明から出発し、「パターン」と「マッチ」という重要な基本用語について解説します。

正規表現とは何か

　正規表現は「regular expression」の訳語です。つまり、正規表現とは一種の「式」(*expression*)なわけです。ここで言う「式」とは、何か表現するための「ものの書き方」です。たとえば$10^3 + 4 \times 13 \times 19$は1988を表す「数式」ですし、$H_2O$は水を表す「化学式」です。プログラマにとっては||(or)や&&(and)や!(not)を使って(if文などの)条件を表現する「論理式」は身近なものでしょう。

　通常、式の書き方には一定の規則というものが存在しています。一般的には、

- **構成要素**：数式における数や化学式における元素記号に相当する記号
- **演算子**：数式における足し算(+)掛け算(×)に相当する記号

の2種類の記号の規則的な組み合わせで式は構成されます。

パターンとマッチ

　数式が数を、化学式が化学物質を表現できるように、正規表現は「文字列の**パターン**」(1.3節で後述)を表現することができます。たとえば、

0|1|2|3|4|5|6|7|8|9

という正規表現は「0から9までの数字1文字」という**パターン**を表現しています。記号「|」は「または」という複数の可能性を表す正規表現の演算子です。

　たとえば「私は1(0|1|2|3|4|5|6|7|8|9)歳です」と言えば、正規表現がわかる人には「この人は10代なんだな」と受け取ってもらえるでしょう。「1(0|1|2|3|4|5|6|7|8|9)」という正規表現は、「10から19までの2桁の数」を表現しているからです。

　丸括弧は正規表現を部品ごとに区切るために使われていて、丸括弧の有無で正規表現の意味は大きく変わってしまいます。数式で$x*(y+z)$と$x*y+z$がま

ったく異なる式であるのと同じです。たとえば「1(0|1|2|3|4|5|6|7|8|9)」から丸括弧を取り去った正規表現「10|1|2|3|4|5|6|7|8|9」は、元の正規表現と意味がまったく変わってしまいます。前者は「10代の数」を後者は「10または1から9までの数」を表します。

与えられた文字列が正規表現が表しているパターンに入っている場合、「正規表現は与えられた文字列に**マッチする**」または「与えられた文字列は正規表現に**マッチする**」と言います。奇妙かもしれませんが、「マッチする」の主語は正規表現にも文字列にもなり得ます。たとえば先ほどの正規表現、

```
1(0|1|2|3|4|5|6|7|8|9)
```

に対して文字列『10』はマッチしますし、『25』はマッチしません。与えられた文字列が正規表現にマッチするかどうかチェックすることを「正規表現のマッチング」や「正規表現マッチング」と呼びます。正規表現マッチングについては、本章の後半で解説を行います。

■──書き方はいろいろ

ところで、$3+4+3$ と $4+2\times3$ のように見た目の異なる数式が同じ数を表す場合があるように、見た目の異なる正規表現が同じパターンを表すことがあります。たとえば、「0から9までの数字1文字」というパターンも「[0-9]」や「\d」[注1]のように短い正規表現で表すことができます。このように、正規表現と数式は表すものが「文字列のパターン」と「数」とまったく違うものですが、いくつか似たような性質を持っています。本書でも、正規表現の説明の引き合いに簡単な数式がしばしば登場します。

数字を扱った別の正規表現の例を見てみましょう。

```
03-[0-9][0-9][0-9][0-9]-[0-9][0-9][0-9][0-9]
```

という正規表現は03から始まる電話番号、すなわち東京23区の固定電話の電話番号を表す正規表現となっています。「[0-9]」が1桁の数字を表すので、たとえば「03-3513-6150」もパターンに含まれていることになります。

また、数式 $x+x+x+x$ が $4x$ と短く書けるように、正規表現「[0-9][0-9][0-9][0-9]」は「[0-9]{4}」と短く書くことができます。{4}が「4回繰り返す」を表す正規表現の演算子に相当するわけです。この{4}のように「繰り返し」に関する演算子をまとめて**量指定子**(*quantifier*)と呼びます。量指定子をうまく使うことで、

[注1] それぞれ、文字クラス、エスケープシーケンスと呼ばれるもので1.4節で解説を行います。

「03-[0-9][0-9][0-9][0-9]-[0-9][0-9][0-9][0-9]」という正規表現は、

`03-[0-9]{4}-[0-9]{4}`

と書くことができます。おっと、どうやら「-[0-9]{4}」の部分も次のようにまとめることができそうです。

`03(-[0-9]{4}){2}`

「[0-9]」は「\d」とも書けるので、結局、東京23区の固定電話番号は、

`03(-\d{4}){2}`

という短い正規表現で表すことができました。

基本的な正規表現のメタ文字と構文

正規表現において特別な意味を持った文字のことを**メタ文字**(*metacharacter*)と呼びます。一方、特別な意味を持たない文字のことを**リテラル**(*literal*)と呼びます。

先ほどの例で扱った「[0-9]」においては [と - と] が特別な意味を持つメタ文字で、0 と 9 がリテラルです。また、「\d」も特別な意味を持っているのでメタ文字となります。簡単に言うと「書いてあるとおり(字面通り)そのまま」にマッチされるものがリテラルで、それ以外がメタ文字ということです。

メタ文字には大別して、

- 「数字」を表す \d のように、それ自身があるパターンを表すもの(**構成要素**)
- 「4回の繰り返し」を表す {4} のように、他の正規表現と組み合わせてパターンを表すもの(**演算子**)

の2種類があります。

丸括弧(*parenthesis*、パーレン)もメタ文字(演算子)の一つです。詳しくは後述しますが、丸括弧には、

- 演算の優先度の明示(**グルーノ化**)
- マッチした文字列の保存(**キャプチャ**)

といった機能があります。

前述したとおり [ ] は正規表現においてはメタ文字として扱われますが、[単独で書くと正しい正規表現として認識されません。なぜなら [は] と組み合わせ

て書くことで初めて意味を持つからです。同じような理由で繰り返しを表すメタ文字{}は「{で始め、繰り返し回数を表す数字が現れ、}で閉じる」というルールがあります。このように、いくつかのメタ文字は他のメタ文字やリテラルと組み合わせて書くことで意味を持つものがあります。そのような書き方(組み合わせ)の規則を**構文**(*syntax*、シンタックス)と呼びます。

表1.1に正規表現の基本的なメタ文字と構文をまとめてみました。電話番号のような単純な例でも、量指定子をうまく使う/使わないで正規表現の書き方が大きく異なってきます。これらのメタ文字や構文、その意味は1.3節と1.6節で詳しく解説します。

正規表現エンジン

正規表現マッチングを行う処理系のことを**正規表現エンジン**(*regular expression engine*)と呼びます(**図1.1**)。

正規表現エンジンが違えば、サポートしている機能や構文も違ってきます。表1.1に挙げた構文については、多くのエンジンで共通して使えますが、より細かい構文や高度な機能になってくるとエンジンのサポートの差が出てきます。

正規表現エンジンのしくみを解説する第4章や第5章、エンジンの違いから生

表1.1 正規表現の基本的なメタ文字

名称	演算子
選択	|
量指定子	* + ? {}
グループ化	() (?:)
先読み等	(?=) (?!) (?<=) (?<!)
名称	構成要素
ドット	.
文字クラス	[abc]
アンカー	^ $ \A \b \B

図1.1 正規表現エンジン

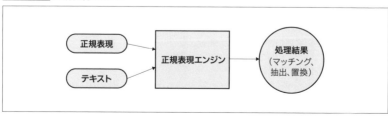

まれる挙動の差を解説する第7章を読むことで、正規表現エンジンにはどのような種類があり、なぜエンジンごとに機能のサポートに差が出てくるのか、その見分け方がわかってくるでしょう。また、正規表現の効率的な書き方についても第7章で紹介します。

正規表現は「Perl、Python、Ruby、JavaScript、C++、Java、Haskell、PHP、.NET、Lisp...」をはじめ、ほとんどどんなプログラミング言語でも専用の構文(**正規表現リテラル**)が用意されているか、あるいは標準ライブラリとして組み込まれています。プログラミング言語だけでなく、正規表現を扱えるツールやアプリケーションも多く存在します。言い換えれば、多くのプログラミング言語やツールにはそれぞれの正規表現エンジンが用意されているということになります。

1.2 文字列と文字列処理

コンピュータシステム上では、多くのデータが「文字列」として表現されます。**文字列**(*string*)とは「文字が並んだデータ」のことです。ソースコードやWebページの文章、サーバのログや設定ファイルなども文字列データです。文字列データでないものとして、音声データや画像データ、プログラムの実行形式(バイナリ)データなどがあります。

[Column]

「正規」とは?

正規表現(*regular expression*)が「表現式」(*expression*)であることは説明したとおりですが、ところで先頭の**正規**(*regular*)は何を意味しているのでしょうか。「正規」という言葉は、一般的には「正しいもの」「正式なもの」を表す形容詞ですが、理論の世界では「正規」は「性質の良いもの」「扱いやすいもの」という感覚で使われます。最初に正規表現を発明した人が「性質の良さ」を見抜いて正規表現と命名したのです。

正規表現の命名事情や歴史については第2章で詳しく説明します。また、正規表現の「性質の良さ」については第4章や第8章、さらには数理的に踏み込んだ話題はAppendixで取り上げます。

コンピュータと文字列

　コンピュータシステムの内部では、文字列だろうが音声だろうが画像だろうが、最終的にどんなデータも2進符号化されバイナリデータでやり取りされています(**図1.2**)。バイナリデータのような「1と0の羅列」も文字列だと言ってしまえば、あるいは「すべてのデータは文字列だ」と言えるかもしれません。「データ構造」のような、そのままでは文字列ではない抽象的なものもJSON(*JavaScript Object Notation*)やXML(*Extensible Markup Language*)注2などの文字列で表現する場合があります。

■──**文字列は扱いやすい**

　文字列は人間にとって扱いやすいデータです。文字列として表現すると人間にとって都合が良い点がいくつもあります。「読める」というのはもちろんのこと、文字列というデータ構造はシンプルであるため、

- 文字列に対する検索
- 文字列の書き換え

などの操作が自然に考えられるでしょう。

注2　さまざまなデータを柔軟に記述できるデータ記述言語。

図1.2　どんなデータもコンピュータにとってはバイナリデータ

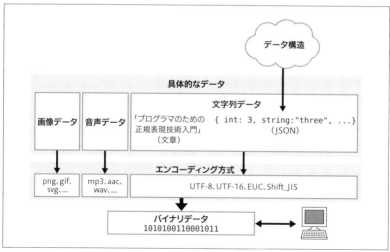

コンピュータを使うのが当たり前になっている現代では、Webの検索サービスを使ってキーワードを調べて関連情報を探すなどは日常的な行為でしょう。さらにプログラマやシステム管理者にもなると、数万行を超えるソースコードやデータファイル、絶えず流れていくログに対して特定パターンの検索や書き換えを行うことが当たり前となります。

コンピュータを使うほとんどの人々、とくにプログラマが、優れた文字列処理技術を必要とするのは当然なことなのです。そのような状況で、多くのプログラマに支持されているのが正規表現です。

プログラミングで

プログラマにとって文字列処理は日常的なものです。たとえば、Webの入力フォームで「メールアドレス」の入力を希望する場合、ユーザの入力が「ちゃんとしたメールアドレスなのか」を確かめたい、つまり**バリデーション**(*validation*)がしたいとしましょう。よくあるケースです。一般的なメールアドレスのフォーマットと言えば「user@hostname.com」といった感じの文字列ですが、正規表現を使うことでメールアドレスのバリデーションを行うことができます。

実際、Webページを記述するためのHTML (*HyperText Markup Language*)の新仕様である**HTML5**では、

```
<input type=email>
```

と入力するだけで、入力フォームがメールアドレスのバリデーションを行ってくれる機能が追加されました[注3]。type=emailを指定することで、input要素を含むフォームにおいて送信ボタンを押した時にバリデーションが実行されます。このとき、正しいメールアドレスが入力されていない場合は**図1.3**のような警

注3　URL http://www.w3.org/TR/html5/forms.html

図1.3 HTML5のinput要素によるメールアドレスのバリデーション

告が出てフォーム内容が送信されません。図1.3に入力したアドレスはuser[at] host.comと@と入力すべきところを[at]と入力しているため「@が見当たりません」という警告が出力されています。

HTML5では、このメールアドレスのバリデーションに、

```
^[a-zA-Z0-9.!#$%&'*+/=?^_`{|}~-]+@[a-zA-Z0-9](?:[a-zA-Z0-9-]{0,61}[a-zA-Z0-9])?(?:\.[a-zA-Z0-9](?:[a-zA-Z0-9-]{0,61}[a-zA-Z0-9])?)*$
```

という正規表現が用いられています。上記は、以下の内容を表しています。この正規表現については後の節で解説を行います。

- @以前が「ユーザ名：アルファベットや記号や記号の長さ1文字以上の文字列」
- @以降が「ホスト名：アルファベットや数字、ハイフンとドットの組み合わせ」

HTML5のtype=emailで使われているメールアドレス用の上記の正規表現は、実は完璧に正しいとは言えません。メールアドレスのフォーマットを**きちんと厳密に**検査するのは大変なことです。この点については3.3節で解説を行います。とは言え、正規表現で実用的なバリデーションを行うことは可能ですし、適当な落とし所というものは存在します。

ここではメールアドレスの例を出しましたが、バリデーションはメールアドレスに限らず広く行われる処理であることを注意してください。Webの入力フォームに限っても、電話番号や郵便番号などバリデーションが必要となる状況は様々です。

プログラムの実行で

そもそも「プログラムを動かす」という処理自体、裏側（コンパイラやインタープリタ）では「書かれたプログラムが構文的に正しいのか」という判定を行っています。たとえば多くのプログラミング言語では変数名を数字で始めることはできず、3a = 4のようなコードを書けばコンパイラやインタープリタがエラーを吐き出します。これは裏側では「（変数名が来るべき場所で）きちんと変数名のフォーマットの文字列が書かれているか」というバリデーションが行われていることになります。コンパイラやインタープリタの内部では、変数名のバリデーションのような処理[注4]も、実は正規表現を使って実現される場合が多いのです。

注4　**字句解析**という専門的な呼び方があります。

設定ファイルの書き換えで

サーバ管理者ともなると、システムやサービスの設定ファイルを確認/修正するのは日常茶飯事です。たとえば、Webサーバの管理について考えてみましょう。Webサーバには、さまざまな運用パラメータがあります。たとえばApacheを例にすると、パラメータは通常httpd.confという設定ファイルに記述されています(**リスト1.1**)。httpd.confを書き換えることでパラメータの変更が行えます。リスト1.1は、httpd.confで設定できるパラメータの一部に過ぎず、httpd.confが数千行になるのは珍しくはありません。

重要なパラメータの一つとして「同時にリクエストを捌けるクライアント数の上限」を制御する MaxClients があります。Apacheのチューニングの話には踏み込みませんが、通常リソース(メモリ容量)が十分に足りている限りはMaxClientsの値を大きくした方が多くのリクエストをスムーズに捌けます。リスト1.1中のMaxClientsの値(1024)を2048に増やしたい場合はどうすれば良いでしょうか。もちろん、エディタを開いて MaxClients の設定が書かれている行まで辿り着き、MaxClientsの値を2048に変更すれば良いだけです。しかし、正規表現が使える書き換えができるツールを使えば、たとえばsedコマンドを使うとしたら、

```
% sed -i -E 's/^(MaxClients) *[0-9]+/\1 2048/' httpd.conf
```

を実行するだけで良いのです。上記の例では1.5節で解説する正規表現による文字列の置換を用いています。sedを使えば、エディタを使う場合のように、

❶ `emacs hoge.log` とタイプしてエディタを起ち上げ、

❷ `MaxClients` から始まる行まで辿り着き、

❸ 編集して

❹ 保存して

リスト1.1 httpd.confの一部

```
#各パラメータは行単位で設定を記述される
RLimitNPROC max max
ExtendedStatus On
Timeout 300
KeepAlive On
MaxKeepAliveRequests 500
KeepAliveTimeout 15
ServerLimit 2048
MaxClients 1024
ListenBackLog 511
```

[第1章] [入門]正規表現 ──メタ文字、構文、エンジン

❺終了する

なんて手順を踏む必要はないのです。実際「エディタを起動しないで済む」というのは重要なことです。なぜなら、コマンドならばシェルスクリプトに組み込んで自動化することも可能ですが、エディタによる編集などはどうしても自動化することが難しいからです。また、正規表現を使いこなせるようになれば、さらに複雑で高度な置換処理もサクサクと対応できるようになります。

ログの検索や整形で

サービスを続けていると勝手にどんどん増えていくものがあります。ノウハウ？ ユーザ？ お金？ いいえ、ログです。

サービスがうまく稼働しているか、何か不具合はないか、そして時には不正な攻撃を受けていないかなど、ログを解析することで見えてくる場合があるでしょう。しかし、ログというものはサービスごとにフォーマットが異なっており、必ずしもそのまま処理しやすい形式というわけではありません。プログラムやコマンドを駆使してログを整形する場面はままあるものです。テキスト整形というフィールドで正規表現は長い間重宝されており、そのためのツールやライブラリも充実しています。

正規表現を使って検索処理ができる**grep**はUnixを代表するコマンドラインツールと言えます。Google（ググる）が「Webページを検索する」という動詞として定着していますが、grepも「grepする」などと、「テキストファイル内を検索する」の動詞としてプログラマ界隈では定着しています[注5]。

grepを使うことで、数GBのテキストファイルからほんの数秒（あるいは数ミリ秒）でパターンにマッチする行を抽出してくれます。検索したいパターンと検索したいファイルを指定すると、ファイルから検索したいパターンを含む行を出力してくれるというシンプルなツールです[注6]。

```
% egrep 'error' error_log
```

と実行すれば、ログファイルerror_logからerrorという文字列を含む行を出力してくれます。第1引数には正規表現を使うことができるため、

```
% egrep <URLを表す正規表現> hoge.log
```

[注5] 一部界隈では「目grep」という言葉も定着しているようです。
[注6] 下の例で用いているegrepについては第2章で触れます。

のように、「URLを表現する正規表現」（具体的には後述）を使ってhoge.logから
URLを含む行を抽出することができます。

　grepを使った例は本書全体でたびたび出てきます。3.2節ではgrepや正規表現
ライブラリのベンチマーク結果を眺めてみたり、さらに第4章ではGNU grepの
ソースコードを眺めてそのしくみにも迫っていきます。

　grepや前出のsedはどちらもコマンドラインツールですが、もちろん正規表現
による検索や置換処理は（あらゆるOS）のテキストエディタやあらゆるプログラ
ミング言語で使うことができます。

Twitterで

　Webサーバやシステムのログは人間が楽しんで読むようなものではありませ
ん。一方、たとえばTwitterのようなWebサービスでは、世界中の人間の「つぶ
やき」がテキストデータとして絶えず流れ続けています。その規模は一システム
のログなんて比べものになりません。正規表現を使って自分にとって有益なつ
ぶやきを選別するのは自然な応用と言えるでしょう（現実世界の人間同士の会話
でも、ちょっと話を聞いて「あ、これは聞かなくていい話だな」と思ったら無視
するなり適当に相槌を打つなりするように）。公式のサービスではつぶやきの検
索に正規表現は使えませんが、正規表現によるフィルタリングに対応している
Twitterクライアントもいくつか存在します。

　たとえば「日本酒ウメぇwwww」のように、文末に「w」の連続を付加すること
で愉快な気持ちを表現する技法があります[注7]。これはテキストベースでやり取
りをするインターネット文化では古くから使われているものですが、「愉快なつ
ぶやきは見たくない」「ふざけてるつぶやきはミュートしたい」という気分もあ
るかもしれません。正規表現を使えばそのようなつぶやきをフィルタリングす
ることが可能です（**図1.4**）。

　一見「wを含むつぶやきをミュートすれば良いだけでは？」と思われるかもし
れませんが、実はそうではありません。www.google.comのようにwの連続を先
頭に含むURLなんてものは普通にあるため、「文末にある」ということをパター
ンとして表現する必要があります。また、wだけでなく形が似ているvや大文
字Wを使う場合もあるのです。正規表現であれば、そのような状況でも問題な
く対応できます。

[注7] 「草を生やす」などと呼ばれています。

ここに書いたものはほんの一例に過ぎません。実際、文字列処理というものはあらゆる分野で日常的に行われています。本章では正規表現がどのようなものか、使い道を解説していきます。一方、正規表現がどのように実現されているのかという「しくみ」については本書全体を通して解説が行われていきます。

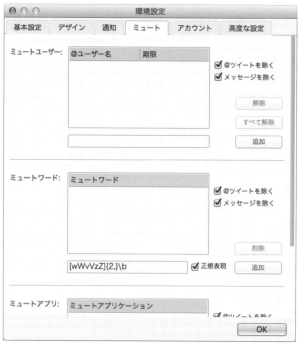

図1.4　Janetterでの正規表現によるミュートワードの設定※

※ URL http://janetter.net/jp/
　図中、\bについては1.4節内の「アンカー」項で取り上げます。

1.3 正規表現の基本三演算
——連接、選択、繰り返し

　正規表現は「文字列のパターン」を記述する式です。ここで言うパターンとは、一言で言うと「ある規則を持った文字列の集合」のことです。フォーマルな定義は第3章で行うことにして、ここではカジュアルに正規表現を説明してみます。

3つの基本演算とは？

　「abcd」のように、メタ文字を含まない（リテラルのみで構成された）正規表現はそのまま「abcdという単一の文字列を表す正規表現」となります。一方、正規表現の演算子を使うことで、「単一の文字列」よりずっと高度なパターンを表すことができます。

　さて、正規表現は、

- 連接
- 選択
- 繰り返し

という3つの基本演算を備えています。本書ではこの3つの演算を**基本三演算**と呼びましょう。この基本三演算がどのようなものなのかを見ていきます。

パターンの連接

　「r」と「s」という2つの正規表現があった場合、この2つを繋げた正規表現「rs」は、rというパターンの**直後**に「s」というパターンが続くパターンを表します。
　「REGEX」も一見単一の文字列に見えますが「REGEXという文字列を表す正規表現」として解釈でき、この正規表現ではRとEとGとEとXの5つの文字が順番に繋げられているのです。
　先ほど紹介したHTML5のメールアドレスの正規表現、

```
^[a-zA-Z0-9.!#$%&'*+/=?^_`{|}~-]+@[a-zA-Z0-9](?:[a-zA-Z0-9-]{0,61}[a-zA-Z0-9])?(?:\.[a-zA-Z0-9](?:[a-zA-Z0-9-]{0,61}[a-zA-Z0-9])?)*$
```

も、大きく見ると@より前の「ユーザ名のパターン」と、@より後の「ホスト名のパターン」を繋げたものです。さらに細かく見ると「ホスト名のパターン」も

「[a-zA-Z0-9]」や「[a-zA-Z0-9-]{0,61}」などを繋げて構成されていることがわかるでしょう。

正規表現を繋げる演算は**連接**(*concatenation*)と呼ばれています。連接はあまりにもよく使われる演算なので、演算子としての特別な記号を持ち合わせていません。仮に、もし連接に_等の記号が割り振られていたら、REGEXという文字を表現するためにR_E_G_E_Xという正規表現を書かなくてはなりません。これでは大げさ過ぎます。

連接は必須かつ頻出な演算ですが、目に見えない、正規表現における空気のような存在です。

パターンの選択

2つの正規表現「r」と「s」を「|」で並べた正規表現「r|s」は、「rというパターン**もしくは**sというパターン」を表します。たとえば「abcd|ABCD」は、大文字/小文字それぞれの『abcd』という文字列を表す正規表現となります。さらに「(abcd|ABCD)EFG」と書けば、大文字/小文字それぞれの「abcd」の直後に「EFG」という文字列が続くパターンを表現します。つまり『abcdEFG』と『ABCDEFG』の2つの文字列が、この正規表現で表現される文字列ということになります。|で並べる演算を**選択**(*or*)または単に**和**(*union*)と呼びます。

選択の特殊な場合として、1文字だけの選択は[]（**文字クラス**）を使って短く書くことができます。文字aとbの選択「a|b」は「[ab]」と書くことができますし、xとyとzの選択は「[xyz]」や「[x-z]」と書くことができます。「[x-z]」という正規表現は「xからzまでの文字の選択」と解釈され、前節でも述べたように「[0-9]」で0から9までの（1桁の）数字を表すことができます。文字クラスには他にも機能があるのですが、詳しくは後述します。

■── 連接と選択の組み合わせ

連接と選択は単純な演算ですが、この2つの演算だけでも実に多くのパターンを表すことができます。たとえば、東京都にある国立大学である東京大学、東京医科歯科大学、東京外国語大学、東京学芸大学、東京農工大学、東京芸術大学、東京工業大学、東京海洋大学、お茶の水女子大学、電気通信大学、一橋大学、政策研究大学院大学の全12校を正規表現でなるべく短く表現してみると以下のようになります。

/((東京(工業|医科歯科|外国語|芸術|農工|海洋|学芸)?)|電気通信|お茶の水女子|一橋|政策研究大学院)大学/

(...)?という構文は「**括弧内のパターンか空文字列**(長さがゼロの文字列)[注8]にマッチ」するというものです。たとえば「東?京都」という正規表現は『東京都』と『京都』の2つの文字列にそれぞれマッチします。「(r)?」というパターンは「(r|)」という**空文字列との選択**に置き換えることができます。?については次項でも解説を行います。

パターンの繰り返し

さらに、正規表現は**繰り返す**こともできます。たとえば「\d*」は「任意の長さの数字列」を、「[A-Za-z]*」は「任意長のアルファベット列」を表現します。先に紹介した連接と選択だけでは有限のパターン、つまりマッチする文字列が有限個しかないパターンしか表現することができませんでしたが、*の繰り返す演算は正規表現に無限のパターンを表す力を与えます。

注8 p.29のコラム「長さがゼロの文字列?」を参照。

[**Column**]

「任意の〜」

「0回以上、いくらでも」のように、とくに制限がないことを「任意の」という形容詞で置き換えることもできます。「任意の〜」という言い回しは短く簡潔な表現です。

- 「任意のユーザアカウントのパスワードを取得できる」(どんなユーザアカウントのパスワードも取得できてしまう)
- 「パスワードには任意の文字が使える」(パスワードにはどんな文字でも使える)

のように、「どんな〜でも」という意味でも使うことができます。

本書でも「任意長の文字列の〜」(どんな長さの文字列も〜)や、「任意の正規表現の〜」(どんな正規表現でも〜)と「任意」という言い回しをよく使います。

*以外にも、表1.1でも挙げた{}や+(詳しくは後述)のように繰り返しを扱う演算子があり、繰り返しを扱う演算子をまとめて**量指定子**と呼ぶのでした。なお、*のことをとくに**スター**と呼ぶこともあります[注a]。

注a 研究者界隈では「Kleene閉包」(*Kleene closure*)という呼び方もよく使われています。Kleeneは研究者の名前で、彼は正に「正規表現の生みの親」です。その辺を含めた正規表現の歴史は第2章で詳しく語ります。

一般に、「r」という正規表現があった場合、「(r)*」はrにマッチする文字列が**(0回以上、いくらでも)繰り返されている**パターンを表現します。

■——**長さに制限のないパターン**

たとえば、プログラミング言語の変数名にマッチする正規表現について考えてみましょう。多くのプログラミング言語において変数名や関数名に使える文

[**Column**]

きちんとした文法の定義 ——BNF

1.3節内の「パターンの繰り返し」項で紹介したPython 2.x系の識別子の文法は、「先頭がアルファベット〜」という通常の言葉（**自然言語**と言います）での定義と「[a-zA-Z_][a-zA-Z0-9_]*」という正規表現での定義を載せました。どちらがきちんとした定義だと言えるでしょうか。

正規表現の方が簡潔に書けているという視点もありますが、正規表現の方はさらに**曖昧さがない**という点にも注目してください。

たとえば、上記の自然言語による定義では、

- 「アルファベット」という言葉は大文字を含むのか
- 「先頭がアルファベットで始まっている」とあるが、長さが0の文字列（空文字列）はどう扱うのか
- 「組み合わせで作れる」とはどういうことか

などの曖昧さを感じさせる可能性があります。正規表現の場合はそのような曖昧さは一切ありません。

もちろん、自然言語でもっとしっかりと記述すれば、曖昧さはなくすことができますが、定義がより長くなってしまいます。他にも本質的な問題が「自然言語で定義すること」には存在するのですが、その解説は後に回すことにしましょう。

公式のドキュメントではPython 2.x系の識別子の文法は、

```
identifier ::=  (letter|"_") (letter | digit | "_")*
letter     ::=  lowercase | uppercase
lowercase  ::=  "a"..."z"
uppercase  ::=  "A"..."Z"
digit      ::=  "0"..."9"
```

という式で記述されていました。これは**BNF**と呼ばれる構文記述言語（の一種）で、プログラミング言語の文法や通信プロトコル内部の文法の定義等でよく使われているものです。BNFについては8.3節で解説を行います。

字列、つまり**識別子**（*identifier*）はとくに長さの制限がありません注9。

Python 2.x系の言語仕様注10の場合、識別子に使える文字列の命名規則（文法）は、

❶先頭がアルファベットか、_（アンダースコア）で始まっている

❷アルファベット、数字、_（アンダースコア）の組み合わせで作れる文字列

と定められています注11。これを正規表現で書くと「`[a-zA-Z_][a-zA-Z0-9_]*`」となります。この正規表現はここまでに紹介した3つの演算「連接」「選択」「繰り返し」が全部使われています。

基本三演算の組み合わせ

連接/選択/繰り返しの基本三演算について解説を行いました。個々の演算は単純なものですが、3つの演算を「組み合わせる」ことで実にいろいろなパターンを表現することができます。逆に、正規表現から基本三演算のうちどれか1つでも欠けると、表現できるパターンが非常に制限されてきます。

■── 基本三演算を1種類しか使えない場合

たとえば、演算として連接/選択/繰り返しの「どれか1つだけしか使えない」場合を考えると、

- 連接だけ：「`abcd`」のような「1つの文字列」しか表現できない
- 選択だけ：「`0|1|2|3|4|5`」のような「どれか1文字」しか表現できない
- 繰り返しだけ：「`0*`」のような「ある文字の繰り返し」しか表現できない

という状況になってしまいます。これではあまりにも貧弱過ぎます。

■── 基本三演算を2種類しか使えない場合❶──「連接/選択だけしか使えない」場合

基本三演算のうち「どれか2つだけしか使えない」場合は、もう少しだけいろいろなパターンが表現できるようになります。

「連接/選択だけしか使えない」場合を考えてみましょう。たとえば「日本のすべての大学の名前」も「世界のすべての大学の名前」も、しょせんは大学は有限個

注9 逆に、電話番号や郵便番号のように明らかに長さに制限のあるものには＊を使う必要はありません。
注10 URL https://docs.python.org/2/reference/lexical_analysis.html
注11 3.x系では識別子に非ASCII文字も使えるため、ここでの例としてはちょっと複雑になってしまいます。

しか存在しないので、「東京都の全国立大学の名前」のように連接と選択だけを使って書くことができます。

当たり前のことですが、たとえば「日本のすべての国立大学の名前」を表すには、南は沖縄の琉球大学から北は北海道の北見工業大学まで、

```
琉球大学|...|北見工業大学
```

と並べて行けば良いのです。

つまりは**有限の**パターンは、連接と選択の2つの演算だけで表現することができるのです。表現したい文字列が有限個であれば、連接と選択だけしか使えないという状況でも問題はありません。冒頭で紹介した電話番号の例も有限のパターンです。

■ **基本三演算を2種類しか使えない❷** ── 「選択と繰り返しだけしか使えない」場合

続いて、「選択と繰り返しだけしか使えない」場合はどうでしょうか。この場合はaという「1つの文字」か、(a|b|c)*のように、**指定した文字集合で作れる文字列すべて**というパターンの、2種類のパターンを並べたものが表現できます。

■ **基本三演算を2種類しか使えない❸** ── 「連接と繰り返しだけしか使えない」場合

最後に「連接と繰り返しだけしか使えない」という状況も残っていますが、これは何と言うか「連接/繰り返しだけで表現できるパターン」というそのまんまな言い方しか思いつかないようなパターンが表現できます。たとえば「お腹が(とても)*空いた(あ)*」のようなパターンです(『お腹がとてもとてもとても空いたあああ』などがマッチします)。

単なる言い換えですが、「選択を使わないパターン」と言う方がしっくりくるかもしれません。

■ **演算を制限した場合に表現できるパターン**

表1.2に演算を制限した場合に表現できるパターンをまとめてみました。基本三演算からどれか1つでも演算が抜けると、表現できるパターンが貧弱になるということを理解できたでしょうか。基本三演算は正規表現の「三本の矢」のようなものなのです。

演算子の結合順位

前項では、基本三演算を組み合わせて使うことが正規表現において重要であることを説明しました。本項では基本三演算を組み合わせる上で注意すべき点として、**演算の結合順位**について説明します。

演算の結合順位とは、平たく言うと「どの演算から先に評価するか」という順位規則のことです。正規表現においては基本三演算の結合順位は、

$$\text{繰り返し（スター）} > \text{連接} > \text{選択}$$

という順番になっています。それぞれ、数式の「冪乗」(累乗)と「掛け算」と「足し算」と同じイメージを持ってもらえると捉えやすいでしょう(**表1.3**)。

■ 丸括弧によるグループ化

もちろん、数式と同じように、丸括弧を使って正規表現を「括る」ことでどの演算を優先的に評価するかを明示的に指定することができます。丸括弧を使って正規表現を括る機能を**グループ化**(*grouping*)と呼びます。

たとえば「hoge|fuga」という正規表現の繰り返しを表したい場合は「(hoge|fuga)*」と全体を括弧で包んでからスターを追加します。「hoge|fuga*」と書いてしまうと、選択よりも繰り返しの方が結合順位が高いため、「hoge というパターン」と「fuga* というパターン」の連接を表現してしまいます。数式で $x + y$ の z 乗を表したい場

表1.2 制限された正規表現とその表現能力

使える演算	表現できるパターン	例
連接	1つの文字列	abcd
選択	どれか1文字	a|b|c|d
繰り返し	1文字の繰り返し	a*
連接/選択	有限のパターン	電話番号など[※]
選択/繰り返し	連接を使わないパターン	(a|b)*|c*|d
連接/繰り返し	選択を使わないパターン	a(bc)*d*

[※] 電話番号は有限個しかないので、個々の番号をすべて選択で並べることができる。ただし、膨大な数に上る。p.107のコラム「電話番号にマッチする『真』の正規表現」を参照。

表1.3 正規表現と数式の演算子の結合順位

結合順位	正規表現	数式
高	繰り返し*	冪乗^
↕	連接	掛け算×
低	選択|	足し算+

合は x + y² ではなく (x + y)² と書く必要があることとまったく同じことです。

　丸括弧を使って優先度を明示するのは必要なことですが、一方でむやみやたらに丸括弧を付けることは避けるべきです。「あいうえお」という正規表現をわざわざ「((あ)(い))((う)(え))(お)」なんて書く必要はありませんし、「((京)|(東))(大)」は「(京|東)大」と書くべきです。

　なお、丸括弧には「演算の優先度を明示する」以外にも特別な意味を持つ場合があります。それは1.5節内の「キャプチャ」項で解説します。

1.4 正規表現のシンタックスシュガー

　ここまで連接/選択/繰り返しの正規表現の基本三演算を紹介しました。しかし、この三演算だけを覚えておけばプログラマとして十分というわけではありません。**正規表現が誕生してからの半世紀以上の歴史の中で、より便利な表現能力を求めてさまざまな機能や構文が追加されていったからです。**

より便利な構文を求めて

　本来、正規表現が生まれた時にはこの**三演算だけ**しかなかったのですが、現代の正規表現はプログラマの道具として多くの**シンタックスシュガー**、基本三演算だけで書くと複雑になってしまうパターンを簡単に書くための構文が追加されてきました。

　シンタックスシュガー（*syntactic sugar/syntax sugar*）は、プログラミング言語界隈の専門用語のようなものです。シンタックスシュガーの和訳として**糖衣構文**という単語も使われます。英語圏では「甘い」に対応するsweetという単語は「快い」や「すごい」「可愛らしい」のように肯定的な意味も含むそうです。syntactic sugarはさしずめ「気の利いた扱いやすい構文」というところでしょうか。

　本節ではおもなシンタックスシュガーとして量指定子、ドット、文字クラス、エスケープシーケンス、アンカーを紹介していきます。

量指定子

　*はパターンの0回以上の任意回の繰り返しを表現する演算子でした。「〜回

の繰り返し」という繰り返し構造はよく使われるものなので、現代の正規表現には*以外にもパターンの繰り返しを司る演算子が導入されています。
　前述のとおり、繰り返しを司る演算子のことを総称して量指定子と呼びます。

■────プラス演算＋────1回以上の任意回の繰り返し
　+はパターンの1回以上の繰り返しを表現する演算子です。**プラス**(*plus*)**演算**などと呼ばれます。
　たとえば「ab+c」という正規表現だと文字列『ac』にはマッチせず、『abc』や『abbbc』のように少なくとも1文字以上の『b』を含んだ文字列を表現します。*だと0回の繰り返し、すなわち1回もパターンが現れない場合も含まれています。つまり「ab*c」という正規表現だと『b』が1回も現れない『ac』という文字列にもマッチするのです。
　「r」という正規表現があった場合、「(r)+」と「r(r)*」が表現しているパターンは「まったく同じもの」なので、実際には+はシンタックスシュガーとなります。

■────疑問符演算？────0回か1回、あるかないか？
　?をパターンの後ろに付けることで、パターンの0回か1回の繰り返しを表します。「0回か1回の繰り返し」というのは、実際にはパターンに一致する文字列が**現れるか現れないかのどちらか**ということです。?で量指定されたパターンはオプショナルな(あってもなくても良い)パターンと考えることもできます。
　たとえば「https?://gihyo.jp/」という正規表現は、HTTPとHTTPSプロトコルのどちらのURLもマッチします。sがオプショナルに指定されているため、httpとhttpsのどちらで始まってもこの正規表現にマッチするからです。
　?は**疑問符**(*question mark*)**演算**と呼びます。パターンが来るか来ないか「自信がない」という状況をうまく表現している演算子だと思います。

■────範囲量指定子　{n,m}────n回からm回の繰り返し
　{n,m}は、パターンの最少n回から最多m回($n \leq m$)までの繰り返しを表現する演算子です。繰り返しの範囲を記述するため、**範囲指定繰り返し制御**(*interval quantifier*)と呼ばれています。本書では簡単に**範囲量指定子**と呼ぶことにしましょう。
　たとえば「x{1,5}」という正規表現はxの1〜5回の繰り返しを表し、「x|xx|xxx|xxxx|xxxxx」という正規表現と同等の表現になります。
　「x{3,3}」のように最少回数と最多回数を同じ数に揃えれば、ぴったり3回(n回)の繰り返しを表現します。この場合は「x{3}」と1つの数だけを書くことがで

きるので、こちらの書き方を使うようにしましょう。なお、範囲量指定子の中にx{1, 3}のように余分なスペース（空白文字）を入れたり、繰り返し回数の指定がx{3,2}のように最少最多が逆転していたりすると、期待通りに動かなくなってしまうので注意してください。

実は範囲量指定子はさらに賢い機能を持っています。{n,}のように、最少回数nだけを書いて最大回数を省略すると「n回以上の繰り返し」を表すのです。省略することで最大回数を無限大扱いするわけですね。

■───範囲量指定子の万能性

範囲量指定子を使うと、これまで紹介したすべての量指定子による繰り返しパターンが書けてしまいます（**表1.4**）。実際、範囲量指定子によって*と+と?を完全に置き換えることができます。パターン「x*」はx{0,}と同等ですし、「x+」はx{1,}と、「x?」はx{0,1}と同等だからです。

ドット . ───任意の1文字

正規表現の記述においてよく使われるメタ文字として、「任意の1文字」を表す「.」（ドット）があります。

どういう文字が来るかわからないけど、とりあえず「.」で全部の文字にマッチするように書いておこうという具合に使うことができます。たとえば「r.*e」という正規表現には、『rare』や『recognize』などrで始まってeで終わる任意の文字列がマッチします。注意すべきは、「.」は本当にどんな文字でもマッチしてしまうので、『regular language』のようにスペースを含む文字列（2つの単語）にもマッチします。

そのため、「r.*e」をrで始まりeで終わる英単語を表現するパターンと考えてしまうと意図しないパターンにマッチしてしまいます。『r_e』『r@example.me』『r4e』

表1.4 範囲量指定子で表現できる繰り返しパターン

例	繰り返し回数	等価なパターン
r{0,}	0回以上	r*
r{1,}	1回以上	r+
r{0,1}	0回か1回	r?
r{n}	ぴったりn回	r…r[※]
r{n,m}	n回以上m回以下	r{n}|r{n+1}|…|r{m}
r{n,}	n回以上	r{n}r*

[※] rをn個並べる。

のような文字列にもマッチしてしまうことを把握しておかねばなりません。

rで始まってeで終わる「1つの英単語」を表現したい場合は、次項で紹介する文字クラスを使うことで「r[a-z]*e」と書くことができます。

文字クラス

「アルファベット」や「数字」など「一連の文字たち」をパターン中に表したいケースはよくあります。本章の最初に出てきた電話番号では0〜9までの数字が必要でしたし、前節で紹介した識別子には大文字/小文字を含んだアルファベットと数字がパターンに出てきました。

そういった状況で重宝されるのが**文字クラス**(character class)です。文字クラスでは[](ブラケット)に表現したい文字を詰め込んでいきます。たとえば、すでに何度も例として出ていますが、文字クラスを使えば、

- 0〜9までの数字は[0-9]
- 小文字のみのアルファベットは[a-z]
- 大文字のみのアルファベットは[A-Z]
- 大文字も小文字も含むアルファベットは[a-zA-Z]

で表すことができます。

一連の文字たちを表現したい場合、たとえば16進数を構成する文字たち、0から9までの数字とAからFまでの大文字アルファベットを表現したい場合、選択|を使って文字を1つずつ並べる「0|1|2|3|4|5|6|7|8|9|A|B|C|D|E|F」という方法もありますが、これでは手で書くのが嫌になってしまいます。文字クラスにおいては、[]の内部にある文字は一部を除いてすべて選択|で並べたものとして扱われます。たとえば、上記の16進数の構成文字の正規表現は「[0123456789ABCDEF]」と書くことができます。書き換えで15個の|を省略することができ、いくぶん簡潔になりました。

さらに、次に出てくる範囲指定を使うと「[0-9A-F]」と書くことができます。

■── 範囲指定

文字クラスにおける[]の内部では、「-」(ハイフン)は**範囲指定**の記号として特別扱いされます。「[a-z]」のようにハイフンの前後に表現したい文字範囲の先頭と末尾の文字を記述することで文字範囲を表現します。

文字クラスにおける範囲指定は、ASCII文字コード(**図1.5**)での文字の順番に

従っています[注12]。そのため「[A-z]」という範囲指定はアルファベットの他に
^(ハット)や_(アンダースコア)などの6つの記号にもマッチします。
　ややこしい話ですが、「-」そのものを文字クラスでマッチする文字に含めたい
場合は、ちょっとトリッキーですが、[-a-z]や[a-z-]のようにハイフンを**ブラ
ケット内の先頭か末尾**に書きます。すると、「-」は範囲指定の記号とは見なされ
ません。

■――― 否定

　「文字クラスにおける [ ] (ブラケット)の内部」では、先頭の^(ハット)は**否定**
の記号として特別扱いされます[注13]。先頭に^を書いておくことで、マッチして
欲しくない文字集合たちを文字クラスで表現できるのです。
　たとえば、[^0-9A-Za-z]と書けば数字やアルファベット**以外**の文字にマッチ
します。文字クラスの否定を使うよくある例としては、

```
'This is a string'
```

のように引用符で括られた「(プログラムにおける) 1つの文字列リテラル」を正

[注12] 日本語(マルチバイト文字)の範囲指定については7.3節内の「マルチバイト文字の文字クラスとUnicode
プロパティ」で解説を行います。
[注13] 後述するアンカーとは別物です。

図1.5　ASCII文字コード表

	00	10	20	30	40	50	60	70
00	NUL	DLE	SPACE	0	@	P	`	p
01	SOH	DC1	!	1	A	Q	a	q
02	STX	DC2	"	2	B	R	b	r
03	ETX	DC3	#	3	C	S	c	s
04	EOT	DC4	$	4	D	T	d	t
05	ENQ	NAK	%	5	E	U	e	u
06	ACK	SYN	&	6	F	V	f	v
07	BEL	ETB	'	7	G	W	g	w
08	BS	CAN	(	8	H	X	h	x
09	HT	EM	)	9	I	Y	i	y
0A	LF	SUB	*	:	J	Z	j	z
0B	VT	ESC	+	;	K	[	k	{
0C	FF	FS	,	<	L	\	l	|
0D	CR	GS	-	=	M	]	m	}
0E	SO	RS	.	>	N	^	n	~
0F	SI	US	/	?	O	_	o	DEL

規表現で表す場合などがあります。

単純に考えると「.*」で良いと思うかもしれませんが、それだと、

$$\underbrace{\text{'foo', 'bar'}}_{\text{'.*'}}$$

という『,』(カンマ)を挟んだ「2つの文字列リテラル」にマッチしてしまいます。「.*」という正規表現は『'』にも『,』にも何にでもマッチしてしまうからです。

一方、クォーテーションの否定の文字クラスを使った「'[^']*'」という正規表現だと、ちゃんと「1つの文字列リテラル」にマッチしてくれます。「'[^']*'」という正規表現にマッチする文字列は、クォーテーションを厳密に2つだけ含むからです。

『'troublesome \' case'』のようにエスケープされたクォーテーションを含む文字列リテラルの場合でも、「'([^']|\')*'」という正規表現で表すことができます。

エスケープシーケンス

数字や文字などを正規表現中に書くことは容易ですが、たとえばスペース(空白文字)やタブ文字や改行文字、表示不可能な文字を正規表現で表現したい場合はどうしたら良いでしょう。スペースやタブにまみれた正規表現なんて、想像しただけで読みづらそうです。

そういった文字を表す手段として、\ (バックスラッシュ)を用いて表現する方法が**エスケープシーケンス**です。エスケープシーケンスは正規表現に限らず、プログラミング言語においても文字列リテラル内部で採用されています。たとえばタブ文字は\tで、改行文字は\nというエスケープシーケンスが割り当てられています。

改行やタブなどの制御文字を正規表現中に埋め込むには、他にも方法があります。\000のようにバックスラッシュの後に3桁の数字を書くことで、8進数ASCIIコードとして表現することができます。また、\x00のように16進数でASCIIコードを記入することもできます。たとえば改行文字\nは8進表記では\012、16進表記では\x0aとなります。

他にも、数字を表す「[0-9]」や数および文字を表す「[0-9a-zA-Z]」など、よく使われる文字クラスには、特定の文字をバックスラッシュでエスケープした略記法が用意されている場合があります。たとえば「[0-9]」は\dが、「[0-9a-zA-Z]」は\wが多くの処理系で割り当てられています。また、文字クラスの略記法の場

合は、大文字でその否定を表すというルールがあります。たとえば\Dは数字**以外**を表す「[^0-9]」の略記法です。

おもな処理系で使えるエスケープシーケンスの組み合わせを**表1.5**に列挙してみました。正規表現には実に多くのエスケープシーケンスが存在しており、しかも残念なことに処理系によって使用可能なエスケープシーケンスが微妙に異なっています。「普段使う処理系の構文ぐらいは覚えておけば良いだろう」という気持ちでいましょう。些細な構文の違いは必要になったときに調べれば良いのです。

■ ── **メタ文字をエスケープする**

エスケープシーケンスには、普通に書くと演算子としてみなされてしまう文字（メタ文字）を普通の文字（リテラル）として認識させるという使い方もあります。

たとえば「a*b」という正規表現は『ab』や『aaab』にはマッチしますが、『a*b』という文字列にはマッチしません。『*』が繰り返しのための演算子として認識されているからです。一方、『*』を「\」（バックスラッシュ）でエスケープした正規表現「a*b」は『a*b』という文字列にマッチします。

同様に、他のメタ文字もエスケープして普通の文字として扱うことができます。バックスラッシュ自身もエスケープシーケンスのための特殊なメタ文字であるため、バックスラッシュをリテラルとして使いたい場合は「\\」と書く必要があります。

アンカー

アンカー（*anchor*）とは「文字列」にではなく、**「位置」にマッチ**するメタ文字（アサーション）です。「長さが0の文字列にマッチしている」と考えることもできるので、**ゼロ幅アサーション**（*zero-width assertion*）とも呼ばれています。

表1.5 特殊文字と文字クラスのエスケープシーケンスの対応

エスケープシーケンス	\a	\f	\t	\n	\r	\v
意味	ベル文字	改ページ	タブ（水平タブ）	改行	復帰	垂直タブ
8進記法	\007	\014	\011	\012	\015	\013
16進記法	\x07	\x0c	\x09	\x0a	\x0d	\x0b
エスケープシーケンス	\d	\D	\w	\W	\s	\S
意味	数字	数字以外	文字列記号	文字列記号以外	スペース（空白文字）	スペース以外
文字クラス	[0-9]	[^0-9]	[A-Za-z0-9_]	[^A-Za-z0-9_]	[\t\n\f\r]	[^\t\n\f\r]

アンカーで表すことのできる位置にはいろいろな種類があり、特定のシンボルやエスケープシーケンスを用います。たとえば「行頭」にマッチする^や「行末」にマッチする$、「文字列と文字列の間」(word boundary)にマッチする\bなどがあります(表1.6)。

「文字列と文字列の間」という位置にマッチする\bの例を見てみましょう(図1.6)。文字列『aaa␣bbb』に対して「(a+␣)\b(b+)」という正規表現は、図1.6のような解釈でマッチします。前半の「(a+␣)」は『aaa␣』にマッチし、後半の「(b+)」は『bbb』にマッチしますが、\bは文字にはマッチせず位置にマッチしているの

表1.6 おもなアンカー

アンカー	^	$	\A	\b	\B	\z
位置	行頭	行末	テキスト先頭	文字列の間	文字列の間以外	テキスト終端

[**Column**]

長さがゼロの文字列?

長さがゼロの文字列というものに混乱している読者もいるかもしれません。しかし、あまり深く考えずに受け入れてしまえば、実は長さがゼロの文字列を認めることでいろいろ便利になるのです。

実際、長さがゼロの文字列は**空文字列**と呼ばれているもので、多くのプログラミング言語では単に""と書けば空文字列を表します(下はPythonでの例です)。

```
>>> empty_string = ""
>>> len(empty_string)
0
>>> type(empty_string)
<type 'str'>
```

空文字列の重要な性質として、任意の文字列に対して「空文字列をくっつけても変わらない」というものがあります。プログラミングにおいても、たとえばPythonでも、

```
>>> any_string = ...        # 任意の文字列
>>> any_string == any_string + ""
True
>>> any_string == "" + any_string
True
```

という空文字列が「くっつけても変わらない」という性質を満たしていることがわかります。

そのため文字列変数の「初期値」として空文字列が使われる場合が多いです。

図1.6 「文字」ではなく「位置」にマッチ

です。この例でゼロ幅アサーションの言葉の意味が何となく掴めるでしょう。

アンカーのありがたさをきちんと理解するためには、次節で解説する正規表現のマッチングの種類や文字列の抜き出しを踏まえる必要があるため、アンカーの解説は次節で改めて行うことにしましょう。

1.5 キャプチャと置換
——正規表現で文字列を操作する

これまで正規表現は「パターンを表すもの」だということを紹介してきました。本節では、単にパターンを表すだけでなく、「文字列がどのようにパターンにマッチするか」という情報を使って文字列を操作する**キャプチャ**と**置換**を紹介します。キャプチャと置換を使うことで、1.2節で紹介した応用問題すべてを正規表現で処理することができます。プログラマ達が正規表現をより便利に使うために追加された機能なのです。

キャプチャと置換を説明する前に、まずは正規表現マッチングについてより細かい点を解説するところから始めましょう。文字列に関する用語（文字列の部位）とマッチングの種類についてです。

文字列の部位 ——接頭辞、接尾辞、部分文字列

プログラマならばよく耳にするかもしれませんが、文字列には部位を表す3つの言葉があります。**接頭辞**（*prefix*）と**接尾辞**（*suffix*）と**部分文字列**（*substring*）です。

文字列sについて文字列tがsの、

- 接頭辞であるとは、t が s の先頭の文字列であること
- 接尾辞であるとは、t が s の末尾の文字列であること
- 部分文字列であるとは、s が t を含むこと

を意味します(**図1.7**)。

たとえば文字列『presubsuf』について、『pre』は『presubsuf』の接頭辞になり、『suf』は接尾辞になり、『sub』は部分文字列になります。長さゼロの文字列(空文字列)は、任意の文字列の接頭辞/接尾辞/部分文字列であることにします。

表1.7 に、『presubsuf』の接頭辞/接尾辞/部分文字列を(空文字列を除いて)すべて列挙してまとめました。一般に文字列全体の長さが n の場合は、接頭辞と接尾辞は $n+1$ 個ですが、部分文字列は最大 $n(n+1)/2+1$ 個存在します。なお、+1 が余分に感じるかもしれませんが、前述の「空文字列も含む」ということを思い出してください。

マッチングの種類

さて、キャプチャと置換を説明する前に、まず正規表現のマッチングの種類について説明を行います。

正規表現によるマッチングには大きく分けて、以下の4種類があります。

- **完全一致**:正規表現が与えられた文字列の**全体にマッチ**

図1.7 文字列の接頭辞、接尾辞、および部分文字列

表1.7 presubsufの空文字列を除くすべての接頭辞/接尾辞/部分文字列

文字列全体	presubsuf
接頭辞	p, pr, pre, pres, presu, presub, presubs, presubsu, presubsuf
接尾辞	f, uf, suf, bsuf, ubsuf, subsuf, esubsuf, resubsuf, presubsuf
部分文字列	p, r, e, s, u, b, f, pr, re, es, su, ub, bs, uf, pre, res, esu, sub, ubs, bsu, suf, pres, resu, esub, subs, ubsu, bsuf, presu, resub, esubs, subsu, ubsuf, presub, resubs, esubsu, subsuf, presubs, resubsu, esubsuf, presubsu, resubsuf, presubsuf

- **前方一致**：正規表現が与えられた文字列の**接頭辞にマッチ**
- **後方一致**：正規表現が与えられた文字列の**接尾辞にマッチ**
- **部分一致**：正規表現が与えられた文字列の**部分文字列にマッチ**

ここまで本書で「正規表現が文字列にマッチする」と言っていたのは、「正規表現が文字列に完全一致する」ことを指していました。

例を見てみましょう。「[ab]*a[ab]{2}」という正規表現は「最後から3文字めがaである文字列」を表しています。そのため『aab』や『bababa』という文字列には完全一致しますが、『babab』には完全一致しません。一方、「[ab]*a[ab]{2}」は『aab』や『bababa』だけでなく『babab』にも部分一致します。なぜなら、

```
 b    aba    b
   [ab]*a[ab]{2}
```

というように、『babab』の部分文字列『aba』は「[ab]*a[ab]{2}」にマッチするからです。

たとえばPython標準の正規表現では前方一致にmatch()メソッドを、部分一致にsearch()メソッドを提供しています。以下はPythonでの例です。match()やmatch()メソッドは第1引数の正規表現を第2引数の文字列にマッチングさせます。マッチングが成功するとマッチした結果（_sre.SRE_Matchクラスのオブジェクト）を返してくれます。

```
>>> import re
>>> True if re.match('sub', 'presubsuf') else False
False
>>> True if re.search('sub', 'presubsuf') else False
True
>>> re.search('sub', 'presubsuf')
<_sre.SRE_Match object at 0x10cda6920>
```

■──── 部分一致か、完全一致か

「文字列全体が正規表現にマッチするか」という処理である完全一致は、おもに文字列の**バリデーション**に使われます。一方、「文字列全体の中で正規表現にマッチする文字列を含むか」という処理である部分一致は、おもに**検索**や**置換**に使われます。

そのため、grepやsedのような検索や置換ツールでは、部分一致がデフォルトになっています。また、PerlやRubyにおける組み込みの演算子=~を使った正規表現マッチング「str =~ /regex/」も、文字列strに対する部分一致となっています。

■──── アンカーとマッチングの種類

ところで1.4節で紹介した**アンカー**を使えば、部分一致がデフォルトな状況で完全一致や前方一致/後方一致を実現することができます。

行頭を表す^と行末を表す$を組み合わせて使えば良いのです(**表1.8**)。正規表現を^と$で囲めば、「行頭から始まり行末まで続く文字列」すなわち「文字列の全体」に元の正規表現がマッチ(完全一致)することを明示的に指定します。同様に前方一致には^を、後方一致には$を正規表現に付け加えます。

逆に、完全一致がデフォルトな状況でも.*をうまく使うことで各種マッチングの種類を実現することができます(**表1.9**)。正規表現を.*で囲めば、「文字列中の任意の部分文字列」すなわち「部分文字列」に元の正規表現がマッチ(部分一致)することを明示的に指定できます。同様に前方一致には正規表現の先頭に^を、後方一致には末尾に$を付け加えます。

サブパターンとサブマッチ

丸括弧を使って正規表現を部分的に「括る」ことができ、それによって演算の結合順位を明示的に指定できることを1.3節内の「演算子の結合順位」項で解説しました。そこでは「丸括弧は特別な意味を持つ場合がある」ことも述べました。

丸括弧でまとめられた正規表現の一部分は**サブパターン**(*subpattern*)と呼びます。もし、与えられた文字列が正規表現全体にマッチすれば、個々のサブパターンには与えられた文字列の部分文字列がマッチしているはずです。サブパターンにマッチした部分文字列を**サブマッチ**(*submatch*)と呼びます。

表1.8　部分一致がデフォルトな状況でのマッチングの種類の明示

マッチングの種類	正規表現
部分一致	regex
完全一致	^regex$
前方一致	^regex
後方一致	regex$

表1.9　完全一致がデフォルトな状況でのマッチングの種類の明示

マッチングの種類	正規表現
完全一致	regex
部分一致	.*regex.*
前方一致	regex.*
後方一致	.*regex

たとえば「(\d+): (\w+) prime\.」という正規表現には(\d+)と(\w+)の2つのサブパターンが含まれています。この正規表現に対して『57: Grothendieck prime.』という文字列はマッチします（前述のとおり「\.」はメタ文字であるドットをエスケープして通常の文字として扱っています）。このとき(\d+)に対しては57が、(\w+)にはGrothendieckが部分文字列としてマッチしています。よって57とGrothendieckはそれぞれ(\d+)と(\w+)に対応するサブマッチとなります。

キャプチャ

正規表現と文字列からサブマッチを抜き出す（取得する）ことを**キャプチャ**（*capture*、キャプチャリング）と呼びます。さて、どうやってこのサブマッチを取得すれば良いのでしょうか。

正規表現のあるサブパターンに対するサブマッチを取得するためには、「このサブパターンのサブマッチが欲しいんだ」と明示的に指定しなければなりません。特定のサブパターンに対するサブマッチを指定するには、「順番で指定する方法」と「名前で指定する方法」の大きく2つの方法があります。

■——順番で指定

サブパターンには「自然な順番」というものが存在します。1から順に開き括弧が左側にあるほど小さい番号を付ける、という順序付けです。

たとえば、「日/月/年」(dd/mm/yyyy)を表す正規表現「(\d{2})/(\d{2}])/(\d{4})」には、

```
(\d{2})/(\d{2}])/(\d{4})
  ❶       ❷       ❸
```

という順番で、❶日の2桁が1番、❷月の2桁が2番、❸年の4桁に3番という順番が付けられます。*n*番めのサブパターンにマッチした部分文字列、つまり*n*番めのサブマッチ、を$n で表すことにすれば、「$3年$2月$1日」と日本で使われているフォーマットで年月日を表現できます。

実際、PerlやRubyでは$nという特殊変数を参照することで、直前の正規表現のマッチングによる*n*番めのサブマッチを取得することができます。Perlで実際に実行してみましょう。

```
$day = '14/11/1988';
if ($day =~ /(\d{2})\/(\d{2})\/(\d{4})/) {
```

```
    print "$3 年 $2 月 $1 日";
}
    # => 1988 年 11 月 14 日
```

「1から順に開き括弧が左側にあるほど小さい番号」という規則は、括弧がネストしている場合でも変わらず適用されます。たとえば「((\d)\d)」という正規表現には、

```
((\d)\d)
```
❶❷

という順番が付けられます。このとき1番めのサブマッチ$1は2番めのサブマッチ$2を常に含みます（$2は$1の接頭辞です）。正規表現「((\d)\d)」に文字列『14』をマッチングさせると「$1」に『14』が「$2」に『1』が代入されます。

　言語やライブラリによっては，すべてのサブマッチを順番に格納したデータ構造を返す場合も存在します。たとえばPythonのmatchメソッドは文字列が正規表現にマッチした場合はMatch objectというオブジェクトが返され、そのオブジェクトのgroupsというメソッドでサブマッチを配列として取得できます。

```
>>> import re
>>> r = re.compile("(\d{2})/(\d{2})/(\d{4})")
>>> r.match("11/14/1988")
<_sre.SRE_Match object at 0x10d8e0d40>
>>> r.match("11/14/1988").groups()
('11', '14', '1988')
```

■──── **名前で指定** ──── 名前付きキャプチャ

　順番で指定する方法は、最も単純で手っ取り早い方法と言えるでしょう。しかし、「正規表現の変更に弱い」という欠点があります。正規表現を変更することでサブマッチの順番が変わってしまう可能性があるからです。

　たとえば、年月日の正規表現❶を❷へと変更してみたとします。❷では全体を括弧で括っただけなので、❶❷の正規表現が表現するパターンそのものは、まったく同じであることに注意してください。

❶ `(\d{2})/(\d{2})/(\d{4})`

❷ `((\d{2})/(\d{2})/(\d{4}))`

　この正規表現の変更を踏まえて、前項で紹介した年月日を日本で使われているフォーマットで表示するコードを動かしてみると、

```
$day = '14/11/1988';
if ($day =~ /((\d{2})\/(\d{2})\/(\d{4}))/) {
    print "$3 年 $2 月 $1 日";
}
#=> 11 年 14 月 14/11/1988 日
```

というまったく意味不明な結果になってしまいます。余分な括弧が先頭に追加されたことによって、サブマッチが「$1：日、$2：月、$3:年」から「$1：日月年、$2：日、$3:月、$4：年」とずれてしまったためです。

つまり、正規表現の修正は、サブマッチを順番で指定しているコード全体の修正を必要とする可能性があるということです。これは保守の観点から見通しが悪いと言えます。

そこで登場するのが**名前付きキャプチャ**(*named capturing*)です。名前付きキャプチャでは、サブパターンに好きな名前を付けてその名前経由でサブマッチを取得することができます。PerlおよびRubyでは(?<name>) という構文でサブパターンに名前を付けることができます。名前付きキャプチャで先ほどのコードを書き直してみましょう。

```
$day = '14/11/1988';
if ($day =~ /(?<d>\d{2})\/(?<m>\d{2})\/(?<y>\d{4})/) {
    print "$+{y} 年 $+{m} 月 $+{d} 日";
}
#=> 1988 年 11 月 14 日
if ($day =~ /((?<d>\d{2})\/(?<m>\d{2})\/(?<y>\d{4}))/) {
    print "$+{y} 年 $+{m} 月 $+{d} 日";
}
#=> 1988 年 11 月 14 日
```

多少正規表現は長くなってしまいますが、名前を付けることで括弧の順番を気にせずサブパターンを指定できると、正規表現の修正も容易になり、どこを参照しているかという情報が一目瞭然となります。

ややこしいことに名前付きキャプチャはPerl、Ruby、Pythonでそれぞれ記法や参照の仕方が異なります。そこは言語の個性として受け入れるしかないでしょう。**表1.10**に3つの言語での名前付きキャプチャの構文と参照方法をまとめました。

表1.10 Perl、Ruby、Pythonにおける名前付きキャプチャ

言語	Perl	Ruby	Python
構文	(?<name>),(?'name'),(?P<name>)	(?<name>),(?'name')	(?P<name>)
参照方法	特殊変数 $+{name}	変数 name	辞書(ハッシュ)

■── grepでのキャプチャ

grepのようなツールでは、指定したサブマッチを抜き出して出力する機能はありません。grepの基本機能は「マッチする部分文字列を含む行の出力」です。

しかし、GNU grepやpcregrepなどのメジャーな実装では「（行全体ではなく）正規表現全体にマッチした部分だけ」（0番めのサブマッチ）を出力する -oオプションを提供しています。

```
% curl www.example.com | egrep -o 'http://[a-zA-Z0-9.]*.(jpg|png|gif)'
```

とシェルで実行すればwww.example.comというWebページのソースを取得（curlコマンド）し、ソースに含まれている画像ファイルへのリンクが取得できます。さらにそのリンクをxargs wgetなどにパイプで繋げば、Webページに含まれる画像ファイルの一括ダウンロードが行われるでしょう。もちろん「http://[a-zA-Z0-9.]*.(jpg|png|gif)」という正規表現はアバウトなものですが、URLの厳密な正規表現や適度な妥協策については3.3節で議論します。

キャプチャしないグループ化

キャプチャによってマッチング後にサブマッチを取得できるようにするために、正規表現エンジンはサブマッチを保存しておく必要があります。サブマッチを保存するためにはその分余計な処理が必要となるため、キャプチャは正規表現マッチングのパフォーマンスを下げる原因となり得ます。

パフォーマンス上の理由やキャプチャの候補を減らすという理由から文字列を保存しない、つまりキャプチャを明示的に避ける構文も存在します。キャプチャをサポートしている多くの処理系で(?:)という構文が採用されています[注14]。

以下は、通常のキャプチャするグループ化()とキャプチャしないグループ化(?:)によるマッチング結果の違いをPythonで示したものです。キャプチャしないグループ化(?:)を用いた場合は、対応するサブマッチを取得できません。

```
>>> import re
>>> capture = re.compile('(regex)')
>>> noncapture = re.compile('(?:regex)')
>>> capture.match('regex').groups()
('regex',)
>>> noncapture.match('regex').groups()
()
```

注14 p.38のコラム「よく使う構文ほど簡潔に」を参照。

第1章 [入門]正規表現 —— メタ文字、構文、エンジン

サブマッチの優先順位

正規表現マッチングとは本来「与えられた文字列が正規表現にマッチするか」を判定するだけの処理でした。一方、キャプチャという機能は「与えられた文字列が正規表現にマッチするか、マッチする場合は**どのように**マッチするか」と

[**Column**]

よく使う構文ほど簡潔に —— Huffman符号化の原則

(?:)という構文はキャプチャしない括弧としてPerlによって導入され、その後多くの処理系に広がった構文です。

しかし、キャプチャしない括弧はよく使われる割に(?:)という構文は少々長ったらしく感じる気もします。「使用頻度の高い記号ほど短いデータで表現する」ことは可読性の観点からもデータ圧縮の観点からも基本的な原則ですが、(?:)という構文はその原則に従っているのでしょうか。

ここでPerlの開発者であるLarry自身のコメント[注a]を引用しましょう。

貧弱なハフマン符号化

Huffmanは、一般的なキャラクタを少ないビットで表現し、あまり登場しないキャラクタを表すにはより多くのビットで表現するというデータ圧縮の方法を発明した。この原則はもっと普遍的なものであるが、言語デザイナは「簡単なことは簡単に。難しいことを可能に」という「別の」Perlのスローガンを考慮に入れるだろう。しかし、我々はいつも与えられた助言を容れているというわけではない。

<略>

現在の正規表現においては、貧弱なHuffman符号化の例は多くある。ここで以下の例について考えてみよう。

```
( ... )
(?: ... )
```

グループ化をすることは捕獲（*capturing*）することよりも稀なことなんだろうか？ そして2つの意味不明な文字?: は価値あるものなのだろうか？

これらの状況を踏まえ、「Perl 6」ではキャプチャするグループ化に変わらず()を、**キャプチャしないグループ化にブラケット[]**を採用しています。

(?:regex)と[regex]、たった2文字の違いですが、使用頻度から考えると大きな変更点だと言えます。

....

注a 木村氏による和訳を参考にしました。 URL http://www.kt.rim.or.jp/~kbk/regex/perl6.htm

いう正規表現マッチングの応用的な機能となります。そのため、単純なマッチングでは気にしない「キャプチャ特有の問題」というものがあります。

たとえば「(a*)([ab]*)」という正規表現に対して『aaa』という文字列をマッチングさせた場合、サブパターン(a*)と([ab]*)にそれぞれどうサブマッチが対応するのでしょうか。上の正規表現はaaaに完全マッチしますが、完全マッチで考えてもサブマッチの可能性は**表1.11**のように複数あり得ます。サブマッチ(文字列)を抜き出したいユーザ側としては複数の可能性が返ってきては困りますし、正規表現によっては可能性がとても記憶できないほど膨大な数になってしまう場合もあります。

そうなると、これら複数の可能性から1通りのサブマッチの選ぶための**優先順位**が定まっている必要があります。そして、プログラマが意図通りのキャプチャを実現するためには、その優先順位を知っている必要があります。

ここで挙げた例では、キャプチャに対応している正規表現処理系は表1.11の可能性1((a*)にaaaを割り当てる)を優先します。処理系がどのようにサブマッチを割り当てるのか、基本的な優先順位を解説します。

■──── 優先順位の高さは左から右

正規表現のマッチングは、基本的に正規表現/文字列それぞれ左から右に処理されていきます。我々が正規表現(に限らず文字列)を書くときも左から右に書くでしょう。サブマッチを「どう割り当てるか」という優先順位も、「左から右」という原則に基本的に従います。

そのため、「(a*)([ab]*)」という正規表現に『aaa』という文字列を完全マッチさせた場合、([ab]*)より左側にあるサブパターン(a*)にマッチが割り当てられることになります。

「左から右」という原則は、選択(|)演算にも適用されています。たとえば、「(fuga|fugah)」という正規表現について考えてみましょう。この正規表現に『fugah』という文字列をPythonのreモジュールでマッチさせた結果は、以下のようになります。

表1.11 サブマッチの可能性

可能性	(a*)	([ab]*)
1	aaa	
2	aa	a
3	a	aa
4		aaa

```
>>> r = re.compile('(fuga|fugah)')
>>> r.match('fugah').groups()
('fuga',)
```

　マッチ結果からgroups()というメソッドでサブマッチの配列を取得できるのでした。結果を見てみると、『fuga』という文字列がサブマッチとして割り当てられています。これは少々意外な結果に思えるかもしれません。「(fuga|fugah)」という正規表現は『fugah』という文字列に**完全一致**することができるにもかかわらず、**前方一致**の『fuga』が選ばれているためです。
　これは(Pythonのreモジュールに限らず)キャプチャに対応した処理系が「より左側にある選択候補」にサブマッチの優先順位を高く設定するからです。
　matchメソッドは前方一致でマッチングを行うメソッドですが、アンカーを追加して明示的に完全一致を行うことができます。

```
>>> r = re.compile('^(fuga|fugah)$')
>>> r.match('fugah').groups()
('fugah',)
```

　完全一致の場合は『fugah』という文字列がサブマッチに割り当てられました。このことから、「左から右」というサブマッチの原則よりも全体のマッチング結果が優先されることがわかります。基本的にサブマッチの割り当ては「マッチすることが前提での話」なのです。
　選択と連接のコンビネーションでも、割り当ての優先順位は「左から右」という原則で納得することができます。例を見てみましょう。

```
>>> r = re.compile('(fuga|fugah)(oge|hoge)')
>>> r.match('fugahoge').groups()
('fuga', 'hoge')
```

　まず、「(oge|hoge)」よりも左側にあるサブパターン「(fuga|fugah)」のサブマッチを優先的に割り当てます。このサブパターンには『fuga』と『fugah』という文字列がマッチする可能性がありますが、選択の左側である『fuga』が優先されます。その結果、右側にあるサブパターン「(oge|hoge)」には『hoge』がマッチする可能性しか残されず、結果として『hoge』がサブマッチとして割り当てられます。

■── 欲張り量指定子と控え目な量指定子

　*や+や?などの**量指定子**が絡んでくる場合は、サブマッチの割り当ては「左から右」というシンプルな原則だけでは説明ができなくなってきます。キャプチャに対応している処理系では基本的に**欲張りな量指定子**(*greedy quantifier*)と控

え目な量指定子（lazy quantifier）の2種類をサポートしています（**表1.12**）。

表1.12を見ればわかるとおり、量指定子は通常は「欲張り」であり、直後に疑問符を付加することで「控え目」になります。基本的には「左から右」という順番でサブマッチが割り当てられますが、控え目な量指定子が使われている場合は必ずしもこの原則には従いません。

■──── **欲張りな量指定子と控え目な量指定子の挙動の違い**

2つのスター演算を使った正規表現「(a*)(a*)」を例にして、欲張りな量指定子と控え目な量指定子を組み合わせた4種類の正規表現に対して文字列『aaa』をマッチさせてみましょう。以下のような結果になります。

```
>>> r1 = re.compile('(a*)(a*)')
>>> r2 = re.compile('(a*?)(a*)')
>>> r3 = re.compile('(a*)(a*?)')
>>> r4 = re.compile('(a*?)(a*?)')
>>> r1.match('aaa').groups()
('aaa', '')
>>> r2.match('aaa').groups()
('', 'aaa')
>>> r3.match('aaa').groups()
('aaa', '')
>>> r4.match('aaa').groups()
('', '')
```

groups()は文字列がマッチした場合、個々のサブマッチを配列で返すメソッドでした。結果を見てみると「(a*)(a*)」という正規表現に対しては「左から右」という原則どおりに左側の、つまり1番めのサブパターン、「(a*)」に全文字列『aaa』がサブマッチとして割り振られています。

一方、左側が控え目で、右側が（通常の）欲張り量指定子である2番めの正規表現「(a*?)(a*)」では、2番めのサブパターンに『aaa』が割り振られています。左側が欲張りで、右側が控え目な量指定子の場合は、「左から右」の原則通りに左側のサブパターンに『aaa』が割り振られています。

興味深いのは「どちらも控え目」である正規表現「(a*?)(a*?)」の場合です。な

表1.12 欲張りな量指定子と控え目な量指定子

量指定子の種別	欲張り	控え目
スター	*	*?
プラス	+	+?
疑問符	?	??
範囲量指定子	{n}　{n,m}	{n}?　{n,m}?

んとこの場合は、どちらのサブパターンにも空文字列が割り振られています。「(a*?)(a*?)」という正規表現は「aの0回以上の繰り返しの直後にaの0回以上の繰り返し＝aの0回以上の繰り返し」というパターンなので、確かに空文字列にマッチします。そのため、「(a*)(a*)」という正規表現は本来『aaa』という文字列に完全一致するにもかかわらず、量指定子がどちらも控え目である「(a*?)(a*?)」の場合は「空文字列にマッチ」（前方一致）という結果が優先されたのです。

　ここでクイズです。完全一致を行う場合、どちらも控え目な量指定子を使った正規表現「^(a*?)(a*?)$」に『aaa』をマッチさせた結果はどうなるでしょうか。行頭を表すアンカー^と行末を表すアンカー$で正規表現を囲っているため、「(a*?)(a*?)」という正規表現は文字列への完全一致を強いられています。そのため、どちらかのサブパターンには『aaa』がサブマッチとして割り当てられなければなりません。答えは次のようになります。

```
>>> r5 = re.compile('^(a*?)(a*?)$')
>>> r5.match('aaa').groups()
('', 'aaa')
```

　右側のサブパターンに『aaa』が割り当てられました。この結果は次のように解釈することもできます。

　「(a*?)(a*?)」における左側のサブパターン(a*?)と右側のサブパターン(a*?)はどちらも控え目なため、それぞれ「そちらがどうぞ」「いえいえそちらがどうぞ」とサブマッチを譲り合います。しかし、「左から右」という優先順位の原則が適用されるため、より左側にある量指定子の「どうぞ右側のパターンにサブマッチを譲ってください」という（控え目な）希望が優先され、右側のサブパターンに文字列『aaa』が押し付けられる(?)結果となりました。

　しかし、これはあくまで比喩であって、欲張りな量指定子と控え目な量指定子の振る舞いの違いをきちんと理解するには、第5章で解説する**バックトラック**(*backtrack*)について知る必要があります。

■── **控え目な量指定子の活用例**

　控え目な量指定子は、たとえば"（ダブルクォーテーション）で囲まれた文字列リテラルなどを正規表現で表したい場合に便利です。fruits = ["apple", "banana", "melon"]のように変数に文字列のリストが代入されているプログラムの一文から、リストの中の個々の文字列リテラルを正規表現で取得する場合を考えてみましょう。文字列リテラルはダブルクォーテーションで囲まれているため、単純に考えると「".*"」という正規表現で良さそうです。PCREが提供しているgrep実装であるpcregrepで試してみましょう。pcregrepは、正規表現に

マッチした部分文字列の抜き出し(-oオプション)にも控え目な量指定子にも対応しています。

```
% echo 'fruits = ["apple", "banana", "melon"]' | pcregrep -o '".*"'
"apple", "banana", "melon"
```

"apple", "banana", "melon"が1行にまとめられて出力されました。これは「".*"」という正規表現が"apple"や"banana"や"melon"の3つの個々の文字列でなく、

$$\underbrace{"\underbrace{apple", "banana", "melon}_{.*}"}_{}$$

と文字列全体をひとまとめにしてマッチしているということです。欲しいのは個々の文字列であって"apple", "banana", "melon"という一連の並びではありません。

「".*"」という正規表現は「.*」の部分がダブルクォーテーションも含めてなるべく長い文字列(この場合は『apple", "banana", "melon』)に欲張りにマッチしてしまうため、このような結果となってしまいました。そうではなくて、**直近のダブルクォーテーション同士を括り出したい**のです。控え目な量指定子を使えば、次のようにうまく個々の文字列リテラルにマッチさせることができます。

```
% echo 'fruits = ["apple", "banana", "melon"]' | pcregrep -o '".*?"'
"apple"
"banana"
"melon"
```

今度は出力が"apple"と"banana"と"melon"がそれぞれ3行に分けて出力されました。正規表現がきちんと個々の文字列にマッチしているためです。

ここで出した例では、控え目な量指定子を使わずともダブルクォーテーション**以外**の文字の繰り返し([^"]*)でも解決することができます。

```
% echo 'fruits = {"apple", "banana", "melon"}' | pcregrep -o '"[^"]*"'
"apple"
"banana"
"melon"
```

■── サブマッチの優先順位を理解する

ここまで「左から右」という原則と、欲張り/控え目な量指定子によるサブマッチの解釈の仕方を、正規表現マッチングのしくみに触れないで説明してきました。しかし、実際の処理系の事情はもうちょっと複雑です。

連接/選択/繰り返しに加えて、欲張り/控え目な量指定子が組み合わされた正規表現の場合は「左から右」というシンプルな原則では説明がつかなくなってきます。サブマッチ割り当ての優先順位は、正規表現処理系は「どのようにしてサブマッチを割り当てているのか」というしくみを踏まえておくと、ぐっと理解しやすくなります。キーワードは第5章で解説する「バックトラック」です。

なお、一部の正規表現処理系には欲張り/控え目だけでなく**強欲な量指定子**（*possessive quantifier*）という第三の量指定子も存在しますが、導入である本章で解説するには少々トリッキーな機能で、強欲な量指定子を理解するためには正規表現マッチングのしくみについてある程度把握している必要があります。そのため、強欲な量指定子は第7章で解説することにしましょう。

正規表現による文字列の置換

サブマッチの取得は、正規表現による文字列操作の基本とも言えます。本項ではより進んだ文字列操作である**文字列の置換**を紹介しましょう。

前項では、dd/mm/yyyyという年月日のフォーマットをyyyy年mm月dd日という日本で使われるフォーマットに変更するコードを例として扱いました。

```
$day = '14/11/1988';
if ($day =~ /(\d{2})\/(\d{2})\/(\d{4})/) {
    print "$3 年 $2 月 $1 日";
}
#=> 1988 年 11 月 14 日
```

この手の文字列の変換処理はよく必要になるため、多くの処理系で正規表現を使った置換の専用APIを提供しています。たとえば、Pythonではre.subメソッドが正規表現による置換APIとして提供されています。

```
>>> import re
>>> re.sub('(?P<day>\d{2})\/(?P<month>\d{2})\/(?P<year>\d{4})',
>>> '\g<year>-\g<month>-\g<day>', '14/11/1988')
'1988-11-14'
```

上記はサブパターンを名前指定で参照していますが、もちろん下記のように番号指定でも置換は可能です。\nという構文で番号指定でサブマッチを参照することができます。

```
>>> re.sub('(\d{2})\/(\d{2})\/(\d{4})', '\\3-\\2-\\1', '14/11/1988')
'1988-11-14'
```

文字列置換のツール

本項では、正規表現が使える文字列置換の例とそのためのツールと紹介します。さまざまなツールが存在しますが、本章で紹介した程度の構文や構文、サブマッチの取得を押さえておけば基本的に問題なく使うことができるでしょう。

■── sed

sed はgrepと並ぶUnixを代表するコマンドラインツールで、正規表現を使って文字列を置換するための専用のツールです。

正規表現による文字列置換に特化した専用ツールであるため、使い方はシンプルです。s/regex/replacement/gというコマンドと置換対象の文字列やファイルを入力することで、文字列中のregexにマッチするすべての文字列をreplacementで指定した文字列に置換します。もちろん、replacement内ではregexに対応するサブマッチを用いることができます。以下は「姓名」な文字列を「名姓」というフォーマットに変換する例です。単純な正規表現とサブマッチの応用例です。

```
% echo 'Yamada Taro' | sed -E 's/([a-zA-Z]+) ([a-zA-Z]+)/\2 \1/'
Taro Yamada
```

1.2節では、Apacheの設定ファイルにおけるMaxClientsの値を変更する例を紹介しました。

```
% sed -E 's/^(MaxClients) *[0-9]+/\1 2048/'
```

s/regex/replacement/gというコマンドの先頭のsは置換(*substitute*)を、末尾のgはグローバル(*global*)を意味しており、パターンにマッチする行中のすべての文字列を置換するオプションです。同じ行中にパターンにマッチする文字列が高々1個しか現れない場合はgオプションはあってもなくても同じですが、複数現れる場合は全部置換するにはgオプションを付ける必要があります。

```
% echo 'Yamada Taro, Iwaki Masami' | sed -E 's/([a-zA-Z]+) ([a-zA-Z]+)/\2 \1/'
Taro Yamada, Iwaki Masami
% echo 'Yamada Taro, Iwaki Masami' | sed -E 's/([a-zA-Z]+) ([a-zA-Z]+)/\2 \1/g'
Taro Yamada, Masami Iwaki
```

上記のように行中に複数マッチする文字列がある場合、gオプションのあるなしで実行結果が変わることに注意してください。

■ Perlのワンライナー実行

sedが導入したs/regex/replacement/gという置換コマンドは便利かつ簡潔な構文であるため、さまざまなプログラミング言語にも影響を与えています。

実際、Perlではsedの置換コマンドの構文s/regex/replacement/がそのまま使えます。

```
$str = 'Yamada Taro';
$str =~ s/([a-zA-Z]+) ([a-zA-Z]+)/$2 $1/;
print $str;
#=> Taro Yamada
```

前述のとおり、Perlの場合サブマッチの(数字指定での)取得は$nという構文で、sedの場合は\nとなります。

Perlのワンライナー実行および出力オプションを使えば、perl -pe 's/regex/replacement/g'という使い方で、sedと同様にコマンドラインツールとして正規表現による置換を実行することができます。

```
% echo 'Yamada Taro' | perl -pe 's/([a-zA-Z]+) ([a-zA-Z]+)/$2 $1/'
Taro Yamada
```

Perlの正規表現はsedの正規表現よりも強力な機能[注15]や豊富なシンタックスシュガーを備えているため、Perlの正規表現に親しんでいればsedよりもPerlの-pe実行を使うほうが良いかもしれません。

■ There's More Than One Way To Do It

perl -pe PROGRAMというコマンドは、

```
while (<>) {
  PROGRAM
} continue {
  print;
}
```

というPerlのコードを実行することと同義です。そのためPROGRAMとしてs/regex/replacement/gというコードを用いると、

```
while (<>) {
  s/regex/replacement/g;
} continue {
  print;
}
```

注15 たとえば、後述する先読みや再帰。

というプログラムが実行されることになります。このコードは実は、

```
while (my $line = <STDIN>) {
  $line =~ s/regex/replacement/g;
} continue {
  print $line;
}
```

というコードと同義です。本書はPerlの入門書ではないので完全には説明しませんが、大雑把に言うとPerlでは代入やパターンマッチにおいて変数が省略されると暗黙に$_という特殊変数が用いられるのです。上のコードで用いられている$lineという変数が、自動的に$_で代替されていると考えてください。

このように、Perlには「こういう風にも書けるよ」というような機能がてんこもりです。Perlのスローガンとして「There's More Than One Way To Do It.」(**TMTOWTDI**、やり方は1つじゃない)というものがあります。これが、初学者にとっては「どうして、こんなコードが動くんだ」と混乱する場合もあるかもしれません。

とは言え、perl -pe 's/regex/replacement/g' のようにPerlをsed的に使うぐらいなら、必要なのはPerlの正規表現の知識だけです。この使い方は覚えておいて損はないでしょう。

1.6 正規表現の拡張機能
——先読み/再帰/後方参照

本節では現代の(一部の処理系の)正規表現に追加された3つの強力な機能である、先読み/再帰/後方参照を紹介します。

1.4節では正規表現を便利に書くためのシンタックスシュガーを紹介しました。その意味では、本節で扱う先読みもシンタックスシュガーには変わりないのですが、これまでに紹介したシンタックスシュガーとは一線を画す強力な機能です。一方、本節で紹介する再帰と後方参照の2つの機能は基本三演算だけでは「書けない」パターンを書くためのものなのです。そこには大きな違いがあります。

[47]

先読み

先読み(*lookahead*)は「与えられた正規表現がマッチする文字列が直後に来る位置」と**正規表現を使って位置を指定**することができる機能です。先読みは、うまく使えば正規表現を非常に簡潔に書ける場合がある便利な機能です。アンカーと同様に、先読みも文字列でなく位置にマッチします(その意味で先読みはアンカーの一つです)。

先読みに対応している処理系(PCREやPerl、JavaScript、Ruby、Pythonなど)の正規表現では、(?=regex)のように(?=)で正規表現を囲む構文を用意しています。「a(?=..a)」という正規表現は先読みの比較的簡単な例です。「簡単な」とは言いましたが、そもそも先読み自体が高度な機能なので、ここではこの例を丁寧に見ていくことにしましょう。

マッチング対象文字列が『abracadabra』だったとして、「a(?=..a)」は(部分マッチで)どの部分文字列にマッチし得るのでしょうか。実は「a(?=..a)」という正規表現は、2ヵ所の『a』にしかマッチし得ません。先読み部分の正規表現「(?=..a)」はあくまで「3文字先にaが来る」という**位置**にマッチするためです(**図1.8**)。

実際にpcregrepで『abracadabra』に対して「a(?=..a)」にマッチする部分文字列を抜き出してみましょう。-oオプションで、正規表現全体にマッチした部分文字列(0番めのサブマッチ)を出力するのでした。

```
% echo abracadabra | pcregrep -o 'a(?=..a)'
a
a
```

先ほど図1.8で示した2ヵ所の『a』がマッチしていることがわかります。

先読みを含む正規表現が「どのようなパターンを表しているのか」を読み解くコツは、先読み部分がマッチする位置を把握しておくことです[注16]。

注16　ただし、実際の正規表現エンジンで、そのような処理をしているわけではありません。

図1.8　先読みを含む正規表現のマッチング

a(?=..a)
aが3文字後に来る位置
abracadabra
a(?=..a)がマッチするのはこの2つのaだけ
(直後に先読みにマッチする位置が来る)

■── 否定先読み

「(?=regex)」という正規表現は、regexで表現するパターンが直後に来る位置にマッチしました。その逆、「(?!regex)」という正規表現はregexというパターンが直後に**来ない**位置にマッチします。(?!)が否定先読みのための構文となります。たとえば、

```
(?!4869)\d{4}
```

という正規表現は4869以外の4桁の数字にマッチします。4869以外の4桁の数字を表すパターンを否定先読みを使わずに書いてみると、

```
[0-35-9]\d{3}|4[0-79]\d{2}|48[0-57-9]\d|486[0-8]
```

という一見して何を表しているのかわからない、非常に面倒くさいパターンになってしまいます。

■── 否定先読みで正規表現の「否定」を書く

与えられた正規表現に対して(完全マッチングにおいて)完全に逆のパターンを表現する正規表現を、元の正規表現の**否定の正規表現**と呼びます。

たとえば、「a*」という正規表現は「文字aの任意回の繰り返し＝aだけから成る文字列」を表現するため、その否定の正規表現は「aでない文字を含む文字列」を表現する「.*[^a].*」となります。

一般に、否定の正規表現を書くのは非常に難しいのですが、否定先読みを使えばregexの完全一致での否定は、

```
^(?!regex$).*$
```

と簡単に書けてしまいます。

「否定の正規表現を書くのは非常に難しい」とは言いましたが、なぜ難しいのかについては、そもそも**どのような正規表現でも否定を書くことができるのか**を理解するためには少々理論的な話が必要となってきます。正規表現の否定に関する理論はAppendixで詳しく解説を行いますので、興味のある読者は読んでみてください。

■── 後読みと否定後読み

先読みは与えられたパターンが「直後に来る位置」にマッチする機能でしたが、**後読み**(lookbehind)は「直前に来る位置」にマッチする機能です。

後読みは(?<=regex)という構文を用います。先読み(?=)の構文に「左に読む」

(戻る)を表す<を挿入したものです。先読みと同様に、(?<!)という構文で否定の後読みを書くことができます。

── 先読み/後読みの便利さ

先読みや後読みやその否定はなかなか高度な機能なので「何か難しそうだ」という印象を持たれるかもしれませんが、便利で強力な機能です。先読みを使うことで正規表現が劇的にシンプルになるケースが多々あります。先読みや後読みを使うことでシンプルかつスマートに書ける例を挙げてみましょう。

まず有名な例は、以下の❶のような数を❷という具合に「数を3桁ごとに,(カンマ)で区切る」という処理です注17。

❶ 10000000000

❷ 10,000,000,000

先読みを用いれば、このような処理を自動的に行うことができます。

```
(?<=\d)(?=(\d{3})+($|\D))
```

という正規表現は「左側に数字、右側に数字以外の文字か行末が来るまで3桁の数字の繰り返しが続く**位置**」にマッチします。アンカーや先読みは、具体的な文字列にマッチするわけではなく、幅がゼロの空文字列にマッチすることを思い出してください。

そのため、この正規表現にマッチする位置に,(カンマ)を挿入する、すなわち「空文字をカンマに置換する」コマンド s/(?<=\d)(?=(\d{3})+($|\D))/,/g を Perlで実行すると注18実際に3桁ごとにカンマで区切ってくれます。

```
$text = '10000 US Dollar equals to 7340 Euro, and equals to 1014850 Japanese Yen.';
$text =~ s/(?<=\d)(?=(\d{3})+($|\D))/,/g;
print $text;
#=> 10,000 US Dollar equals to 7,340 Euro, and equals to 1,014,850 Japanese Yen.
```

── 先読みで正規表現の「積」(AND)を書く

もう一つ、先読みが便利な例を挙げてみましょう。『hoge』と『fuga』と『piyo』という3つの文字列を必ず含むような文字列を正規表現で書きたいとします。注意すべきは3つの単語を必ず含むというだけで、その出現位置や出現順序には

注17 この例は『詳説 正規表現』[1]でも紹介されています。
注18 先読みや後読みはsedではサポートされていません。

何の制約もないことです。

普通の正規表現で『hoge, fuga, piyo』を必ず含む文字列を表すと、

```
.*hoge.*fuga.*piyo.*|.*hoge.*piyo.*fuga.*|.*fuga.*hoge.*piyo.*|.*fuga.*piyo.*hoge
.*|.*piyo.*hoge.*fuga.*|.*piyo.*fuga.*hoge.*
```

というかなり長い正規表現になってしまいます。『hoge, fuga, piyo』の出現する順番の組み合わせを網羅する必要があるためです。これでは書く気もなくなってしまいます。

しかし、先読みを使えば、

```
(?=.*hoge.*)(?=.*fuga.*)(?=.*piyo.*).*
```

というシンプルな正規表現で書けてしまいます。上記の正規表現の先読みの部分「(?=.*hoge.*)(?=.*fuga.*)(?=.*piyo.*)」は、直後に『hoge, fuga, piyo』を含む文字列が来る位置にマッチします。そのため「(?=.*hoge.*)(?=.*fuga.*)(?=.*piyo.*)」の後ろに.*を繋げた正規表現は、必ず『hoge, fuga, piyo』を含む文字列全体にマッチするというしくみです。

同様の理屈で、「regex1」と「regex2」という正規表現に対して、それらの「両方に(完全)マッチするパターン」を表現する正規表現を先読みを使って、

```
^(?=regex1$)regex2$
```

と書くことができます。「regex1$」と「regex2$」の末尾の$は、それぞれの正規表現が文字列の最後まで完全にマッチすることを要請するアンカーです。

このように2つの正規表現に同時にマッチするパターンを表す演算を、2つの正規表現の**AND演算**や**共通部分**（*intersection*）や**積**（*conjunction*）などと呼びます。

先読み/後読みの便利さはそもそも「マッチする文字列を消費しない」という点に基づいているのですが、その点については第7章にて詳しく解説を行うことにしましょう。

▌再帰

プログラミング言語において**再帰**（*recursion*）は強力な道具となりますが、現代の一部の正規表現処理系では再帰を扱うことができます。メジャーな正規表現実装の中では、Perl（5.10以降）およびPCRE（4.0以降）やRuby（鬼車が搭載された1.9以降）において再帰が導入されています。

■── 再帰的なパターン

　再帰とは何なのか、とりあえずPerlとPCREでの例を見てみましょう。Perlと PCREでは(?R)が再帰の構文として導入されています。

　再帰演算子(?R)は「正規表現の全体」にマッチします。つまり、「A(?R)|B」と いう正規表現の中にある(?R)の部分は、さらに「A(?R)|B」という正規表現に再 帰的にマッチするのです。

　再帰を1つずつ展開していってみましょう。

❶ A(?R)|B
❷ A(A(?R)|B)|B
❸ A(A(A(A(A(...)|B)|B)|B)|B)|B
❹ A*B

　上記❶正規表現の(?R)を展開すると、❷の正規表現になり、さらに展開を続 けていくと❸という風に無限に正規表現が伸びていきます。よく見ると、この 正規表現は❹という正規表現とまったく同じであることがわかります。どちら も「Aが0回以上続いてBで終わる」というパターンを表現しているからです。

■── 再帰を使わないと書けないパターン

　上の例では、再帰機能を使った正規表現に対して、再帰機能を使わない等価 な正規表現が存在しました。しかし、実は再帰機能を使えば、再帰機能を使わ ない正規表現では書けないような構文も書けてしまいます。

　たとえば、四則演算を使った数式等を考えてみましょう。四則演算を使った 式は1/((2-9)*(42+7))のように、数字と加減乗除の4つの演算記号＋ － ＊ ／か ら構成されます。1/((2-9)*(42+7))という数式を分解して眺めてみましょう。 割り算の右側の((2-9)*(42+7))も数式ですし、さらにその中の(2-9)や(42+7) も正しい数式です。2や9という数も、演算記号を含まない数式と言えます。つ まり、数式は複数の小さな数式からボトムアップに構成されているのです。

　再帰演算(?R)を使えば、四則演算が使える数式を、

```
(\d+|\((?R)\))([-+*/](\d+|\((?R)\)))*
```

という正規表現で表すことができます。この正規表現は、(3+)4*や7*(2+1のよ うな構文的に間違った数式をきちんとハジき、構文的に正しい数式のみにマッ チします。再帰的な構文はプログラマにとって重要なので、第8章で改めて解 説を行います。

ところで「`(\d+|\((?R)\))([-+*/](\d+|\((?R)\)))*`」という正規表現について、`(\d+|\((?R)\))`が前半と後半で2つ書かれているのがいかにも冗長です。実は再帰呼び出しはキャプチャと同様に番号でも指定できるので、

```
(\d+|\((?0)\))([-+*/](?1))*
```

と書くことができます。`(?0)`が正規表現全体への再帰を、`(?1)`が最初のサブパターン`(\d+|\((?0)\))`への再帰（部分呼び出し）を行っています。

また、キャプチャと同様に名前を指定しての再帰呼び出しも可能です。その場合は`(?&name)`という構文を用います。

PerlやPCRE、Rubyにおける再帰の構文を**表1.13**にまとめました。なお、再帰機能は、Rubyでは「部分式呼び出し」と呼ばれています[注19]。

後方参照

後方参照（*backreference*）とは、キャプチャによって取得した部分文字列を「その正規表現の中で参照」する機能です[注20]。簡単な例ですが、

```
(.*) \1
        ↑スペース
```

は任意の文字列をスペースを挟んで2回繰り返した文字列にマッチする正規表現です。たとえば『Bongo Bongo』という文字列に対して最初の『Bongo』に「`(.*)`」がマッチし、「`\1`」が「`(.*)`」でマッチした文字列『Bongo』を参照します。結果、対象文字列の2番めの『Bongo』にマッチするため、「`(.*) \1`」は『Bongo Bongo』の全体にマッチします（**図1.9**）。

さらには、後方参照を使うことでHTMLやXMLの開始タグと終了タグの整合性を正規表現で表現することができます。たとえば、

注19 部分式呼び出し機能を提案した田中哲氏にちなんで「田中哲スペシャル」とも呼ばれるそうです。「鬼車 正規表現」（Version 5.9.1、2007/09/05）🔗 https://github.com/kkos/oniguruma/blob/master/doc/RE.ja

注20 「バックリファレンス」よりも訳語「後方参照」の方が定着しているので本書では「後方参照」を用います。

表1.13 Perl、PCRE、Rubyでの再帰の構文

再帰の種類／実装	Perl、PCRE	Ruby（鬼雲）
全体への再帰	`(?R)`, `(?0)`	`\g<0>`
番号呼び出し	`(?N)`	`\g<N>`, `\g'N'`
名前呼び出し	`(?&name)`, `(?P>name)`	`\g<name>`, `\g'name'`

図1.9　後方参照のマッチング

```
<([^>]*)>\d+</\1>
```

という正規表現は「数字を囲んだ任意のタグ」にマッチします。この正規表現には<p>100</span>や<a>100</script>のように開始タグと終了タグの種類が合わない文字列はマッチしません。

基本三演算では表現できないパターン

後方参照と再帰は、基本三演算だけが使える従来の正規表現では不可能だったパターンを表現できるようにした拡張機能です。事実、前項で紹介した、

- 四則演算のパターン（再帰）
- 開始タグと終了タグの整合性を取るパターン（後方参照）

は、基本三演算だけの正規表現では書くことができないのです。

もう少し単純な例を出してみます。実は基本三演算だけの正規表現では**括弧の対応**を取ることができません。『((()()))』や『(())()(())』のように「きちんと閉じ括弧と開き括弧の対応がとれた括弧だけから成るすべての文字列の集合」を表現することができないのです。その理由はAppendixで詳しく解説します。

括弧の対応が正規表現で表現できないことから、括弧の対応を必要とする以下のような構文は基本三演算だけの正規表現では表現できないことがわかります。

- 四則演算式
- プログラミング言語[注21]
- XMLやJSON[注22]

「表現できるパターンが広がるのだから拡張機能を入れた正規表現の方が良い

注21 ・参考「正規表現の限界」URL http://sinya8282.sakura.ne.jp/etc/shibuya_pm/
注22 ・参考「再帰的 正規表現 JSON Validator」（竹迫良範氏による再帰表現 & JSON構文の解説スライド）
　　 URL http://www.slideshare.net/takesako/shibuyapm16-regexpjsonvalidator

のでは？」と思われる読者もいるかもしれません。しかし、再帰や後方参照を含んだ正規表現はもはや従来の正規表現ではなく、さまざまな**良い性質**を失います。たとえば効率、たとえばテストのしやすさ、たとえばメモリ使用量などが挙げられるでしょう（第8章で後述）。また、従来の正規表現にあった多くの数理的に良い性質も失われてしまいます（Appendixで後述）。

■── 強力さと読みやすさ

再帰や後方参照は強力な機能ですが、再帰や後方参照を含んだ正規表現は複雑で読みづらくなってしまう可能性もあります。再帰という概念は知っていても「A(?R)|B」や「(\d+|\((?R)\))([-+*/](\d+|\((?R)\)))*」という正規表現を見てすぐに何を表現しているかピンと来るプログラマは少ないでしょう。後方参照についても同様です。

「読みやすさ」という観点からは、再帰などの拡張機能はなるべく使用を避けるべきです。第8章では、読みやすさを損なわずに再帰的なパターンを記述する方法について解説します。

一方、先読みや否定先読みおよび後読みと否定後読みは表現力が高いように見えるにもかかわらず、基本三演算よりも強力でない、つまり「基本三演算で表現できる」という従来の正規表現の枠組みを超えるものではないのです。Appendixでは先読みと基本三演算の関係も解説します。

1.7 正規表現エンジンの基本

本章では、正規表現の基本的な使い方や構文や機能を説明してきました。本節では次章からの内容について、キーワードを挙げながら流れを整理します。

正規表現エンジンの種類 ──DFA型とVM型

前述のとおり、正規表現のマッチングを行うプログラム（処理系）を**正規表現エンジン**と呼びます。正規表現を扱うライブラリや正規表現が使えるプログラミング言語は、いずれもこの正規表現エンジンを実装/搭載しています。正規表現マッチングのしくみを学ぶということは、正規表現エンジンの実現方法を学ぶということです。正規表現エンジンには大まかに分けて以下の2種類があります。

- **DFA型**
  正規表現を**決定性有限オートマトン**(*deterministic finite automaton*)と呼ばれるものに変換して正規表現マッチングを行う
- **VM型**
  正規表現を**バイトコード**(*bytecode*)と呼ばれるものに変換して正規表現マッチングを行う

　現代の正規表現エンジンのほとんどは、この分類で大別することができます。たとえばGNU grepやGoogle RE2はDFA型の正規表現エンジンを搭載していますし、PerlやPython、RubyやJavaScriptなどほとんどのスクリプト言語はVM型の正規表現エンジンを搭載しています。DFA型とVM型のエンジンはそれぞれまったく異なるしくみで正規表現マッチングを実現しており、それぞれに得意なことが違います。

　DFA型のエンジンは第4章で、VM型のエンジンは第5章で「実際の正規表現エンジンのソースコード」を参考にしつつ丁寧に解説していきます。それぞれの章に入る前に、DFA型とVM型それぞれのエンジンにおける最重要キーワードについてあらかじめ整理しておきましょう。

DFA型のキーワード ── 決定性と非決定性

　DFA型のエンジンでは**有限オートマトン**と呼ばれる「正規表現の計算モデル」を基に正規表現マッチングを行います。

　有限オートマトンの中には**決定性**と呼ばれる特殊な性質を持つものがあり、DFAの「D」は決定性(*Deterministic*)を表しています。決定性を持った有限オートマトンのことをとくにDFA(*Deterministic Finite Automaton*、決定性有限オートマトン)と呼び、決定性を持つ有限オートマトン/決定性を持たないオートマトンを全部まとめて**NFA**(*non-deterministic finite automaton*、非決定性有限オートマトン)と呼びます。大雑把に言うと、DFA型の正規表現エンジンはまず正規表現からNFAを作り、NFAをDFAに変換して、入力文字列に対するDFAの動きをシミュレートして正規表現マッチングに用いるのです(**図1.10**)。

　そのため、DFA型エンジンのしくみを理解するためには、

- 正規表現からNFAへの変換
- NFAからDFAへの変換
- DFAのシミュレーション

の3つのポイントを押さえる必要があります。第4章ではそれぞれのポイントを細かく解説していきます。

有限オートマトンで正規表現の理解を深める

有限オートマトンをきちんと理解することで、「(基本三演算のみを使った)正規表現で表現できるもの、できないもの」を明確に区別することができるようになります。1.6節内の「基本三演算では表現できないパターン」では、再帰や後方参照が「連接/選択/繰り返しの基本三演算では表現できない」と述べました。このような事実も、有限オートマトンを用いることで説明できてしまうのです。Appendixで、再帰や後方参照が基本三演算では表現できないことを解説します。

VM型のキーワード ——バックトラック

VM型のエンジンでは、**仮想マシン**(*virtual machine*、VM)上で正規表現を解釈/実行することで正規表現マッチングを行います。

VM型のエンジンでは、まず正規表現を「バイトコード」(*byte code*)と呼ばれる命令列に変換し、**バックトラック**(*backtrack*)と呼ばれる方式でバイトコードを実行することによって正規表現マッチングを実現します(**図1.11**)。

そのため、VM型エンジンのしくみを理解するためには、

- 正規表現からバイトコードへの変換
- バイトコードのバックトラックに基づいた実行

の2つのポイントを押さえる必要があります。第5章ではそれぞれのポイントを細かく解説していきます。

VM型エンジンのしくみの理解に必要というだけでなく、正規表現を「使う」という点においてもバックトラックは**最重要の概念**だと言えるでしょう。1.5節

図1.10 DFA型エンジンによる正規表現マッチングの概要

内の「サブマッチの優先順位」項ではサブマッチの割り当ての優先順位について簡単に解説しましたが、実はサブマッチの割り当てはこのバックトラックの性質をもとに決められているのです。そのため、VM型における正規表現(バイトコード)のバックトラック実行を理解すれば「サブマッチがどのように割り当てられるか」が理解できてしまいます。

次章からの流れ

まず、続く第2章の「正規表現の歴史」では正規表現の起源から始め、現代の正規表現エンジン事情まで解説していきます。正規表現の理論やマッチングのしくみを本格的に解説する前に、正規表現の「興味深くておもしろい」歴史を概観しておきましょう。

第3章の「プログラマのための一歩進んだ正規表現」では、本章よりもカッチリとした正規表現の解説/定式化を行います。とくに、基本三演算だけが使える正規表現である**純粋な正規表現**について解説します。また、現代の「プログラマのための正規表現」と「純粋な正規表現」とのギャップ、さらには正規表現エンジン実装のパフォーマンス比較、わかりやすい正規表現の書き方なども解説します。

前項で述べたように、第4章「DFAエンジン」と第5章「VMエンジン」からはいよいよ正規表現エンジンのしくみの解説に踏み込みます。第4章ではDFA型エンジン、第5章ではVM型エンジンの解説です。この2つの章はそれ以降の章にも深く関わってくる重要な章となります。前述したように、DFA型の章においては「非決定性」と「決定性」、VM型の章においては「バックトラック」が重要な概念となります。そのあたりを意識して読み進めるとわかりやすいでしょう。

第6章の「正規表現の最新技術動向」では、第4章と第5章でのエンジンのしくみを踏まえた上で、実装に関するより高度な技術について解説します。本章で扱う話題は「エンジンの実装に興味がある人」だけでなく、「正規表現を使う人」

図1.11 VM型エンジンによる正規表現マッチングの概要

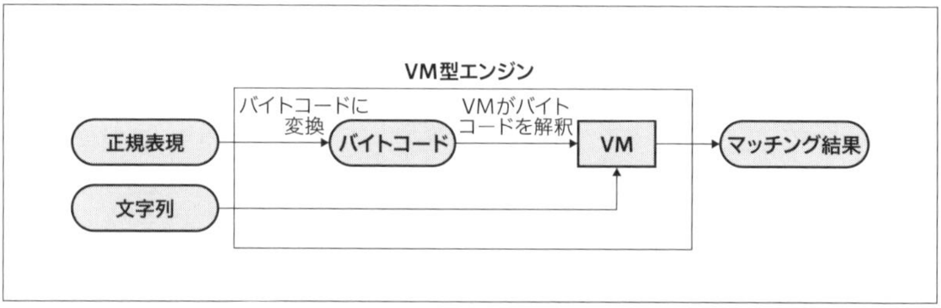

全般にも有益になり得るでしょう。とくに「固定文字列探索による高速化」を知っておくと「効率の良い正規表現」が書ける場面がきっと増えるはずです。

第7章の「正規表現の落とし穴」では、正規表現エンジンのしくみを踏まえた上で解説することができる、正規表現マッチングの効率やキャプチャリングに関する「正規表現を正しく使う」上で避けては通れない話題について解説していきます。とくに、意図通りのキャプチャ（サブマッチの割り当て）を達成するための正規表現の書き方や、パフォーマンスを劇的に下げてしまうような「落とし穴」を欲張り/控え目/強欲な量指定子を使い分けて解決する技法も紹介します。これらの技法はVM型エンジン、とくにバックトラックに直接関わるものであり、第5章で扱うVM型エンジンのしくみの解説の上に成り立つ内容です。

第8章「正規表現を超えて」は、「どのように正規表現を使っていくか」をテーマに、複雑な正規表現を書かない/読み解くためのコツを紹介します。さらに、第8章では、正規表現よりも強力な構文解析の技法についても言及します。

最後にAppendixとして「数学的背景への手引き」をテーマとした解説を用意しました。A.1節の「正規と非正規の壁」では、「ポンピング補題」と「Myhill-Nerodeの定理」という道具を使って「再帰と後方参照が純粋な正規表現の能力を超えている」ことを証明します。さらに、A.2節の「正規表現の最適化」では、数理（とくに代数学）の力を使って正規表現のある種の「自動最適化」を行う方法、さらにその裏側に潜む奥深い数学的背景について解説します。Appendixということで本編と比べて難しい内容になりますが、完全に理解できないまでも「正規表現の裏側には深い理論がある」という雰囲気を感じ取ってもらえたらと思い、執筆しました。

[Column]

NFA？ VM？ バックトラック？

本書ではバックトラック実行をベースにした正規表現エンジンの実装を**VM型**と呼んでいますが、これを**NFA型**と呼んでいる正規表現の解説記事も多くあります。

しかし、NFAの「非決定性」という性質は本来バックトラックとは無関係のものです、バックトラックはあくまで「非決定性」を計算するための手段の一つに過ぎないことについては、第4章と第5章で言及します。

既存エンジンの実装の多くは、正規表現をDFAに変換しDFAのシミュレートをベースにしたものか、正規表現を独自のバイトコードに変換後バックトラックを主体とした仮想マシン（VM）での実行をベースにしたものに大別されるため、本書では「DFA型」と「VM型」というエンジンの2種類の呼び方を採用しました。

[Column] プログラミングと正規表現

プログラミングで日常的に使われる正規表現。テキストの入力テキストから何らかの構造を見出したいというユースケースは多く、プログラマにとって身近なところやWebアプリケーションなど、さまざまな場面で利用されています。

入力テキスト中からの意味のあるデータの抽出

入力されたテキストの中から、「意味を持ったある部分のテキストを抽出する」ということは正規表現の得意とするところです。

たとえば、入力テキスト中からURLに相当するテキストのみを抽出し、リンクを貼るということは正規表現によって達成することが可能です。

また、テキストエディタによるシンタックスハイライトもまた、入力テキスト中から意味のあるトークンを抜き出す処理です。実際に、VimやSublime Textなど多くのテキストエディタでは、さまざまなプログラミング言語向けのシンタックスハイライトを定義するために正規表現を用いています。テキストの中から特定のトークンをハイライトするために抽出するという作業はまさに正規表現にうってつけであり、正規表現を用いることで、複雑なコードを用いることなくシンタックスハイライト向けの定義をコンパクトに作成することができます。

入力テキストのバリデーション

プログラミングの多くの局面では、入力されたテキストが期待するものかを検査する場面が多くあります。この時、入力テキストのバリデーションのために、正規表現が広く用いられています。たとえば、JavaScriptにてJSONのサポートされる前に用いられていたjson2.jsは、入力値をJavaScriptとして解釈しても危険でないかを確かめるために正規表現を用いて検査を行っていました。

また、HTML5 Formsでは、pattern属性に正規表現を記述するという形で、入力フォームのクライアントサイドでのバリデーションのWebブラウザによるサポートが導入されています。たとえば以下のように、HTML中に正規表現を記述することが可能です。

```
<label>セクション番号:
<input pattern="[0-9]{3}" name="section" title="3桁の数値"/>
```

テキストのトークナイズ、パース

入力テキストを何らかの構造を持つデータに変換したい場合にも正規表現は広く用いられます。多くのパーサ、たとえばMarkdownパーサなどでは、テキストデータからトークンを切り出す(トークナイズ)ために正規表現を用いています。

◆ ◆ ◆

以上、例を挙げましたが、他にも多くの場面で正規表現は活用されています。

第2章

正規表現の歴史
理論と実装の両面から

第2章 正規表現の歴史 —— 理論と実装の両面から

本章では正規表現の起源から始め、今日のように「プログラマの相棒」に至るまでの長い長い歴史を解説していきます。

正規表現は元々学問の世界で生まれたものです。2.1節では正規表現が生まれる「以前」の背景の話から始めます。2.2節では正規表現の誕生について解説を行います。正規表現の生みの親であるKleeneもここで登場します。2.2節ではさらに「有限オートマトン」と呼ばれる「正規表現の計算モデル」も登場しますが、ここではあくまで歴史的な話だけを述べ、その詳しい解説は第4章で行うことにします。

2.3節では、学問の世界で生まれた正規表現が、どのようにしてプログラマの世界に飛び込んできたか、その経緯を解説します。今日、正規表現がプログラマに広く使われているのはThompsonの功績が非常に大きく、2.3節ではThompsonの功績、とくにUnixの発展の話がメインとなります。

現在、ほとんどのメジャーなプログラミング言語において言語プリミティブや標準ライブラリなどで正規表現が提供されています。2.4節では正規表現がどのようにプログラミング言語に受け入れられていったのか、その歴史を解説していきます。

2.5節では、現在の正規表現エンジンであるGNU grep、Google RE2、Perl（とPCRE）、JavaScript、Rubyについてそれぞれの歴史や事情を解説します。それぞれの言語、それぞれの正規表現エンジンごとに異なる歴史を持っています。

本章で登場して後の章で改めて詳しく解説される話題は以下のとおりです。

- 2.3節：オートマトンとThompsonの功績（第4章）
- 2.2節：Kleeneの功績とオートマトン理論の発展（第4章とAppendix）
- 2.5節内の「Ruby」項：Rubyの正規表現エンジン事情（第5章）
- 2.5節内の「JavaScript」項：JavaScriptの正規表現エンジン事情（第6章）

正規表現の「今」を知るために、正規表現の「歴史」を知ることは大いに役立つことでしょう。

> So let's drag out the old dusty history book...
> それでは、ほこりにまみれた古い歴史の本を紐解いてみよう……
> ——『Programming Perl』[2]より。

2.1
正規表現の起源 ——「計算」に関する定式化

　正規表現は元々学問の世界で生まれたものですが、「計算の理論」という大きな流れの中での正規表現の発展を歴史を追って解説していきます。

　「正規表現の産みの親は誰か」と問われれば、本章で登場する偉大なる研究者Kleeneの名を答えるべきでしょう。しかし、Kleeneが正規表現を生み出すまでに、「計算とは何か」という根源的な問いに対する種々の研究がありました。

　「計算を行う」という行為そのものを数理的に定式化した「計算モデル」の研究もその一つです。正規表現誕生の歴史を語るには、計算モデルに対する2つの記念碑的研究成果である「チューリングマシン」と「形式的ニューロン」について触れる必要があります。正規表現誕生の背景には形式的ニューロンが、形式的ニューロン誕生の背景にはチューリングマシンがあるからです。

▍チューリングマシンとアルゴリズム

　今から80年近くも前の1936年、イギリスの研究者Alan Turingは**チューリングマシン**を発明しました。発明と言ってもチューリングマシンは本物の機械ではなく、いわば空想上の機械でした。チューリングマシンは極めてシンプルな「計算機のモデル」ですが、「(我々人間や現代のコンピュータが)実質的に計算できるものを、チューリングマシンが計算できるものとして定義しよう」というテーゼをチューリングは提唱したのです。

　ここで言う「計算できるもの」とは「与えられた関数の積分を行う」や「与えられた数が素数か判定する」等のきちんとした答えを持つ計算(問題)のことであり、「最も旨い日本酒はどれか」や「人生、宇宙、すべての答え」(42)などのふわふわとした問題は無視しています。たとえば、コンピュータを使って計算できるものは例外なくすべてチューリングマシンで計算できます。

　一般的にはアルゴリズム(*algorithm*)とは「計算機が計算するための手続き」として知られていますが、厳密な定義としては「チューリングマシンで実行できるもの」のことをアルゴリズムと呼びます。プログラマにとっては、「計算できる」とは「アルゴリズムが存在する」、という考えはしっくり来るはずです。そして、「アルゴリズムが存在する」とは「チューリングマシンで計算できる」ということに他ならないのです。

　Turingは1936年に論文「On Computable Numbers, with an Application to the

Entscheidungsproblem」[3]の中でチューリングマシンを提案しました。「計算できるもの」というある種ふわふわした定義を「チューリングマシンで計算できるもの」と定式化したチューリングの仕事以降、計算に対する人類の理解は急速に深まっていきます。チューリングマシンを理論の基盤に、計算に対するさまざまな研究が発達していきました。後述する形式的ニューロンもその一つです。

脳の計算モデルと形式的ニューロン

1943年、Warren McCullochとWalter Pittsは論文「A Logical Calculus of the Ideas Immanent in Nervous Activity」[4]で、人間の脳を構成するニューロンを基にした**形式的ニューロン**(*formal neurons*)と呼ばれる計算モデルを提唱しました。

「ニューロンを基にした」と言っても、本物のニューロンに比べて形式的ニューロンは単純化されたもので、「入力が閾値を超えたら出力する」という単純な部品の組み合わせモデルでした。チューリングマシンという計算モデルはTuringによって計算機的/数学的なアプローチから生み出された一方、形式的ニューロンという計算モデルは脳科学的/神経生理学的アプローチから生み出されたのです。

図2.1は形式的ニューロンの例を表したものです。図2.1❶の形式的ニューロンは$x_1, x_2, \cdots, x_m$のm個の入力にそれぞれ$w_1, w_2, \cdots, w_m$の重み(矢印の上)が付加されています。$x_1, x_2, \cdots, x_m$の入力のうちアクティブとなっているものの重みの合計が閾値θ(ノード内部)を超えると、出力vがアクティブとなるというしくみです。❷の形式的ニューロンは❶よりも具体的で、2つのどちらも重みが1の入力の合計値が1を超えたら出力します。

図2.1 形式的ニューロンの例

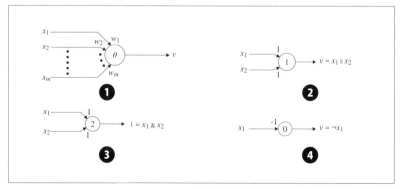

図2.1 ❷の形式ニューロンは論理回路で言うところの**ORゲート**（論理和）に対応します。さらに❸は**ANDゲート**（論理積）を、❹は**NOTゲート**（論理否定）に対応する形式的ニューロンです。AND、OR、NOTの回路があれば任意の論理回路を合成することができるため、形式的ニューロンは任意の回路を表現することができるのです。

McCullochとPittsによる形式的ニューロンの確立から、ニューロンに基づいた計算モデルである**ニューラルネットワーク**の研究が盛んに行われました。形式的ニューロンが生まれてから70年経つ現在でも、機械学習の分野でニューラルネットワークの技術が進歩し続けているのだから驚きです[注1]。

2.2 Kleeneによる統一

前節では前提知識としてチューリングマシン、形式的ニューロンを見てきました。本節ではいよいよ正規表現の誕生へと歴史が進みます。

記憶領域の有無——形式的ニューロンとチューリングマシンの決定的な違い

形式的ニューロンでは任意の論理回路を表現することができます。それでは形式的ニューロンではチューリングマシンのように「任意の計算」、すなわちアルゴリズムが存在するあらゆる問題の計算を行うことができるのでしょうか。答えはNOです。形式的ニューロンとチューリングマシンには「記憶領域の有無」という決定的な違いがあります。

ここで言う記憶領域とは、コンピュータで言うメモリやハードディスクのことであり、「計算のために使える外部作業領域」と捉えて問題ありません。たとえば我々人間においても「暗算は無理でもノートを使えば計算できる」という種の問題はいくらでもあるでしょう[注2]。

コンピュータにおけるメモリのように、チューリングマシンは「テープ」（*tape*）という計算のための記憶領域が存在します。一方、形式的ニューロンでは記憶領域に相当するものを持っていません。では、形式的ニューロンで計算できる

注1　・参考「ニューラルネットの逆襲」（岡野原大輔氏によるDeep Learningの解説）
　　　　URL http://research.preferred.jp/2012/11/deep-learning/
注2　ここでは（メモリやノートなどの）外部作業領域は「いくらでも」追加することができる、と考えています。

ものは一体どういったものなのでしょうか。

その疑問に答えを与えたのが数理論理学者のStephen Kleeneでした。彼は形式的ニューロンと正規表現が(ある意味で)等しいということを示したのです。McCullochとPittsが形式的ニューロンを提案した8年後の1951年のことでした。

正規表現の誕生

Kleeneは論文「Representation of Events in Nerve Nets and Finite Automata」[5]の中で**正規表現**(*regular expression*)を提案し、形式的ニューロンで計算できるものは正規表現で表現できることを示しました。「regular expression」という命名もKleeneが同論文の中で提案したものです(次ページのコラムを参照)。

正規表現の等式系についても、Kleeneは考察を行っていました。たとえばa*と(a*)*、a|bとb|aは同じパターンを表す正規表現ですが、Kleeneは23個の等式を列挙し証明を与えたのです。以下に、Kleeneの元論文[5]の等式のうち最初の11個を、現代の正規表現の構文に変えてまとめてみました。E、Fは(任意の)正規表現を表しています。$E = F$は正規表現EとFが同じパターンであることを表していると考えてください。

$$E \mid E = E \qquad (2.1)$$
$$E \mid F = F \mid E \qquad (2.2)$$
$$(E \mid F) \mid G = E \mid (F \mid G) \qquad (2.3)$$
$$(EF)G = E(FG) \qquad (2.4)$$
$$(E * F)G = E * (FG) \qquad (2.5)$$
$$(E \mid F)G = EG \mid FG \qquad (2.6)$$
$$E(F \mid G) = EF \mid EG \qquad (2.7)$$
$$E * (F \mid G) = E * F \mid E * G \qquad (2.8)$$
$$E * F = F \mid E * EF \qquad (2.9)$$
$$E * F = F \mid EE * F \qquad (2.10)$$
$$E * F = E^s * (F \mid EF \mid E^2 \mid \cdots \mid E^{s-1} F) \quad (s \geq 1) \qquad (2.11)$$

現代の正規表現で言うと、上記の式(2.1)はe|eとeが任意の正規表現eに対して成り立つことを示しています。式(2.2)は「交換法則」を、式(2.3)〜(2.5)は「結合法則」を、式(2.6)〜(2.8)は「分配法則」を述べています。交換法則/結合法則/分配法則は我々は小学生の頃から慣れ親しんでいますが、注意深く考えると正規表現でも成り立つことがわかるでしょう(ただし、キャプチャなどは気にしていないこと

に注意してください)。式 **2.9**〜**2.11** は繰り返し演算の性質を述べています。

有限オートマトンの導入

Kleene は 1951 年の論文[5] の中で正規表現のすぐ後に**有限オートマトン**(*finite automaton*)という計算モデルの導入を行いました。

形式的ニューロンは記憶領域がない計算モデルでした。同様に、有限オートマトンも記憶領域を一切持たない計算モデルです。ざっくり言うと、Kleene はどんな形式的ニューロンも「同じものを計算する」有限オートマトンに変換できることを示したのです。Kleene が示した結果は 4.1 節で改めて解説します。

有限オートマトンは「記憶領域を使わずに計算できるもの」を(形式的ニューロンよりも)シンプルに表現した計算モデルです。誤解を招く言い方になるかもしれませんが、有限オートマトンで計算できるもの(すなわち正規表現で表現できるもの)は「メモリを一切消費しないプログラムで計算できるもの」と正確に一致します。

[**Column**]

正規(regular)って何?

実は、Kleene は 1951 年当時働いていた RAND Corporation (ランド研究所)の「所内向け」論文[5] では「regular」という言葉を導入した直後(p. 46)に

(We would welcome any suggestions as to a more descriptive term.)
(他に良い名前があったらぜひ提案して欲しい。)

と、周囲に命名の助言を求める一節を括弧付きで書いていました。恐らく Kleene は感覚的に regular という言葉を使ったのでしょう。おもしろいことに、1956 年に「一般向け」に書き直した同タイトルの論文[6] では助言を求める一節はなくなっていました。regular という命名を気に入ったのかもしれません。

数学の世界では性質の良い対象に特別な名前を付けます。名前を付けることでその対象を特別視するのです。とくに**正規**や**正則**は性質の良い(あるいは制限された性質を持つ)対象によく使われる形容詞です。数学のさまざまな分野の訳語において、ほとんどの場合 regular には「正則」が、normal には「正規」や「標準」が使われます。

しかし、regular expression に対しては「正則表現」でなく「正規表現」を用いるのが、少なくともプログラム界隈においては定着しています。

第2章 正規表現の歴史 —— 理論と実装の両面から

オートマトン（*automaton*、複数形は*automata*）とは元々は「自らの意志で動くもの」「自動機械」という意味の言葉で、ギリシャ語の「automatos」から来ています。おもしろいことに、一般にはオートマトンとは18〜19世紀にかけてヨーロッパで作られた「ゼンマイで動く人形」（いわゆるカラクリ人形）のことを指します。もちろん、本書で「オートマトン」と言えばKleeneが考案した「正規表現の計算モデル」のことを常に指します。

1951年の論文[5]の中で、Kleeneは形式的ニューロンと正規表現とオートマトンの関係を明らかにしただけでなく、正規表現で表現できない言語の例も提示しています。洗練されたアイディアだけでなく論文としての完成度の高さにも驚かされます。

オートマトン理論の発展

Kleeneが有限オートマトンを提案してから、オートマトンに関する研究は現在まで盛んに行われおり、**オートマトン理論**（*automata theory*）という分野を形成しています。1951年のKleeneの論文からさまざまな成果が出ていますが、初期の重要な成果として1959年のMichael O. RabinとDana Scottによる「非決定性有限オートマトンの導入」と「決定性と非決定性の等価性の証明」[7]があります注3。非決定性と決定性とは何か、は第3章で解説を行います。

オートマトンと正規表現は表裏一体の関係にあります。正規表現で考えると難しい問題でもオートマトンで考えると簡単になる場合もありますし、その逆もあります。第3章では、正規表現を使いこなす上でオートマトンがどれほど重要かということを詳しく説明します。たとえばオートマトンを使うことで、

- 2つの正規表現が等しいかの判定（等価判定）
- 与えられた正規表現からその否定の正規表現を作る

などの問題がシンプルに解けてしまうという魔法のような事実を知ることになるでしょう。また、第8章では正規表現をオートマトンとして「可視化」して理解しやすくする手法を紹介します。人間には理解が難しい正規表現も、オートマトンとして見ると単純になる場合が多々あるのです。

注3 RabinとScottはこの業績によって1976年に計算機科学で最も権威のある**チューリング賞**を受賞しています。

2.3 [実装編]プログラマの相棒へ

　研究の世界で生まれたものが広く一般的に利用されるまでには長い時間がかかるものです。正規表現の場合はKleeneの1951年の元論文から、実装に関する論文(刊行物)が出るまでに、実に17年の時間がかかりました。それ以降、Unixという文化を通じてプログラマに正規表現が広まっていったのです。

最初の正規表現エンジン

　Kleeneの1951年の論文[注4]から17年経った1968年、Kenneth Thompson（Ken Thompson）によって正規表現の実装に関する最初の論文「Programming Techniques：Regular Expression Search Algorithm」[8]が発表されました。

　Thompsonの全4ページ（！）の論文ではおもに、

- ❶正規表現からNFAを構成する方法
- ❷NFAを効率良くシミュレーションする方法
- ❸そのシミュレーションを実行するIBM 7094 (**図2.2**)コードを直接生成する方法

の3点を論じていました。いずも実装の世界では記念碑的な仕事です。今日では、❶の「正規表現からNFAを構成する方法」は**Thompsonの構成法**と、❷の「NFAを効率良くシミュレーションする方法」は**Thompson NFA**と呼ばれています。つまり、Thompsonは**NFAエンジンの実装**を論じていたのです。❸については、世界最初の正規表現の実装論文にもかかわらずThompsonは「正規表現のJITコンパイラ」(*Just-in-Time compiler*)を実装したということです[注5]。

　Thompsonの論文で紹介されている技法は、第4章で解説を行います。

QED ── 正規表現による検索ができるテキストエディタの登場

　1960年代後半、C言語も生まれていない時代、ThompsonはSDS 940というメインフレーム上で動くBerkeley time-sharing system[注6]でQED (*Quick EDitor*)

注4　研究所内向けの論文[5]が一般向けに公開されたのは1956年[6]。
注5　あるいは当時にしては「機械語を生成する」という選択肢は当然だったのかもしれません。
注6　タイムシェアリングシステムの先駆け。

というエディタを使っていました。いつの時代でもプログラマにとってエディタは特別なソフトウェアでしょう。その後、1966年にかの有名なベル研究所（*Bell labs*）に移ったThompsonは、最初の仕事として「QEDのIBM 7094への移植」を行いました注7。当時ベル研究所ではMulticsプロジェクトへの一環としてMIT CTSS（*Compatible Time-Sharing System*）というIBM 7094上で動くOSが使われていました。

さて、Berkeley time-sharing systemからCTSSに移植されたQEDは、Thompsonによってオリジナルの QEDにはない機能を与えられていました。それが「正規表現による検索」機能です注8。QEDに搭載する正規表現エンジンの実装を元に、Thompsonは1968年に論文を公開したのです。

実は、論文を公開する1年前、Thompsonはほぼ同様の内容を特許として申請していました。このThompsonによる正規表現エンジンの実装に関する特許は1971年に承認されました注9。これはソフトウェアの特許としては最初期のものの一つとなります。

注7 「Incomplete History of the QED Text Editor」URL https://www.bell-labs.com/usr/dmr/www/qed.html URL http://roguelife.org/~fujita/COOKIES/HISTORY/BTL/qed.html（日本語訳）
注8 オリジナルのQEDでは、単一文字列の検索/置換機能しかありませんでした。
注9 「Text Matching Algorithm」URL http://www.google.com/patents/US3568156

図2.2　IBM 7094※

※ 画像提供：日本IBM

edエディタからgrepへ

1971年、ThompsonはUnixに搭載するためのエディタとして**ed**を開発しました。Unix最初の正規表現ツールだと言えるでしょう。edはQEDに大きく影響を受けているエディタですが、実装された正規表現エンジンは制限された正規表現しか使えないものでした。edに搭載された正規表現エンジンでは「選択」が使えなかったのです。

厳密には文字クラスが使えるので、1文字単位の選択は表現できるのですが、たとえばKen|Thompsonのような正規表現が書けないのです（確認したい場合はシェルでman edと打ち込んでみてください）。Thompsonが「検索のための正規表現ならこれで十分」と考えたのか、実装の都合で制約があったのか、いずれにしろ理由はわかりません。

edは現代のVimと同様に「入力モード」と「コマンドモード」という2つのモードを取り入れていました[注10]。さて、VimやEmacsなどの現代のCUI（*Character User Interface*）エディタとedには大きな違いがあります。edは行単位で編集する（行指向な）エディタ、すなわち**ラインエディタ**なのです。

edを使った簡単なファイル編集の例を見てみましょう。以下のようなファイルがあったとします。

```
ファイル名：hoge.txt
Stephen Kleene
Kenneth Lane Thompson
```

さて、このファイルの1行めをStephen Cole Kleeneに変更したいと考えたとしましょう。edで編集して終了するまでの一連の流れは以下のようになります。

```
$ ed hoge.txt
37        # edからの出力、37バイト読み込まれたことを示す
1c
Stephen Cole Kleene
.
w
42        # edからの出力、42バイト書き込まれたことを示す
q
```

edを知らない人が上記を見ても「hoge.txtを編集している」とは気づかないでしょう。上記に説明を加えると、

注10 edの拡張版としてexというエディタが実装され、そのexからVimの祖先のviが派生しました。

- **3行め** 1c：「1行めを変更する」というコマンド（コマンドモード）
- **4行め** Stephen Cole Kleene：ファイルの編集（入力モード）
- **5行め** .：入力モードを終えてコマンドモードに戻る
- **6行め** w：変更をセーブ
- **8行め** q：edを終了

となります。VimやEmacsでファイルを編集する場合は、ファイル名を入力してコマンドを起動した後、画面にファイルの内容が表示されてカーソルを動かし編集すれば良いのです。しかし、edは「指定した行に対してコマンドを適用する」というスタイルで編集を行います。これが行指向なエディタ（ラインエディタ）なのです。なお、VimやEmacsのように、画面（スクリーン）にファイル内容が表示されカーソルで移動＆編集できるエディタを、ラインエディタと対比して**スクリーンエディタ**と呼びます。今日ではエディタと言えば当然スクリーンエディタなので、わざわざスクリーンなど付けずに単に「エディタ」と呼ぶでしょう。

　edはなぜこんなにもショッキングな（行指向な）エディタなのでしょうか[注11]。それは当時はLED液晶ディスプレイのようなものは当然なく、出力機器として**テレタイプ**（*teletype*）を使っていたことにあります。キーボードからの入力とプログラムからの出力が紙に1行1行印刷されていくのです（**図2.3**）。テレタイプ

[注11] 少なくとも、（2007年からコンピュータを触り始めた）著者にとってはショッキングでした。

図2.3 テレタイプ（ASR-33）※

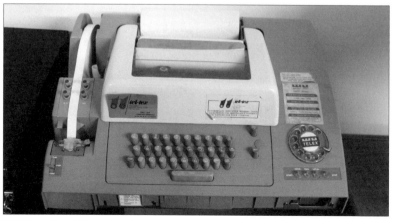

※「Teletype Model 33」(Jamie)、2015年2月3日12:00現在の最新版を取得。
　URL http://en.wikipedia.org/wiki/Teletype_Model_33
　Wikipedia: The Free encyclopedia. Wikimedia Foundation, Inc., **URL** http://en.wikipedia.org/

でスクリーンエディタを実現すると悲惨なことになるでしょう(カーソルを1つ移動することに1画面分の文字列が出力される)。edのコマンドが短いのも、テレタイプの出力コストを考えると当然のことかもしれません。当時はedのようなラインエディタが必然だったのです。しかし、その後1970年代頃からCRT端末が台頭し始め、テレタイプはあっというまに駆逐されてしまったそうです注12。

さて、このような事情ですから、edによるファイル編集は「編集したい行がどこにあるか」というのをコマンドとして指示する必要がありました(カーソル移動ではなく)。「この正規表現にマッチする行」というコマンドを欲したThompsonの欲求は至極当然のものと言えるでしょう。「正規表現によってマッチする行を抜き出す」という処理はそれ単体でとても便利なものでした。しかし、検索だけのためにエディタを立ち上げるのは面倒ですし、また、意図せず編集してしまうという可能性もあります。そのため、1973年にThompsonはedの正規表現検索機能を単独のプログラムに切り出してUnixに搭載しました。それが**grep**です。ちなみに、edでは「REという正規表現にマッチする行を全部(global)出力(print)する」というコマンドは「g/RE/p」と書きました。これがgrepというツールの名前の由来です。

Unixと正規表現

grep以降、Unixでは多くの正規表現ツールが登場してきました。文字列処理言語AWK、第1章でも紹介したsedの他にもいろいろあります。たとえば、sh/csh/bash/tcsh/zshなどのシェル系コマンドはもちろん、正規表現で指定したパターンのファイルパスを検索できるfindコマンド、Emacsやviやnanoなどの正規表検索をサポートしたエディタ、他にも意外なところでexpr/tar/etags/killall/splitといった各種コマンドなどなど... 枚挙に暇がありません。

それぞれのツールで正規表現の構文が微妙に違うなどのやっかいな状況は、この頃からの伝統なのです。偉大なるコンピュータ科学者Donald Knuthの発言を引用しましょう。

> I define UNIX as 30 definitions of regular expressions living under one roof.
> 私はUNIXを「30種類以上もの正規表現が1つ屋根の下で共存しているシ

注12 ・参考「コンピュータ端末の元祖になった電信機『テレタイプ』」(安岡孝一氏)
URL http://kanji.zinbun.kyoto-u.ac.jp/~yasuoka/publications/IEICE2010-1.pdf

ステム」と定義する。

——Donald Knuth[9]

　研究者によって理論の世界で生まれた正規表現は、Unixという文化を通じて多くのプログラマに認知され愛されるようになったのです。

2.4 プログラミング言語と正規表現の出会い

　Thompsonが実装した正規表現エンジンとそれを使った検索機能は、大変便利でした。当初は、正規表現はエディタ/検索ツールのための機能としてしか実装がありませんでしたが、便利な技術に関心の高いプログラマたちが放っておくわけがありません。正規表現は「プログラミング」というより大きな領域へと進出していったのです。

汎用プログラミング言語への進出 ——AWK

　プログラミング言語AWKは、最も早い時期に正規表現を取り込んだ汎用プログラミング言語と言われています[10]。

　AWKは1977年に登場した言語ですが、1985年のバージョンアップで正規表現によるパターンマッチングを含むさまざまな機能追加を行ったそうです注13。

POSIXによる標準化

　1980年は、Unixツール群を筆頭に多くの正規表現実装が存在していました。そのような状況の中、実装の移植性を確保するため1986年から**POSIX**(*Portable Operating System Interface*)というオペレーティングシステム全般に係わる標準規格が登場しました。もちろん、正規表現のPOSIX標準仕様も制定されています。たとえば、C言語の標準正規表現ライブラリregex.hでの正規表現の仕様はPOSIX.2（1992年に制定されています）に従っており、PHPのeregやereg_replaceで用いられる正規表現もPOSIX.2に準じています。GNU grepもPOSIX

注13　「History of awk and gawk」URL http://www.gnu.org/software/gawk/manual/gawk.html#History

正規表現に従っています。

POSIX正規表現には**標準正規表現**(BRE、*Basic Regular Expression*)と**拡張正規表現**(ERE、*Extended Regular Expression*)の2種類があります[注14]。GNU grepでは標準でBREを、grepの-eオプションまたはegrepではEREを使うことができます。基本的に、現代のスクリプト言語の正規表現に慣れているプログラマは「ERE」を使うべきでしょう。

たとえば、BREでは第1章で紹介した選択演算が使えませんし、量指定子の+や?も使えませんが、EREはどちらにも対応しています。BREは非常に制限された正規表現なのです。以降、本書では「POSIXの正規表現」と言えば「ERE」を指すことにします。

Henry Spencerの正規表現ライブラリ

POSIXによる仕様制定がなされた1986年、他にも正規表現にとって重要な出来事がありました。Henry Spencerによる最初の「ポータブルな」C言語向け正規表現ライブラリが登場したのです。Henryは当時のVersion 8 UNIX(V8)の正規表現ライブラリを元にパブリックドメインでの配布用に再実装を行いました。テストやドキュメントを含めても2000行程度の小さなプログラムですが、正規表現マッチングの初期のライブラリとしては十分な機能が実装されていました[注15]。

ポータブルなHenryによるライブラリの登場によって、正規表現エンジンを個別に実装することなく正規表現によるパターンマッチングが使えるようになりました。MySQLや初期のPerl、その他多くのソフトウェアがHenryのライブラリを使っていました[注16]。また、HenryはTclの正規表現エンジンの実装者でもあります(1999年のversion 8.1から)。

Henryの正規表現ライブラリは多くのプログラミング言語の正規表現実装にも影響を与えることとなります[注17]。

注14 この他、「Simple Regular Expressions」(SRE)と呼ばれる現在ではほとんど参照されないレガシーな仕様もあります。
注15 Henryによる正規表現ライブラリのコード、その歴史を以下で確認することができます。
　　 URL https://garyhouston.github.io/regex/
注16 調べてみると執筆時点最新版(2015年3月)のMySQL 5.7でもHenryの実装を使っているそうです。
　　 URL http://dev.mysql.com/doc/refman/5.7/en/regexp.html
注17 ちなみに、HenryはANSI Cの仕様策定にも関わり、C言語のgetopt関数の実装者でもあります。
　　 ・参考「Henry Spencer at U of Toronto Zoology」**URL** http://www.lysator.liu.se/c/henry/
　　 また、C言語を使うなら以下は興味深いでしょう。
　　 ・参考「The Ten Commandments for C Programmers」(C言語プログラマの十戒)
　　 　URL http://www.lysator.liu.se/c/ten-commandments.html

2.5 現代の正規表現エンジン事情

本節では現代の正規表現エンジンの起源や系譜を眺めていきます。

第1章でも述べたように、正規表現エンジンの多くは**VM型**と**DFA型**のエンジンに分かれます。まずDFA型の正規表現エンジンの代表例としてGNU grepとGoogle RE2について解説します。その次にVM型の正規表現エンジンの代表例としてPerl、JavaScript、Rubyに搭載されている正規表現エンジンたちを順番に解説します。

単体の正規表現ライブラリとプログラミング言語/ツール内蔵の正規表現エンジンは目指す方向や役割がまるで違います。また、正規表現エンジンの成長の経緯も異なります。正規表現エンジンのしくみの解説や細かい実装技法は第4章と第5章で取り扱うことにして、ここではエンジンの歴史や特徴に焦点を当て解説を行います。本節では、各実装の特徴や目的の違いに注目して見ていきましょう。

GNU grep

2.3節でも触れたように、grepは1973年にThompsonがedの正規表現検索機能を単独のプログラムに切り出してUnixに搭載したものです。おもしろいことにgrepは「頼まれたから作った」というエピソードがあるそうです。Unixにおけるパイプ機能の考案者であるDouglas McIlroyがThompsonに頼んでgrepを作ってもらったという旨のMcIlroy本人のインタビュー記事がありました[注18]。

Unixにおけるパイプとはプログラムの入出力を繋ぐしくみであり、たとえば

```
% tail -n 100 log.txt | grep 'error'
```

というコマンドにおいて|がパイプを表しており、`tail -n 100 log.txt`の実行結果(log.txtの末尾100行を出力)を`grep 'error'`の入力として実行します。パイプを使うことで、エディタなどを立ち上げることもなくファイルに対して複合的な操作ができました。パイプというアイディアを考案したのはMcIlroyで、それをUnixに実装したのがThompsonでした。時系列的には、まずパイプが1973

注18 参考文献[11]のp.136より。以下で読むこともできます。
🔗 http://www.columbia.edu/~rh120/ch001j.c11

年1月にUnixに搭載され、その後grepが1973年3月に搭載されました[11]。

パイプは非常に便利な道具ですが、単に便利という以上にインパクトのある機能でした。パイプの登場はある種の哲学を確立したのです。考案者のMcIlroyの言葉を借りましょう[12]。

> This is the Unix philosophy:
> Write programs that do one thing and do it well.
> Write programs to work together.
> Write programs to handle text streams, because that is a universal interface.
> これがUNIXの哲学である：
> 一つのことを行い、またそれをうまくやるプログラムを書け。
> 協調して動くプログラムを書け。
> 標準入出力(テキスト・ストリーム)を扱うプログラムを書け。標準入出力は普遍的インターフェースなのだ。
> ——Douglas McIlroy

パイプのおかげで、機能が独立した個別のプログラムを複合的に動作させることが簡単にできるようになりました。grepもUnix哲学に基づき、エディタから検索機能を抜き出して1つのプログラムとなったのです注19。

grepは当時ThompsonがUnixのために実装したものだけでしたが、現在では複数の実装が存在します。その中でも、最も規模が大きく利用されているのはGNU grepでしょう。GNU grepは1988年に最初のバージョンがリリース注20されてから、いまだに改良が施され続けているコマンドラインツールの定番です。grepは「巨大なログファイルからパターンにマッチする箇所を抜き出す」のように、大きなファイルに対して検索を行うケースがしばしばあります。そのためgrepは「パフォーマンス」が重要となります。1GB程度のファイルをgrepするたびに数分も待つなんてことはあってはならないのです。

GNU grepは基本的に**DFA型**ですが、部分的(後方参照への対応のためなど)に一部**VM型**のアプローチもとっています。DFA型の利点は様々ですが、一番は「パフォーマンス」でしょう。

GNU grepは歴史の古いツールですが、今でも頻繁に改良が続けられていま

注19 パイプの歴史はThe Linux Information Projectのページでも読むことができます。
URL http://www.linfo.org/pipe.html
注20 「The history of grep, the 40 years old Unix command」
URL http://medium.com/linux-operation-system/a40e24a5ef48

す。第4章と第7章では、執筆時最新版のGNU grep 2.18のソースコードを覗きながらDFA型エンジンのしくみを解説していきます。

Google RE2

Google RE2は、Russ Coxによって高速/省メモリ/スレッドセーフなDFA型正規表現ライブラリです注21。C++によって実装されており、テストコードを含めても全体で4万行程度です。RE2は本節で紹介する正規表現エンジンの中で最も新しい部類で、2012年3月にリリースされました注22。

RE2は、元々はGoogle Code Searchという世界中のオープンソースのコードを正規表現で検索できるサービスのために開発されました。残念ながらGoogle Code Searchは2012年にサービスが終了しましたが、RE2自体は現在も開発が続けられています。RE2はGNU grepに比べても遜色のないパフォーマンスですし、その上キャプチャ機能もサポートしています。現代の最も優れた正規表現エンジンのオープンな実装と言えるでしょう。ただし、後方参照や再帰機能はサポートしていません。オートマトン理論的にはこの方針は正しいと言えます。Appendixでは、なぜ「オートマトン理論的には」後方参照と再帰機能をサポートしないのが正しいのかを解説します。

Perl

Perlは1987年12月にリリースされた最初のバージョン（Perl 1）から正規表現を搭載していました。Perlは元々作者のLarry Wallが仕事で実際に必要になったから作ったというもので、超実践指向の言語として生まれてきたのです注23。

初期のPerlに搭載されていた正規表現エンジンは**rn**というツール注24の正規表現エンジンを借用したものでした。当時のエンジンでは正規表現のサポートは（少なくとも現代から見ると）貧弱なもので、基本的な選択演算やグルーピングに制限があり、範囲量指定子{m, n}もサポートされていませんでした。

1988年にリリースされたPerl 2では、これらの状況が大きく変わります。Larry

注21 以下のWebサイトでは正規表現エンジンの内部実装に関する（シリーズものの）技術文章が公開されています。RE2はオートマトン理論に基づいた効率の良い実装が行われていて、その点もわかりやすく説明されています。 URL http://swtch.com/~rsc/regexp/
注22 URL http://google-opensource.blogspot.jp/2010/03/re2-principled-approach-to-regular.html
注23 LarryがPerlを作るに至った経緯やPerlという名前を選んだ理由はおもしろく、興味のある方は参考文献[2]を参照してみてください。
注24 ニュースリーダ。これもLarryによって開発されました。

はPerl 2にHenryの正規表現ライブラリを改造して搭載したのです。著者はどのように改造されたのか把握していませんが、『Programming Perl』[2]によるとかなりの改造っぷりであったことが伺えます。以下にその1節を引用しましょう。

> He borrowed Henry Spencer's beautiful regular expression package and butchered it into something Henry would prefer not to think about during dinner.
> 彼(Larry)は、Henry Spencerが書いた美しい正規表現パッケージを借りてきて、それをぐちゃぐちゃに切り刻んでHenryがディナーの最中に思い出したくないような代物にした。
>
> ——『Programming Perl』[2]より。

　Perl 2以降も便利な機能が追加され、正規表現エンジンの進化は続いていきます。1989年にPerl 3、1991年にPerl 4、そして正規表現エンジンだけでなくPerl全体を大幅に書き換えたPerl 5が1994年10月にリリースされました。2014年の現在でも、Perlはバージョン5(執筆時点での最新リリースはPerl 5.20.1です)を名乗っています。Perl 5の登場と発展はちょうど **WWW**(*World Wide Web*)の普及に重なったため、PerlとPerlの正規表現はWeb開発の標準的存在となりました。文字列処理がベースのWebプログラミングを通じて、正規表現の威力をプログラマに知らしめたのです。

　後方参照を最初に導入したプログラミング言語はSNOBOLと言われています注25。しかし、プログラマに後方参照を広く普及させたのは間違いなくPerlでしょう。キャプチャや再帰、先読みやその他多くの拡張機能もPerlによって広められたと言っても過言ではありません。「プログラマにとっての正規表現」におけるPerlの歴史的役割は極めて大きいのです。

　ここで触れたのはPerlとその正規表現の歴史のごく一部です。より深く知りたい方は、Perlそのものの歴史については『Programming Perl』[2]が、Perlの正規表現の遷移については『詳説 正規表現』[1]もぜひ参照してみてください。

■—— PCRE

　Perlによって多くのプログラマに広められた正規表現を、他の言語の開発者たちが放っておくはずがありません。PythonやRuby、Tcl、PHP、Javaなどの多くのプログラミング言語(や関連ライブラリ)が「Perlっぽい」「強力な」正規表現を導入しました。

注25　次ページのコラム「後方参照の起源」を参照。

[第2章 正規表現の歴史 ── 理論と実装の両面から

それぞれの言語で導入された正規表現はあくまで「Perlっぽい」ものであり、完全なPerlの正規表現というわけではなく、互換性の程度はさまざまでした。というのも、そもそもPerl（5まで）は「仕様が決められた、それに対する公式実装がある」というものではなく、実装が仕様になっている、つまり「俺（実装）が仕様だ！」というプログラミング言語です。そのため、Perlの正規表現を忠実に移植することは困難なことでした。

そのような状況に救世主が現れたのは1997年のことです。Philip Hazelが**PCRE**（*Perl Compatible Regular Expressions*）注26 という正規表現のパッケージを公開したのです。PCREはシンタックス（構文）とセマンティクス（意味、振る舞い）の両面でPerlの正規表現と互換性が高い高品質な正規表現パッケージです。PCREの登場によって「Perlの正規表現」を導入するコストが格段に容易になり、多くのプログラミング言語やツールがPCREを採用しました。

PCREは元々Perlの正規表現ありきの存在でしたが、（Perlの正規表現エンジンにはない）JITによる最適化を導入したり、（奇妙なことですが）Perlよりも先に導入してその後Perlにも導入された機能があったり、もはや単なる互換ライブラリとは呼べない存在となっています。

注26　URL http://www.pcre.org/

[Column]

後方参照の起源

現代のほとんどの正規表現エンジンで採用されている「後方参照」を最初に実装したのはSNOBOLです。名前の由来「StriNg Oriented and symBOlic Language」のとおり、SNOBOLは文字列処理に特化した言語です。

少なくとも1963年に発表されたSNOBOLの解説論文[13]にて後方参照に相当する機能が紹介されています。また、この後方参照が正規表現の能力を超えている事実も古くから知られていました注a。Appendixでは後方参照が正規表現の能力を超えていることについて解説します。

注a　少なくとも1980年から「NP完全」と呼ばれる非常に能力の高い拡張であることが知られていました[14]。

JavaScript

正規表現はJavaScript(ECMAScript)にとって重要なコンポーネントの1つであり、その正規表現の仕様はECMAScript（現行バージョンは5th）[注27]にて厳密に定められ、正規表現の挙動を文書化したものとして、C++11の正規表現の仕様にも取り込まれています。

おもしろいことに、JavaScriptエンジンには競合する、まったくターゲットを同じくする実装が複数存在します[注28]。各々のブラウザはそれぞれJavaScriptエンジンを持っており、速度向上を競い合う中でさまざまな最適化が行われました。その最適化の対象として正規表現エンジンも例外ではありません。Webページでのテキスト処理の多くを担う正規表現の高速化は、ブラウザの高速化にとって必要不可欠です。

最適化手法の中でも、与えられたソースコードを実行時に適した機械語にコンパイルしその場で実行する**JITコンパイル**という技法が、JavaScriptエンジンの速度を大いに向上させました。その後、JITコンパイルは正規表現エンジンに適用され[注29]、正規表現エンジンの大幅な高速化に寄与しました。正規表現のJITコンパイルによる高速化はすぐさま各々のJavaScriptエンジンに取り入れられ[注30]、メジャーなブラウザのすべての正規表現エンジンが、この最適化手法を取り入れることとなりました。そして、その成功はJavaScriptエンジンの枠を超え、PCREといった既存の正規表現ライブラリにも影響を与え、JITコンパイルの導入、そして高速化へとつながっています[注31]。

6.1節ではJITコンパイルに焦点を当て、その高速化手法を解説します。

Ruby

Rubyの正規表現エンジンは、大きく以下の3つに分けることができます。

- Ruby 1.8.7まで：GNU regexの改造版
- Ruby 1.9.0から1.9.3まで：鬼車
- Ruby 2.0.0から：鬼雲

注27　URL http://www.ecma-international.org/publications/standards/Ecma-262.htm
注28　Mozilla FirefoxのSpiderMonkey、Google ChromeのV8など。
注29　WebKit Regular Expression Compiler (WREC)。
注30　WebKit Yarr、V8 Irregexpなど。
注31　URL http://sljit.sourceforge.net/pcre.html

順を追って見ていきましょう。

Rubyの正規表現エンジンは、1.8まではGNU regexの改造版が使われていました。GNU regexは元々Emacsのために書かれたものですが、それをマルチバイト対応にしたものをさらにRubyの作者であるまつもとゆきひろ（Matz）氏がPerl互換の文法に改造して使用していました[注32]。このような状況のため、後読みなどの新たな機能拡張が難しいことが課題となっていました。また、GNU regexのライセンスがLGPL（*Lesser General Public License*）であることから、Rubyのライセンスもそれに制限されるという課題もありました。

このような状況の中、小迫清美（K.Kosako）氏が新たに開発した正規表現エンジンが鬼車（Oniguruma）です。2002年に最初のバージョンが公開され[注33]、ライセンスも他のソフトウェアに組み込みやすいBSDライセンスとなっています。その後鬼車は、新機能のサポート（後読み、名前つきキャプチャ、再帰、Unicodeプロパティなど）や高速化などに主眼を置いて開発が続けられ、2007年には鬼車が組み込まれたRuby 1.9.0がリリースされました。

しかし、それ以降鬼車の開発は停滞してしまい、新機能の追加はほとんど行われなくなってしまいました。Rubyに組み込まれた鬼車には、いくつかのバグも見つかり、Ruby側で修正が行われたのですが、それらが本家の鬼車に取り込まれることもありませんでした。その間、他の言語の正規表現は進化を続け、とくにPerl 5.10や5.14では新たな機能がいくつも追加されました。

本項筆者（高田）は、鬼車でもPerl 5.10の新機能を使えるようにしたいと思い立ち、2011年に鬼車をフォークして、鬼雲（Onigmo）[注34]の開発を始めました。2013年にRubyの誕生から20周年を記念してリリースされたRuby 2.0.0では、鬼車に代わり鬼雲が採用されています。

第5章では、実際に鬼雲のソースコードを参考にしてVM型正規表現エンジンのしくみについて解説します。

[注32] 『Rubyソースコード完全解説』の第20章「Rubyの未来」より。
URL http://i.loveruby.net/ja/rhg/book/fin.html

[注33] URL http://blade.nagaokaut.ac.jp/cgi-bin/scat.rb/ruby/ruby-dev/16070
URL http://www.geocities.jp/kosako3/oniguruma/resource/JRC2006_panel.pdf

[注34] Onigmoの名前は**Onig**uruma-**mo**d（鬼車改造版）から来ています。Oni**gu**moではなく「Onigmo」となっているのは、検索性を考慮した結果です。ライセンスは鬼車と同じBSDライセンスです。

第3章

プログラマのための一歩進んだ正規表現
純粋な正規表現と、最新エンジン実装の比較

第3章 プログラマのための一歩進んだ正規表現 —— 純粋な正規表現と、最新エンジン実装の比較

　第1章では正規表現の「基本的な使い方」を、第2章では正規表現の「歴史」について解説してきました。本章では正規表現の「一歩進んだ知識や使い方」を解説していきます。

　第1章の冒頭では、「正規表現は文字列のパターンを記述するための表現式」と説明しました。3.1節では一歩踏み込んで、「連接／選択／繰り返しの基本三演算だけが使える『純粋な正規表現』で記述できる『パターン』とは何か」という点についてきちんと解説していきます。

　結論から先に言ってしまうと「パターン」とは「言語」であり、「純粋な正規表現で記述できるパターン」というのは「正規言語」と呼ばれる文字列の集合のことを指します。正規言語について解説するために、まずは「文字の集合」や「文字列の集合」という基本的な概念から押さえていきましょう。

　3.1節では「純粋」な正規表現を中心に理論的な話題を扱いますが、3.2節では一転して「現代」の正規表現を中心により実践的な話題を扱います。具体的には「現代の正規表現エンジンの多様な構文」や「さまざまな実装のベンチマーク」を見きます。ベンチマーク結果から読み取れる「性能」はあくまで正規表現エンジンの指標の1つであり、「機能」や「ホスト言語との親和性」など他にも重要な指標はいくつかあります。しかし、ベンチマーク結果から性能差を眺めてみることで、「なぜこのような結果になるのか」と、続く第4章と第5章で解説する「正規表現エンジンのしくみ」に興味を持つ良い動機となるでしょう。

　続く3.3節と3.4節では、どのようにして「読みやすい正規表現」を書くかという実践的なコツを解説します。3.3節では「簡潔に書く」と「説明的に書く」というシンプルなコツを、3.4節では「現実的に妥協した正規表現を書く」というコツを具体例を交えて紹介します。

3.1 「純粋」な正規表現と正規言語

　本節では正規表現の裏側に潜むもの、正規表現に「マッチする文字列の集合」に注目します。それは「正規言語」と呼ばれるのですが、そもそも集合って何でしょうか。

集合の基本

　たとえばa^*b^*という正規表現にマッチする文字列は、空文字列εから始まり、

$$\varepsilon, a, b, aa, ab, bb, aaa, aab, abb, bbb, aaaa \ldots$$

と無限に存在します。a^*b^*という正規表現にマッチする文字列の集合とは、上に列挙した（無限個の）文字列すべてを集めたものです。

　「正規表現」と「正規表現にマッチする文字列の集合＝正規言語」は切っても切れない関係にあります。本章の主題「正規表現と正規言語の関係」をきちんと解説する前に、まずは文字列や集合などの基本的な概念や記法に慣れるところから始めましょう。

文字の集合

　集合とは「ものの集まり」のことです。あまりにも一般的な概念なのですが、当然本書でもいろいろな集合が出てきます。たとえば**文字の集合**があります。ここで言う「文字」とはシンボルや記号と言い換えてもOKです。

　10進数で1桁に使える数字は「0, 1, 2, 3, 4, 5, 6, 7, 8, 9」の10個の文字の集合ですし、もちろん「ASCII文字コードの印字可能な文字」（英数字や記号など）も94個の文字から成る集合です。世界中の文字を扱うための標準規格**Unicode**（ユニコード）には113021個もの文字が登録されています[注1]。とても巨大な集合です。

　ここまで挙げてきた「文字の集合」の例には共通点があります。それは、文字の種類が**有限**であることです。集合の言葉では「文字の集合は**有限集合である**」と言います。文字の集合がUnicodeなのか、数字だけなのか、漢字/仮名だけなのかは、プログラマにとっては重要かもしれませんが、正規表現の理論を解説

注1　執筆時最新はUnicode 7.0.0。

していくのには重要ではありません。そこで「何らかの有限の文字集合」をΣ（大文字のシグマ）という記号で表しましょう（次ページのコラムを参照）。

さらに、集合に対するいくつかの記法を説明します。集合Σに何らかのものσ（小文字のシグマ）が属している場合、σ ∈ Σと表します。逆に、σがΣに属していない場合はσ∉Σと表します。この場合、Σは文字の集合として導入したため、σは何らかの文字を表します。有限集合の中でも、要素が1つしかない集合のことを**単集合**、要素が1つもない集合のことを**空集合**と呼びます。空集合は記号∅で表すことにします。

たとえば、Σ = { 0, 1, 2, 3, 4, 5, 6, 7, 8, 9 }の場合は0 ∈ Σですし、a∉Σとなります。記号を使った書き方に対して「難しそう」に見えるかもしれませんが、たとえばPythonで言うところのin を∈に、not inを∉で表現している、と捉えてみるとわかりやすいでしょう。

```
Sigma = set(['0', '1','2','3','4','5','6','7','8','9'])
print '0' in Sigma #=> True
print 'a' not in Sigma #=> True
```

集合には「2つの集合の和」や「与えられた集合に**含まれないもの**の集合」等、さまざまな演算を考えることができます。前者は2つの集合に対する演算（**二項演算**）で、後者は1つの集合に対する演算（**単項演算**）です。集合における基本的な二項演算である「**和**」（∪で表す）、「**積**」（∩で表す）と、単項演算「**補集合**」（上線で表す）の記法と意味を**図3.1**にまとめました。

図3.1 演算の意味

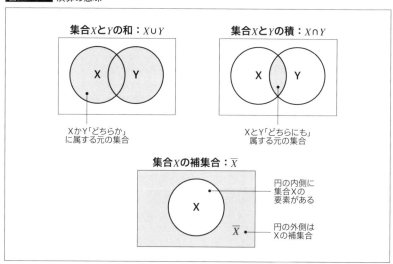

また、「集合Tの全要素が集合Sに含まれる」という状況を「SはTを**包含**する」または「TはSの**部分集合**(*subset*)である」などと呼び、

$$T \subseteq S$$

と表します。プログラミング言語においても、集合の包含チェックは非常によく使われるため、包含⊆や⊂（包含していてかつそれぞれ異なる集合）を<=や<で表すプログラミング言語も多いです。Pythonでも<=や<で集合の包含判定を行います。

```
>>> S = {1,2,3,4,5,6,7,8,9}
>>> T = {1,3,5,7,9}
>>> T <= S
True
>>> T < S
True
>>> S <= S
True
>>> S < S
False
```

S <= Sが成り立って、S < Sが成り立っていないことに注意してください。⊂のことを**真の包含**とも呼ぶ場合もあります。

[Column]

Σは総和記号？文字の集合？

一般的にはΣは「総和」(*Summation*)を表す記号として以下のように使われるものでしょう[注a]。

$$\sum_{x=1}^{\infty} \frac{1}{x^2} = \frac{1}{1^2} + \frac{1}{2^2} + \frac{1}{3^2} + \frac{1}{4^2} + \cdots = \frac{\pi^2}{6}$$

Σは「シグマ」と呼ばれるギリシア文字由来の記号で、アルファベットの「S」の起源となっています。文字の集合**S**ymbolsの頭文字から文字の集合としてΣを使うのが正規言語の理論[注b]の慣例となっています。

注a　微妙な話ですが、組版システムのTeXではシグマを表す\Sigmaと総和を表す\sumでそれぞれ別な記号を用意しています。

注b　ひいては後述する形式言語理論。

文字列の集合

文字の集合の次は、文字列の集合を紹介しましょう。

$$\Sigma^*$$

を、文字集合 Σ の文字を組み合わせてできる「すべての文字列の集合」として定義しましょう。「Σ の文字を組み合わせてできるすべての文字列の集合」では長過ぎるため、これからは簡単に「**Σ 上のすべての文字列の集合**」あるいはもっとシンプルに「**Σ 上の全文字列の集合**」と呼ぶことにしましょう。改めて、Σ^* は Σ 上の全文字列の集合です。ここで言う文字列とは、Σ から自由に記号を取って**有限個並べたもの**と捉えてもらってかまいません。

たとえば $\Sigma = \{0, 1\}$ の場合、Σ^* は、

$$\Sigma^* = \{0, 1, 00, 01, 10, 11, 000, 001, ... \}$$

となります。つまり $\Sigma = \{0, 1\}$ の場合 Σ^* は「すべてのバイナリ文字列」の集合というわけですね。

w を文字列を表す記号(wordの w)として使うのが一般的です。さらに「文字列 w が n 個並んだ文字列」を w^n と書くのも慣例です。

$$w^n = \underbrace{www \cdots w}_{n\ 個}$$

プログラマが使う実世界の正規表現では w が n 個繋げられたパターンは w{n} と書きますが、本節では数式との相性から w^n を採用することにします。さらに、文字列 w の長さを $|w|$ で記します。たとえば $|010101| = 6$ となります。

ここで、文字列の集合 Σ^* について重要な点が2つあります。

■——Σ^* は空文字列を含む

1つめは Σ^* は長さが 0 の文字列、**空文字列**を含むという点です。「何もない文字列」も文字列として扱おう、ということですね。実は、この空文字列という存在は重要です。しかし、空文字列はどうやって表すのでしょうか。スペース(空白文字)? いいえ、スペースはスペースで立派な文字です。

多くのプログラミング言語では空文字列は、単に "" と二重引用符の間に何も入れないことで表現できます。本書では ε (イプシロン) で空文字列を表すことにして、任意の文字列 w に対して $w^0 = \varepsilon$ ということにしておきましょう。「w を 0 回繰り返した文字列 = 空文字列」ということです。

■ ── Σ*は無限集合

2つめはΣ*は**無限**の要素を持つ集合ということです。文字列はいくらでも長くすることができるため、すべての文字列は当然無限にあります。集合論の言葉では「Σ*は**無限集合**である」と言います。

集合の書き方 ── 外延的記法と内包的記法

集合を表現するのには大きく2通りの記法があります。これまで使ってきた、

$$\{\ 0, 1, 2, 3, 4, 5, 6, 7, 8, 9, 10\ \}$$

のように { } の中に全要素を列挙する**外延的記法**と、

$$\{\ n \mid n\ \text{は0以上10以下の自然数}\ \}$$

のように | の右側に要素の性質を記述する**内包的記法**です。

集合の規模がある程度大きくなると内包的記法が便利です。上の内包的記法の例を数式だけで書くと $\{\ n \mid 0 \leq n \leq 10\ \}$ という感じになります。スマートとは思いませんか。実際、多くのモダンなプログラミング言語では**リスト内包表記**という内包的記法チックな構文を持っています。たとえば $\{\ n^2 \mid 1 \leq n \leq 10\ \}$ のような集合はHaskellでは以下のように記述できます。

```
>>> [ n^2 | n <- [1..10]]
[1,4,9,16,25,36,49,64,81,100]
```

また、Pythonでは以下のように記述できます。

```
>>> [ n**2 for n in range(1, 11) ]
[1, 4, 9, 16, 25, 36, 49, 64, 81, 100]
    # range(1, 11)は1から10までのリストで、11は含まれない
```

Haskellの方がより数式に近い形で記述できているようですが、その辺は書き手の好みでしょう。

言語 = 文字列の集合

ようやく「言語」を形式的に定義する準備ができました。形式言語理論において、文字集合Σ上の**言語**(*language*)とは文字列集合Σ*の部分集合のことを指します。すなわち、$L \subseteq \Sigma^*$ となる集合 L を「Σ上の言語」と呼ぶわけです。

もちろん、「正しい文法の日本語」なども文字列の(無限)集合にほかならない

のですが、本書では扱いません。正規表現とは方向が違い過ぎるからです(それこそ「日本語の教科書」になってしまいます)。

本書ではもっと簡単に「計算的/数理的に記述できる言語」を中心に扱います。

❶ $\{w \mid w は 0*(10*10*)* にマッチする文字列\}$
  偶数個の1を含むバイナリ文字列から成る言語

❷ $\{w \mid w \in \{(,)\}^* で (と) の対応が取れている\}$
  括弧の対応がとれた文字列から成る言語

❸ $\{\sigma^p \mid p は素数\}$
  文字σが素数個並べられた文字列から成る言語

❹ $\{0^n 1^n 2^n \mid n は任意の自然数\}$
  0と1と2が同じ回数出現して、かつ1は0の前に現れず2は1の前に現れない文字列

❺ いつかは実行が終了するC言語プログラムから成る言語

等がそれにあたります。

この5つの例は計算の理論においてよく出てくる言語の例です。2番めの言語が正規表現では表現できないことは第1章でも言及しました。実は、1番めの言語以外はすべて正規表現では表現できないのです。Appendixでは「正規表現で表現できないものとは?」という問いに答えます。

[Column]

形式言語理論

ここで挙げた5つの例は、「文字列の集合」という意味では立派に言語と呼べます。このような(無味乾燥な?)言語を対象にした理論分野は**形式言語理論**(*formal language theory*)と呼ばれています[注a]。

形式言語理論は大きな研究分野で、研究対象の言語は様々ですが、本章で注目するのは正規表現に対応する**正規言語**です。なお、8.3節では**文脈自由言語**と呼ばれる対象についても解説を行います。

文字集合をシグマΣで記すのも、空文字列をイプシロンεで記すのも形式言語理論においては慣例となっています。本書で扱う記号は形式言語理論由来のものなのです。

注a 形式という言葉はformalに対する訳語で、「きっちり」とか「記号的に」とか「厳密に」という語感でしょうか(この説明は大分カジュアルですが...)。

純粋な正規表現

基本三演算のみが使える純粋な正規表現と、さまざまな拡張機能が使える現代の正規表現では乖離があります。第1章では、本来正規表現には連接/選択/繰り返しの3つの演算しかないことを説明しました。そして、それだけでもいろいろなものが表現できることも説明しました(たとえばURIなど)。

さて、本章冒頭で説明したとおり、正規表現にマッチする文字列の集合に注目してみましょう。ある正規表現rに対し、rにマッチする文字列の集合を$L(r)$で記すことにします。$L(r)$をrの**受理文字列集合**と呼ぶことにします。

たとえば、1(0|1)0 という正規表現に対しては、

$$L(1(0|1)0) = \{100, 110\}$$

となりますし、$(ab|ba)^*$ という正規表現に対しては、

$$L((ab|ba)^*) = \{\varepsilon, ab, ba, abab, abba, baab, baba, ababab, \cdots\}$$

となります。

一般に正規表現rが繰り返し演算(Kleene閉包)*を含む場合は、rにマッチする文字列の集合は無限集合になります。正規表現rの受理文字列集合$L = L(r)$について、言語Lは正規表現rで**表現される**と言うことにします。

第1章では、「|は選択」「*は繰り返し」などとカジュアルな語り口で正規表現の機能を説明しました。ここでいよいよ、フォーマルに純粋な正規表現の定義を行います(**定義3.1**)。なお、「繰り返し演算」は、フォーマルな表現では「**Kleene閉包**」となりますので、以降本章ではKleene閉包と言う呼び方を採用しましょう。

[**Column**]

形式言語と自然言語

一方、我々の話す「日本語」や「英語」「中国語」などのより人間味のある言語を中心的に扱う学問もあります。コンピュータで我々の話す「自然な言語」を処理させるための**自然言語処理**(natural language processing)はそのーつでしょう。

自然言語と形式言語はともすれば相対する理論分野に思われるかもしれませんが、自然言語を深く理解するための研究から形式言語理論が発達した側面もあります。一方、自然言語処理の中で形式言語理論のテクニックが使われることもあるので、自然言語処理と形式言語理論は深い関係にあると言えます。

[第3章 プログラマのための一歩進んだ正規表現 ――純粋な正規表現と、最新エンジン実装の比較]

定義3.1　純粋な正規表現の定義

Σ を有限の文字集合とする。Σ 上の正規表現とは以下で定義される（有限長の）式である。

- $\emptyset$ は正規表現。$\emptyset$ は空集合を表す
- ϵ は正規表現。ϵ は空文字列の単集合となる言語 $\{\epsilon\}$ を表す
- Σ の要素 σ は正規表現。σ は単集合となる言語 $\{\sigma\}$ を表す
- r と s が正規表現ならばその選択 $r|s$ は正規表現。$r|s$ は r が表す言語 $L(r)$ と s が表す言語 $L(s)$ の和集合 $L(r) \cup L(s)$ を表す
- r と s が正規表現ならばその連接 rs は正規表現。rs は r が表す言語 $L(r)$ と s が表す言語 $L(s)$ の連接 $L(rs) = L(r)L(s) = \{wv \mid w \in L(r), v \in L(s)\}$ を表す
- r が正規表現ならばその Kleene 閉包 r^* は正規表現。r^* は r が表す言語 $L(r)$ の Kleene 閉包

$$L(r^*) = \{\varepsilon\} \cup L(r) \cup L(r)L(r) \cup L(r)L(r)L(r) \cup \ldots = \bigcup_{n=0}^{\infty} L(r)^n$$

を表す。ここで、$\bigcup_{n=0}^{\infty} L(r)^n$ はすべての自然数 n について $L(r)^n$ [注2] の和集合を表している。

以上が純粋な正規表現の定義で、基本三演算についての定義をきちんと行うと、この定義3.1のような形になります。何だか難しそうに見えるかもしれませんが、上記の定義は単に第1章で紹介した連接/選択/繰り返し（Kleene閉包）が、「どのようにパターンを表すか」（どのように文字列の集合を表すか）をきちんと定義したというだけのものです。とくにKleene閉包（繰り返し演算）については「ちょっと難しい式だな」と思われる方もいるかもしれませんが、よく見てみると単に「0回以上の繰り返し」を集合演算の記法で書いているに過ぎません（ただし、任意の言語 L について $L^0 = \{\epsilon\}$ であることには注意が必要です）。

■ 空集合と空文字列を表す正規表現

空集合を表現する正規表現は、すなわち「どんな文字列もマッチしない」少し変わった正規表現です。そんなものは普通は使わないので、現代のプログラマのための正規表現には空集合のための記号は用意されていません。

しかし、先読みを使って (?=a)b のように「aが来るべき位置にbがある」という「あり得ない状況」を書いてやれば、「何にもマッチしない正規表現」を作るこ

注2　$L(r)$ の n 回の連接。

とはできます。実際(?=a)bという正規表現はどんな文字列にも(空文字列にも)マッチしません。

空文字列を表現する正規表現はほとんどの処理系で()が使えます。また、ちょっとしたハックですが(|)という正規表現も空文字列を認識します。微妙な点ですが[](空の文字クラス)は構文エラーとなります。

```
% echo 'ab' | egrep 'a()b'
ab
% echo 'ab' | egrep 'a(|)b'
ab
% echo 'ab' | egrep 'a[]b'
egrep: Unmatched [ or [^        # []はエラー！
```

正規言語 —— 正規表現で表現できる言語

さて、本章の冒頭で「正規表現で表現できる言語」という言い方で正規言語を紹介しました。改めて、きちんと定義すると次のようになります。

(定義3.1の純粋な)Σ上の正規表現で表現される言語$L \subseteq \Sigma^*$をΣ上の正規言語と呼ぶ。

あらゆる正規言語には必ずそれを表現する正規表現が存在するので、正規表現は正規言語を表現するための「一つの表現方法」と呼ぶことができます。「一つの」という言葉を付けた理由は、正規言語を表現する手段は正規表現の他にも本当にたくさんあるからです。本書だけでも、正規言語を表現する手段として、

- 正規表現
- 有限オートマトン(第4章参照)
- 有限モノイド(Appendix参照)

と3つの異なる表現方法が出てきます。

有限オートマトンのように、正規言語の他の定義や特徴付けを知ることで、正規言語の一つの表現手段である正規表現の理解も深まることでしょう。たとえば、有限オートマトンを学べば、正規表現のある種の「自動最適化」や「正規表現が同じかどうかの自動判定」が可能なことがわかりますし、Appendixで解説する**ポンピング補題**や**Myhill-Nerodeの定理**を学べば「どのような言語が正規表現で表現できるのか」ということがきちんと理解できるようになります。たとえば、Myhill-Nerodeの定理を使うことで第1章で紹介した再帰や後方参照が(定義3.1による純粋な)正規表現では表現できないことがわかります。

[Column]

見た目の異なる正規表現が同じ正規言語を表すかどうか

　第1章の冒頭でも述べたように、正規表現は文字列のパターンを記述するための「表現式」であり、見た目は異なっても同じ正規言語を表現する**等価**な正規表現が存在し得ます。

　簡単な例で言うと、r|sとs|rは同じ言語を表す異なる正規表現ですし、複雑な例で言うと.*a..（後ろから3番めの文字がaな文字列にマッチ）と**リストC3.1**の正規表現も等価な正規表現なのです。皆さんには確かめることができるでしょうか。一般に「2つの正規表現が同じ受理文字列集合を持つか」という**等価性判定**は難しい問題[注a]です。

　しかし、オートマトンの技芸を駆使することによって、正規表現の等価性判定をプログラムで自動的に行うことができるのです。この点については4.4節で解説を行います。

リストC3.1　.*a..と同じ正規言語を表現する正規表現

```
(((((((([^a]*|[^a]*a)|[^a]*a[^a])|[^a]*aa)|[^a]*a[^a][^a]((a|[^a][^a]*a)[^
a][^a])*((([^a][^a]*|(a|[^a][^a]*a))|(a|[^a][^a]*a)[^a])|(a|[^a][^a]*a)a)
)|([^a]*a[^a]a|[^a]*a[^a][^a]((a|[^a][^a]*a)[^a][^a])*(a|[^a][^a]*a)[^a]a
)([^a]a|[^a][^a]((a|[^a][^a]*a)[^a][^a])*(a|[^a][^a]*a)[^a]a)*(.|[^a][^a]
((a|[^a][^a]*a)[^a][^a])*((([^a][^a]*|(a|[^a][^a]*a))|(a|[^a][^a]*a)[^a])
|(a|[^a][^a]*a)a)))|(([^a]*aa[^a]|[^a]*a[^a][^a]((a|[^a][^a]*a)[^a][^a])*
(a|[^a][^a]*a)a[^a])|([^a]*a[^a]a|[^a]*a[^a][^a]((a|[^a][^a]*a)[^a][^a])*
(a|[^a][^a]*a)[^a]a)([^a]a|[^a][^a]((a|[^a][^a]*a)[^a][^a])*(a|[^a][^a]*a
)[^a]a)*(a[^a]|[^a][^a]((a|[^a][^a]*a)[^a][^a])*(a|[^a][^a]*a)a[^a]))([^a
]((a|[^a][^a]*a)[^a][^a])*(a|[^a][^a]*a)a[^a]|(a|[^a]((a|[^a][^a]*a)[^a][
^a])*(a|[^a][^a]*a)[^a]a))([^a]a|[^a][^a]((a|[^a][^a]*a)[^a][^a])*(a|[^a]
[^a]*a)[^a]a)*(a[^a]|[^a][^a]((a|[^a][^a]*a)[^a][^a])*(a|[^a][^a]*a)a[^a])
)*([^a]((a|[^a][^a]*a)[^a][^a])*(((^a][^a]*|(a|[^a][^a]*a))|(a|[^a][^a]*
a)[^a])|(a|[^a][^a]*a)a)|(a|[^a]((a|[^a][^a]*a)[^a][^a])*(a|[^a][^a]*a)[^
a]a)([^a]a|[^a][^a]((a|[^a][^a]*a)[^a][^a])*(a|[^a][^a]*a)[^a]a)*(.|[^a][
^a]((a|[^a][^a]*a)[^a][^a])*((([^a][^a]*|(a|[^a][^a]*a))|(a|[^a][^a]*a)[^
a])|(a|[^a][^a]*a)a))))|((([^a]*aaa|[^a]*a[^a][^a]((a|[^a][^a]*a)[^a][^a]
)*(a|[^a][^a]*a)aa)|([^a]*a[^a]a|[^a]*a[^a][^a]((a|[^a][^a]*a)[^a][^a])*(
a|[^a][^a]*a)[^a]a)([^a]a|[^a][^a]((a|[^a][^a]*a)[^a][^a])*(a|[^a][^a]*a)
[^a]a)*(aa|[^a][^a]((a|[^a][^a]*a)[^a][^a])*(a|[^a][^a]*a)aa))|(([^a]*aa[
^a]|[^a]*a[^a][^a]((a|[^a][^a]*a)[^a][^a])*(a|[^a][^a]*a)a[^a])|([^a]*a[^
a]a|[^a]*a[^a][^a]((a|[^a][^a]*a)[^a][^a])*(a|[^a][^a]*a)[^a]a)([^a]a|[^a
][^a]((a|[^a][^a]*a)[^a][^a])*(a|[^a][^a]*a)[^a]a)*(a[^a]|[^a][^a]((a|[^a
][^a]*a)[^a][^a])*(a|[^a][^a]*a)a[^a]))([^a]((a|[^a][^a]*a)[^a][^a])*(a|[
^a][^a]*a)a[^a]|(a|[^a]((a|[^a][^a]*a)[^a][^a])*(a|[^a][^a]*a)[^a]a))([^a]
a|[^a][^a]((a|[^a][^a]*a)[^a][^a])*(a|[^a][^a]*a)[^a]a)*(a[^a]|[^a][^a]((
a|[^a][^a]*a)[^a][^a])*(a|[^a][^a]*a)a[^a]))*([^a]((a|[^a][^a]*a)[^a][^a]
)*(a|[^a][^a]*a)aa|(a|[^a]((a|[^a][^a]*a)[^a][^a])*(a|[^a][^a]*a)[^a]a)([
```

注a　計算理論の言葉で言うと「PSPACE完全な問題」です[15]。

```
^a]a|[^a][^a]((a|[^a][^a]*a)[^a][^a])*(a|[^a][^a]*a)[^a]a)*(aa|[^a][^a]((
a|[^a][^a]*a)[^a][^a])*(a|[^a][^a]*a)aa)))(a|[^a]([^a]((a|[^a][^a]*a)[^a]
[^a])*(a|[^a][^a]*a)a[^a]|(a|[^a]((a|[^a][^a]*a)[^a][^a])*(a|[^a][^a]*a)[
^a]a)([^a]a|[^a][^a]((a|[^a][^a]*a)[^a][^a])*(a|[^a][^a]*a)[^a]a)*(a[^a]|
[^a][^a]((a|[^a][^a]*a)[^a][^a])*(a|[^a][^a]*a)a[^a])))*([^a]((a|[^a][^a]*
a)[^a][^a])*(a|[^a][^a]*a)aa|(a|[^a]((a|[^a][^a]*a)[^a][^a])*(a|[^a][^a]*
a)[^a]a)([^a]a|[^a][^a]((a|[^a][^a]*a)[^a][^a])*(a|[^a][^a]*a)[^a]a)*(aa|
[^a][^a]((a|[^a][^a]*a)[^a][^a])*(a|[^a][^a]*a)aa)))*[^a]([^a]((a|[^a][^a
]*a)[^a][^a])*(a|[^a][^a]*a)a[^a]|(a|[^a]((a|[^a][^a]*a)[^a][^a])*(a|[^a]
[^a]*a)[^a]a)([^a]a|[^a][^a]((a|[^a][^a]*a)[^a][^a])*(a|[^a][^a]*a)[^a]a)
*(a[^a]|[^a][^a]((a|[^a][^a]*a)[^a][^a])*(a|[^a][^a]*a)a[^a])))*([^a]((a|[
^a][^a]*a)[^a][^a])*((([^a][^a]*|(a|[^a][^a]*a))|(a|[^a][^a]*a))|(a|[
^a][^a]*a)a)|(a|[^a]((a|[^a][^a]*a)[^a][^a])*(a|[^a][^a]*a)[^a]a)([^a]a|[
^a][^a]((a|[^a][^a]*a)[^a][^a])*(a|[^a][^a]*a)[^a]a)*(.|[^a][^a]((a|[^a][
^a]*a)[^a][^a])*((([^a][^a]*|(a|[^a][^a]*a))|(a|[^a][^a]*a)[^a])|(a|[^a][
^a]*a)a))))
```

3.2
現代の正規表現と、多様な機能/構文/実装

前節では「連接/選択/繰り返し」の基本三演算だけで書ける、いわゆる「純粋」な正規表現ついて解説を行いました。

一方、現在我々プログラマが使っている「現代」の正規表現では基本三演算だけではなく、文字クラスや範囲量指定子や先読み、再帰や後方参照などさまざまな機能/構文が追加されています。「現代」の正規表現には長い時間をかけて、多くの便利な構文や拡張機能が追加されてきたのです[注3]。

正規表現に対する機能追加の歴史、多様な実装の存在理由

正規表現に対する機能追加の歴史は実装の歴史でもあります。現在、世の中には多くの正規表現エンジンが存在します。grepやsedのようなコマンドラインツール内部にはもちろん、多くのスクリプト言語処理系（Perl、Ruby、Python、各JavaScript処理系）も独自の正規表現エンジンを内包しています。また、GoogleRE2やPCREなど正規表現エンジン単体でリリースされているプロジェクトも

注3　Appendixでは、再帰と後方参照の2つの拡張機能が、純粋な正規表現で表現できる能力を**超えている**ことを解説します。

あります。なぜこんなにも多くの異なるの実装が存在するのでしょうか。

　答えは簡単で、ここで挙げた正規表現エンジンたちはそれぞれ異なる目的を持っているからです。あるいは言語処理系との親和性や拡張性（スクリプト言語内包エンジン全般）、あるいは多機能性（Perl、PCRE）、あるいは速度や省メモリ性（grep、RE2）、スレッドセーフ性（RE2）を追求しているのです。

正規表現エンジン間の機能/構文のサポートの違い

　2.3節内の「Unixと正規表現」項で、多様な正規表現の構文とエンジンの混在を表すKnuthの言葉を引用しました。実際に、それぞれのエンジンで使える機能や構文にも違いがあります。

　30種類以上の正規表現エンジンを解説するには本書ではスペースが足りませんが、メジャーなプログラミング言語およびツールの正規表現エンジン実装としてPerl（5.10〜）、PCRE、Ruby（2.0.0〜、鬼雲）、Python、JavaScript、Java、PHP（preg）、.NET、Google RE2、GNU grepについて、機能/構文のサポートの違いを解説しましょう。

　第1章で紹介した正規表現の基本的な機能/構文、

- 連接/選択(|)/繰り返し(*)の基本三演算
- プラス+、疑問符?、範囲量指定子{n,m}
- ドット.、文字クラス[]

については、上に挙げた正規表現エンジンすべて同様にサポートされています。

　しかし、グループ化やキャプチャ周りの機能/構文、さらには正規表現の拡張機能である先読み/後読み、再帰、後方参照などは上に挙げた正規表現エンジンたちでもサポートにかなり差があります。**表3.1**にグループ化やキャプチャ周りの構文/機能のサポートの対応表を、**表3.2**に正規表現の拡張機能のサポートの対応表をまとめてみました[注4]。

　正規表現を使うユーザにとっては、これは少々やっかいな状況かもしれません。ある正規表現エンジンで使っていた正規表現が、別のエンジンではまったく異なる動作をするなんていう状況があり得るからです。第7章ではそのようなハマりやすい典型的な状況について解説を行います。

　しかし、多くの実装で使える基本的な機能/構文、使用する正規表現エンジン

注4　表3.1および表3.2中の、GNU grepとGoogle REについては2015年2月の現行執筆時点最新版を用いました。ただし、これらについては、よほど古くない限りシンタックスの違いはありません。

の基本的な動作を把握していれば、エンジンの違いに惑わされずに正規表現を使いこなすことができるでしょう。エンジンのしくみについてきちんと理解すれば、正規表現マッチングの**パフォーマンス**や**チューニング**についても応用することができるでしょう。

　そのような理由で、正規表現エンジンが**どのようなしくみで動いているか**を把握しておくことは有用です。エンジンのしくみを理解してしまえば、パフォーマンスが極端に悪くなるような正規表現を避けることができますし、エンジンが大雑把に VM 型か DFA 型か把握しておくことで、本質的にどのような利点/欠点があるか知ることができるからです。細かい構文や固有の機能などは、必要になった時にその都度調べれば良いのです注5。

注5　事実、筆者もごく基本的な構文しか覚えておらず、エスケープシーケンスなどはほとんど覚えていません。

表3.1　グループ化( )とキャプチャしないグループ化(?:)、名前付きキャプチャのサポートの対応表

構文	( )	(?:)	(?<name>)	(?'name')	(?P<name>)
Perl(5.10〜)、PCRE	○	○	○	○	○
Ruby(2.0.0〜、鬼雲)	○	○	○	○	×
Python(3.0〜)	○	○	×	×	○
JavaScript(ECMA Script 5th)	○	○	×	×	×
Java(SE7〜)	○	○	×	×	×
PHP(preg、5.2.2〜)	○	○	○	○	○
.NET(4.5〜)	○	○	○	×	×
Google RE2	○	○	×	×	×
GNU grep	○	×	×	×	×

表3.2　正規表現の拡張機能(先読み/後読み、再帰と後方参照)のサポートの対応表

拡張機能	(否定)先読み	(否定)後読み	再帰	後方参照
Perl(5.10〜)、PCRE	○	○	○	○
Ruby(2.0.0〜、鬼雲)	○	○	○	○
Python(3.0〜)	○	○	×	○
JavaScript(ECMA Script 5th)	○	×	×	○
Java(SE7〜)	○	○	×	○
PHP(preg、5.2.2〜)	○	○	○	○
.NET(4.5〜)	○	○	×	○
Google RE2	×	×	×	×
GNU grep	×	×	×	○

第1章の最後に説明したとおり、正規表現エンジンの多くは大別して2種類のエンジンに分かれます。**VM型**と**DFA型**です。上で挙げた実装たちも、例外なくこの基準で分類することができます。VM型/DFA型のしくみや実装テクニックについては、第4章（DFA型）と第5章（VM型）で細かく解説します。大雑把に言うと、**機能重視のVM型**と**速度重視のDFA型**といったところでしょうか。

既存実装のベンチマーク

エンジンごとにしくみや実装方針が異なってくると、その性能にも差が出てくるのは当然のことです。性能は具体的に数値として出すことができるため、良い指標になります。性能はユーザに対する明確な指標になりえると共に、開発者のモチベーションにもなります[注6]。

実装が競合し合ってる状況ほど、競合実装との性能向上合戦は加熱していきます。とくにJavaScript界隈の競争は激しく、複数の正規表現エンジン実装が共通のベンチマークを指標に凌ぎを削りながら開発されています。VM型の正規表現エンジンに**JITコンパイル**（JIT）を本格的に導入し始めたのも、JavaScriptCoreと呼ばれるWebKitプロジェクトのJavaScript処理系でした。

本項では既存のメジャーな正規表現ライブラリとgrepファミリーについて、ベンチマークを行ってみました。ベンチマークに用いた正規表現のテストセットは、VM型正規表現エンジンのJITプロジェクトで有名なsljit[注7]が提供しているテストケース（正規表現）とテストデータ（18MBのテキストファイル）を用いました。PCREは、バージョン8.20からsljitを内部に組み込んでJITによる高速化を実現しています。

ベンチマークの実行環境の詳細は、以下のとおりです。

- CPU：Intel Core i7 2.8GHz
- メモリ：16GB DDR3 1600MHz
- コンパイラ：Apple LLVM version 5.1 (clang-503.0.40)
- 最適化レベル：O2オプションでコンパイル

注6 ある種の開発者にとっては、ユーザが増えることよりも、コードの完成度が高まるよりも、性能が向上することが何よりの関心事になることはよくあるようです。筆者も正規表現エンジンの高速化に熱中していた時期があります。

注7 **URL** http://sljit.sourceforge.net/regex_perf.html

■——正規表現ライブラリ

　RE2、PCRE、鬼車、TREという4つの正規表現ライブラリについてベンチマークを行ってみました。PCREはJITを有効化した場合としない場合の2パターンを考慮しています。JITを有効化した結果はPCRE-JITと表記しています。

　大雑把に分類すると、PCREと鬼車がVM型、TREとRE2がDFA型のエンジンです。RE2はC++で実装されており、それ以外はC言語で実装されています。

　ベンチマーク結果は**表3.3**に示しました。**図3.2**はベンチマーク上位3種をグラフにしたものです。

　16個の正規表現について、それぞれ処理系での実行時間が横並びに表示されています。紙幅の都合でグラフの最大値は250としていますが、正規表現が変わることでそれぞれの処理系で実行時間が大きく変わっている点に注目してください。正規表現エンジンには「苦手な正規表現」と「得意な正規表現」というものがあるのです。

　たとえば16ケース中10ケースで最も高速な結果を出しているPCRE-JITでも、.{0,3}(Tom|Sawyer|Huckleberry|Finn)という正規表現はとくに苦手なようで、この正規表現については428msというRE2と鬼車に劣る結果です。

表3.3　　図3.2の測定値(単位：ms、ミリ秒)

正規表現ライブラリ	RE2	PCRE-JIT	鬼車	TRE	PCRE
バージョン	29.10.2012	8.32	5.9.3	0.8.0	8.32
Twain	2	8	17	404	46
^Twain	64	8	18	194	113
Twain$	2	8	17	425	46
Huck[a-zA-Z]+|Finn[a-zA-Z]+	75	25	39	633	54
a[^x]{20}b	404	40	328	634	109
Tom|Sawyer|Huckleberry|Finn	77	27	45	1079	62
.{0,3}(Tom|Sawyer|Huckleberry|Finn)	78	428	117	3847	5453
[a-zA-Z]+ing	141	188	817	662	1000
^[a-zA-Z]{0,4}ing[^a-zA-Z]	65	37	39	299	140
[a-zA-Z]+ing$	123	196	820	642	1020
^[a-zA-Z]{5,}$	77	61	290	104	189
^.{16,20}$	169	41	540	352	169
([a-f](.[d-m].){0,2}[h-n]){2}	188	134	538	188	645
([A-Za-z]awyer|[A-Za-z]inn)[^a-zA-Z]	121	127	181	1144	974
"[^"]{0,30}[?!\.]"	7	15	58	481	61
Tom.{10,25}river|river.{10,25}Tom	88	39	77	721	98

第3章 プログラマのための一歩進んだ正規表現 ── 純粋な正規表現と、最新エンジン実装の比較

また、16ケース中6ケースで最も高速な結果を出している RE2 は、a[^x]{20}b という正規表現が苦手なようで404msという他の正規表現に比べて最も遅い結果を出しています。PCRE-JITや鬼車、さらにはJITを有効化していないPCREにすら劣る結果です。

PCREとPCRE-JITを比べてみると、JITを有効にすることで正規表現によっては10倍以上も高速化されていることがわかります。驚くべき高速化です。VM型エンジンのJITによる高速化については、第6章でしくみを解説します。

■─── grepファミリー

grepは便利なツールのため、grepと同等の機能、あるいは独自の追加機能や特徴を持つプログラムが多く存在します。それらをまとめて**grepファミリー**と呼ぶことにします。

cgrep、GNU grep、pcregrep、ack、rakという5つのgrepファミリーについてベンチマークを行いました。cgrepはBill Tanenbaumによって実装された高速なgrep実装です[注8]。pcregrepはPCRE本家が実装しているgrep実装で、PCREの正規表現が使えるパワフルなgrepです。ここで用いたpcregrepはJITを有効化しています。

cgrepとGNU grepはDFA型、pcregrep（PCRE）、ack（Perl内蔵の正規表現エンジン）、rak（Ruby内蔵の正規表現エンジン、鬼雲）はVM型のエンジンを搭載し

注8　URL http://sourceforge.jp/projects/sfnet_cgrep/
　　他にも同名のcgrep（context-aware grep）というプログラムが公開されていますが、それとはまったくの別物です。

図3.2　正規表現ライブラリのベンチマーク上位3種：RE2、PCRE（JIT）、鬼車[※]

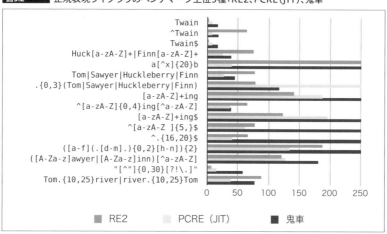

※ 最大値は250まで掲載。

ています。cgrepとGNU grepおよびpcregrepはC言語で書かれています。ackの実行にはPerl 5.16、rakの実行にはRuby 2.0.0を用いました。

表3.4にgrepファミリーのベンチマーク結果をまとめました。**図3.3**がベンチマーク上位3種をグラフにしたものです。

APIを直接叩く正規表現ライブラリのベンチマークとは異なり、grepファミリーにおけるベンチマークはプログラム自体の起動時間や引数処理のための時間も実行時間に含まれることに注意してください。実行時間はtimeコマンドで測定してあります。

多くのテストケースでcgrepとGNU grepが最も高速な結果を出していることがわかります。しかしa[^x]{20}bという正規表現においてはcgrepとGNU grepは両者共2秒を超えていて、pcregrepの90msに大きく差を付けられています。

RE2と同様に、cgrepとGNU grepもa[^x]{20}bという正規表現でガクッっと実行速度が落ちていることに注目してください。何か理由があるのでしょうか。よく考えてみると、RE2、cgrep、GNU grepはいずれも**DFA型**の正規表現エンジンという共通点を持っています。

実は、a[^x]{20}bという正規表現はDFAエンジンの**しくみ上苦手**な正規表現なのです。第4章ではなぜDFAにとってa[^x]{20}bという正規表現は苦手な正規表現なのかを解説します。キーワードは**状態数爆発**です。

3.3 読みやすい正規表現を書くために

第1章で少々触れましたが、どうすれば読みやすく/修正しやすい正規表現、すなわちメンテしやすい正規表現についてはあまり深く掘り下げてきませんでした。多くのユーザにとって正規表現のメンテナンス性は重要なものです。本節ではそのような正規表現の書き方のコツを解説します。

簡潔に書く

第1章では、先読みを使うことで、

```
.*hoge.*fuga.*piyo.*|.*hoge.*piyo.*fuga.*|.*fuga.*hoge.*piyo.*|.*fuga.*piyo.*hoge
.*|.*piyo.*hoge.*fuga.*|.*piyo.*fuga.*hoge.*
```

表3.4 図3.3の測定値（単位：ms）

grepファミリー	cgrep	GNU grep	pcre grep	ack	rak
バージョン	8.15	2.18	8.35	2.12	1.4
Twain	20	20	60	180	420
^Twain	10	10	30	150	350
Twain$	10	10	40	140	360
Huck[a-zA-Z]+|Finn[a-zA-Z]+	20	70	70	240	360
a[^x]{20}b	2660	2166	90	460	790
Tom|Sawyer|Huckleberry|Finn	40	62	70	460	390
.{0,3}(Tom|Sawyer|Huckleberry|Finn)	60	70	420	3140	480
[a-zA-Z]+ing	40	30	110	140	760
^[a-zA-Z]{0,4}ing[^a-zA-Z]	50	40	40	140	390
[a-zA-Z]+ing$	20	40	140	150	640
^[a-zA-Z]{5,}$	80	80	60	210	1030
^.{16,20}$	60	70	30	210	940
([a-f](.[d-m].){0,2}[h-n]){2}	70	70	130	1090	1170
([A-Za-z]awyer|[A-Za-z]inn)[^a-zA-Z]	60	70	60	2280	530
"[^"]{0,30}[?!\.]"	40	10	40	150	390
Tom.{10,25}river|river.{10,25}Tom	20	20	50	270	420

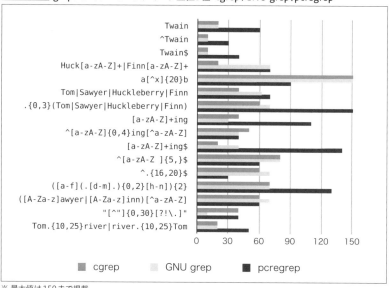

図3.3 grepファミリーのベンチマーク上位3種：cgrep、GNU grep、pcregrep[※]

※ 最大値は150まで掲載。

という「hoge,fuga,piyoという3つのキーワードが**順不同で**出現する文字列」という正規表現が「(?=.*hoge.*)(?=.*fuga.*)(?=.*piyo.*).*」というシンプルな正規表現で書けることを紹介しました。先読みを使えば正規表現の**AND演算**が模倣できるという話です。

正規表現において「短さ」は読みやすさの指標の一つです。長ったらしい正規表現はそれだけで読む気がなくなるでしょう。

正規表現を短く書くコツとしては、

- グループ化や量指定子、文字クラスやエスケープシーケンスをうまく使う
- 先読みや後読みなどの拡張機能をうまく使う
- 正規表現をうまく部品化する

などがあります。「正規表現を部品化する」というコツについては、第8章で解説を行うことにしましょう。

■——— グループ化や量指定子、文字クラスやエスケープシーケンスをうまく使う

最初のコツについては、本書の一番最初で例が出ています。第1章の冒頭で取り上げた、電話番号の正規表現03-[0-9][0-9][0-9][0-9]-[0-9][0-9][0-9][0-9]の例で、量指定子をうまく使うことで03(-\d{4}){2}と短く書けていたことを思い出してください。

量指定子やグループ化や文字クラスを使って正規表現をうまくまとめるコツは、正規表現を使っていくうちに自然に養われていくでしょう。

■——— 先読みや後読みなどの拡張機能をうまく使う

第1章では先読みを使ってAND演算を実現する方法を紹介しました。「XXXのパターンとYYYのパターン両方にマッチするパターン」を実現するAND演算は、場合によっては劇的に正規表現を短くしてくれるのです。

先読み/後読み等の正規表現の拡張機能については、知っているのと知らないのでは大きな差が生まれてきます。本書の解説や例だけでなく、先読みなどの機能が活躍する場面をいろいろ眺めるのは有益です[注9]。

説明的に書く

正規表現を短く簡潔に書くことで読みやすさを向上させるというのは基本で

注9　たとえば『正規表現クックブック』[16]には、正規表現の豊富な使用例が載っています。

すが、逆に長くはなるけども、説明的に書くことで読みやすくするという方法もあります。正規表現中に付加情報を埋め込むのです。第1章では日付をパースする、

```
$day = '14/11/1988';
if ($day =~ /(\d{2})\/(\d{2})\/(\d{4})/) {
    print "$3 年 $2 月 $1 日";
}
#=> 1988 年 11 月 14 日
```

という正規表現を使ったコードを紹介しました。このコード内では/((\d{2})\/(\d{2})\/(\d{4}))/という正規表現が使われています。

$dayという変数名やprint "$3年$2月$1日";という出力コードがすぐ近くにあるため(\d{2})や(\d{4})が「日月や年を表している」ということは容易にわかりますが、正規表現単体で見た場合にはすぐに読み取ることは難しいでしょう。もしかしたら月/日/年を意図しているかもしれません。名前付きキャプチャを使えば、

```
$day = '14/11/1988';
if ($day =~ /(?<day>\d{2})\/(?<month>\d{2})\/(?<year>\d{4})/) {
    print "$+{year} 年 $+{month} 月 $+{day} 日";
}
```

と書けることを第1章では紹介しました。名前付きキャプチャを使えば、サブマッチの指定を順番でなく名前でできるという他に、\d{2}や\d{4}が何を意味するか明確になるという利点もあることに気づいたでしょうか。❶の正規表現よりも❷の方が「どんな正規表現なのか」を雄弁に語っています。非常に単純な例ですが、説明的に書くことで正規表現の読みやすさが上がる例です。

❶ (\d{2})\/(\d{2})\/(\d{4})

❷ (?<day>\d{2})\/(?<month>\d{2})\/(?<year>\d{4})

さらに進んだ方法として、正規表現を改行とスペースで整形したりコメントを埋め込むというアプローチもあります。たとえばPerlなどでは正規表現リテラル(/regex/)の末尾にxを追記(/regex/x)することで改行やスペースや#で始まるコメントを書き込むことができます。

```
/
  (\d{2})\/   # 日
  (\d{2})\/   # 月
  (\d{4})     # 年
```

/x

　xモードで記述した正規表現中の改行やスペースは無視され、#以降はコメントとみなされます。これらの文字を正規表現の要素として使いたいときには、\（バックスラッシュ）でエスケープする必要があります。

　「短く簡潔に書く」と「長く説明的に書く」は一見相反するアプローチに思えますが、正規表現と使う状況に応じて取捨選択あるいは組み合わせて書いていくべきものです。

3.4 現実的に妥協する

　正規表現による文字列操作は柔軟で強力ですが、複雑で「わかりにくい」正規表現を書いてしまうと人間にとっては扱いづらくなる場合が多々あります。世の中には「一体どうやってこんな正規表現が生まれたんだ…」と思うような複雑な正規表現も確かに存在します。

厳密な正規表現

　現実的な範囲で妥協するとシンプルに書けるようなパターンでも、きちんと厳密に書くと複雑になってしまうパターンというものは世の中には多く存在します。

■──メールアドレスの正規表現

　有名な例としてはメールアドレスの正規表現が有名でしょう。メールアドレスの正規表現は、Webの入力フォームのバリデーションやWebページやテキストデータからアドレス抽出/収集など、Webプログラミングにおいても必要となる場面が多いです。

　しかし、「メールアドレス　正規表現」などのキーワードでWebを検索すると実に多くの**異なる**正規表現が出てくるという頭の痛い状況です。公開されているメールアドレスの正規表現のほとんどは実際には妥協した正規表現なのですが、妥協するにしてもベストな方法はないのか、妥協せずに書くことはできるのかなどの疑問が出てきます。

第3章 プログラマのための一歩進んだ正規表現 —— 純粋な正規表現と、最新エンジン実装の比較

　HTML5のinput要素では、メールアドレスのバリデーションに`^[a-zA-Z0-9.!#$%&'*+/=?^_`{|}~-]+@[a-zA-Z0-9](?:[a-zA-Z0-9-]{0,61}[a-zA-Z0-9])?(?:\.[a-zA-Z0-9](?:[a-zA-Z0-9-]{0,61}[a-zA-Z0-9])?)*$`という正規表現が用いられてることを第1章で紹介しました。

　しかし、HTML5の公式ドキュメント[注10]ではこの正規表現は、実用性のために意図的に、RFCで定義されているメールアドレスの文法とは異なっていることを強調しています。現代の仕様であるHTML5が提供しているメールアドレスですので、妥協した正規表現としてこの正規表現を用いるのが懸命な判断かもしれません。

　一方、RFCの定義に厳密に従った正規表現は果たして書けるのでしょうか。実は、RFCの定義によるメールアドレスは括弧で囲んだコメントをネストして持つことができる[注11]ので、括弧の対応が取れない正規表現ではメールアドレスは表現できないことがわかります[注12]。「正規表現は括弧の対応が取れない」という事実はAppendixで解説することにしましょう。

　メールアドレスと正規表現の関係は想像以上に闇が深いと言えます。そもそもRFCの仕様をちゃんと読むこと自体大変ですし、メールアドレスの文法をきちんとわかりやすく解説しているサイトもなかなか見つかりません。そもそも本質的に正規表現に向かない文法なのですが、利用する場面が多いため各々が妥協した「オレオレメールアドレス正規表現」が乱立しているという状況です。HTML5という標準仕様がメールアドレスの正規表現を提供してくれたことは光明と言えるかもしれません。

　メールアドレスの例からも、仕様がかっちりと決まった文法の場合でも、妥協した正規表現を用いるほうが賢い場面があることがわかります。本節ではメールアドレスに加えて、電話番号とURLという厳密に書くと複雑になる2つの例を紹介します。

■── 電話番号の正規表現

　本章冒頭で、東京23区の固定電話番号は`03(-\d{4}){2}`といった正規表現で表される、という簡単な例を紹介しました。

　しかし、当然ながら上の正規表現は東京23区の固定電話番号を完璧に表現し

注10　**URL** http://www.w3.org/TR/html5/forms.html#e-mail-state-(type=email)
注11　**URL** http://tools.ietf.org/html/rfc5322#section-3.2.2
注12　以下の「Perlメモ」の「メールアドレスの正規表現」コーナーで、コメントのネストを1段に制限した、不完全ながらもなかなかに厳密なメールアドレスの正規表現について説明されています。メールアドレスを厳密に正規表現で書くことが難しい問題であることがわかります。
　　　URL http://www.din.or.jp/~ohzaki/perl.htm#Mail

ているわけではありません。たとえば、03-0000-0000のような電話番号は0000という市内局番（ハイフンで区切られた2番めの数字列）が存在しないため、「存在する電話番号」を厳密に表現したい場合は除外されるべきです。また、さらにややこしい話ですが、実は03から始まっている東京23区外の電話番号も存在するようです注13。

　当然ですが、東京23区内で存在する電話番号には当然限りがあるので、理論的にはそれらを確認してすべて列挙することで正しい正規表現を書くことができます。しかし、手間を考えるとそれは現実的とは言えないでしょう。

■──URL/URIの正規表現

　インターネット上のWebページを特定する方法として、検索エンジンを用いてキーワードで検索する以外に、URLを直接指定する方法があります。いわばURLとはWebページの住所のようなものです。たとえば技術評論社のWebページはhttp://gihyo.jpというURLでアクセスすることができます。

　URLの入力を求めるWebの入力フォームはよくありますが、ユーザが入力したURLが本当に正しいURLかどうか確かめる手段はあるのでしょうか。

　URLに対応するページが「存在するかどうか」は、実際にリクエストを飛ばして404 Not Foundが返ってくるかどうかで確認することができますが、それ以前の問題、つまり「URLとして正しい文法に従った文字列かどうか」というレベル

注13　市外局番の細かい部分まで踏み込むとページ数が足りなくなってしまうので、興味を持たれた読者自身で確認してみてください。

[Column]

電話番号にマッチする「真」の正規表現

　以下のページの、にぽたん氏による「電話番号、郵便番号にマッチする真の正規表現」では、総務省公表データに基づいた固定電話や携帯電話、IP電話の番号を表現する厳密な正規表現が解説されています。

　　　URL http://blug.livedoor.jp/nipotan/archives/51644244.html

　本記事で紹介されている固定電話の電話番号の正規表現はなんと2万6千文字程度の巨大なもので、電話番号の厳密な正規表現を書くことの大変さを感じられるでしょう。同記事では電話番号の他に郵便番号やポケベルの番号を表現する厳密な正規表現が紹介されています。

[第3章 プログラマのための一歩進んだ正規表現 —— 純粋な正規表現と、最新エンジン実装の比較]

で判定したいという状況を考えてみましょう。たとえば、http://\(^o^)/なんていう文字列は文法的に正しいURLではありません。

RFC 3986[17]では、URLより一般の識別子であるURIの文法（仕様）が**厳密に**定義されています。RFCを読んでみると意外に複雑な文法を持っていることがわかります。しかし、RFC 3986の仕様に厳密に則ってURLを厳密に表現しようとすると、後出のリスト8.1注14のとおり、とても読めたものじゃない正規表現で表すことができます[18]。リスト8.1のような正規表現を人間がRFCの仕様を読んで手で書くのは非現実的でしょう。もちろん、この正規表現も著者が手で書いた訳ではありません。実際にはプログラムを使って自動的に生成されたものです。生成の詳細は第8章で解説を行います。

妥協した正規表現

ある程度の複雑さを持ったパターンの場合、厳密に書いた正規表現は規模が大きくなるためツールの力を借りずに素手でメンテナンスするのは困難です。そのような場合は、十分にメンテナンス可能な現実的なレベルに妥協した正規表現で代替するという手段が有効でしょう。

たとえば03(-\d{4}){2}という正規表現は、東京23区内の電話番号を表現する妥協した正規表現としてそこまで悪くないでしょう。区外の電話番号や存在しない電話番号などいくつかの例外を含みますが、コンパクトな近似解です。

妥協した正規表現を書く場合に重要な方針として、

❶正しい文字列はマッチすべき

❷正しくない文字列はマッチすべきでない

のどちらを重視するか、という点が第一にあります。❶と❷をどちらも満たせばそれは完璧で厳密な正規表現となるため、妥協した正規表現ではどちらか（あるいは両方）を諦め、次のいずれかを受け入れる必要があります。

　　1正しい文字列がマッチしない（**false negative**）
　　2正しくない文字列がマッチする（**false positive**）

false positive と false negative どちらを許すか、どのように妥協するかは正規表現を用いる状況によって変わってくるでしょう。しかし、false positive な正規表

注14　p.261のリスト8.1はRFC 3986のURIにマッチする正規表現で、URLにマッチさせるだけならリスト8.1の冒頭の太字部分を「https?」に置き換え、末尾の太字部分を削除すればOKです。

現を用いた場合は「とりあえず正規表現でテストして、そのテストを通ればより厳密に検査する」というような戦略も取れます。

　false positiveとfalse negativeという戦略は、表現したいパターンと妥協したパターンをそれぞれ言語（文字列の集合）として考えるとシンプルに説明できます。false positiveな戦略では表現したい言語を**含む**より大きな言語を、false negativeな戦略では表現したい言語に**含まれる**より小さな言語をそれぞれ近似解にするのです（図3.4）。

■——**URLの正規表現**

　URLの厳密な文法を定義しているRFC 3986では、一方でURLを表現する「妥協した正規表現」として、

```
(([^:/?#]+):)?(//([^/?#]*))?([^?#]*)(\?([^#]*))?(#(.*))?
```

という正規表現を紹介しています。この妥協した正規表現はURLにどのようにマッチするのでしょうか。丁寧なことにRFC 3986では具体例をもって解説を行ってくれています。本項でもその解説を引用することにします。

　妥協したURLの正規表現に含まれるキャプチャは、次のように9つあります。

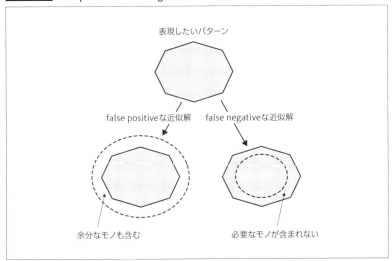

図3.4　false positiveとfalse negativeのイメージ

```
(([^:/?#]+):)?(//([^/?#]*))?([^?#]*)(\?([^#]*))?(#(.*))?
 ❶❷        ❸ ❹        ❺     ❻ ❼      ❽ ❾
```

http://www.ics.uci.edu/pub/ietf/uri/#Related というURLを上の正規表現にマッチさせると、個々のキャプチャには、

- ❶ http:
- ❷ http
- ❸ //www.ics.uci.edu
- ❹ www.ics.uci.edu
- ❺ /pub/ietf/uri/
- ❻ <undefined>
- ❼ <undefined>
- ❽ #Related
- ❾ Related

という部分文字列がマッチします。このようにパーツに分けてみると明瞭です。❷がスキーム（この場合HTTPプロトコルを表すhttp）に、❹がホストに、❺がパスにマッチしていることがわかります。

　本節で紹介した例から、厳密に書くと大変な正規表現でも、現実的に妥協すれば十分にメンテナンス可能なレベルで書くことができるという理解できたでしょうか。URLやメールアドレスの場合はRFCやHTML5という標準的な仕様で現実的な妥協策が紹介されていますが、そのような「標準的な妥協策」がないケースでは、ユーザーがそれぞれ用途に合わせて妥協策を書き上げる必要があります。その時には false positive/false negative を念頭に入れつつ書くようにしましょう。

第4章

DFA型エンジン
有限オートマトンと決定性

第4章 DFA型エンジン —— 有限オートマトンと決定性

いよいよ本章から、正規表現エンジンのしくみの解説に入っていきます。本章で取り上げるのは「DFAエンジン」のしくみです。DFAエンジンは「有限オートマトン」という「正規表現の計算モデル」を基盤にしています。第2章でも触れたように、Thompsonによる正規表現エンジンの世界初の実装は、有限オートマトン（Thompson NFA）を用いたものでした。

4.1節ではまず有限オートマトンがどういうものか紹介し、「非決定性」という性質と、DFAという名前の由来である「決定性」という性質について解説します。非決定性と決定性は有限オートマトンにおける重要なキーワードです。

その後、4.2節で実際に有限オートマトンベースの正規表現エンジンを実装するという視点から、Thompsonが考案した「正規表現から等価な有限オートマトン」を構成する方法である「Thompsonの構成法」から始め、最終的にDFAを構成するところまでコードレベルで解説を行い、DFA型エンジンの効率について言及します。

続いて、4.3節にてDFA型エンジンの代表格であるGNU grepの実際のソースコードを例題に、高度な実装技術である「On-the-Fly構成法」について解説を行います。

最後に、4.4節で有限オートマトン、とくにDFAについての「良い性質」を紹介します。ここで紹介するDFAの「良い性質」を使うことで、「2つの正規表現が等しいか」などの問題がコンピュータで自動的に計算できるという事実が導けます。

4.1 正規表現と有限オートマトン

　有限オートマトンというものを直感的に理解してもらうために、簡単な「正規表現マッチングのプログラム」を導入し、そこからプログラムの本質である「状態」と「状態間の遷移」という概念を浮き彫りにしていきます。

正規表現マッチングを有限状態で表す

　有限オートマトンを紹介する前に、まずは簡単な例から正規表現マッチングの感覚を掴んでいきましょう。

```
0*(10*10*)*
```

という正規表現が何を表すか、わかるでしょうか(実は第3章にも同じ正規表現が出てきました)。答えは「1が偶数個現れる0と1上の文字列を表した正規表現」です。プログラマ風に言い換えると「ビットが偶数個立っているバイナリ」です。たとえば、010010や10111はこの正規表現にマッチしますし、111や0010はこの正規表現にマッチしません。

　与えられた文字列が0*(10*10*)*という正規表現にマッチするか判定するプログラム[注1]を考えてみましょう。皆さんならどう実装するでしょうか。細かい差はあるかもしれませんが、おそらく**リスト4.1**のようなプログラムを書くことでしょう。

　「文字列の先頭から最後まで順に文字を読み、0と1だけを含んで、かつ1が偶数個かどうか判定する」という、仕様をそのまま実装したかのようなプログラムです。実際に、Pythonインタープリタでチェックしてみると、正しい結果を返してくれます。

注1　パリティチェックするプログラムとも言えます。

リスト4.1　文字列が0*(10*10*)*にマッチするか判定するPythonプログラムの例

```
def match(string):
    count = 0
    for i in string:
        if i == '1': count = (count + 1) % 2
        elif i != '0': return False
    return count == 0
```

```
>>> match('010010')
True
>>> match('10111')
True
>>> match('111')
False
>>> match('0010')
False
```

さて、ここから「0*(10*10*)*のマッチングを行う」リスト4.1のプログラムの「本質」を浮き彫りにしていきましょう。このプログラムにおいて重要なのはcountという変数の中身です。countが0か1の**状態**(値)を変化させて行き、「最終的に0になるかどうか」で判定が行われます。文字を先頭から読み込んでいくfor文の中で、countがどのように状態を変化させるかを図示したものが**図4.1**となります。図4.1において、四角に囲まれたcount == 0とcount == 1が変数countにおける2つの状態を表しています。リスト4.1のプログラムは本質的に「countが0」(図4.1のcount == 0の状態)か「countが1」(図4.1のcount == 1の状態)の2つの状態を持つというわけです。

図4.1では、**初期状態**と**受理状態**という言葉が出てきています。初期状態とは「プログラムが始まった時の状態」のことを指し、受理状態とは「文字列の読み込みが終了したらTrueを返す状態」のことを指します。リスト4.1においては、countは0から始まり、0の時にプログラムはTrueを返します。そのためcountが0の状態がリスト4.1のプログラムの初期状態であり受理状態となります。

文字列が0*(10*10*)*にマッチするということは、図4.1の初期状態から始まり、先頭から1文字ずつ文字を読んで、受理状態で文字列が終了することに他なりません。つまり、0*(10*10*)*という正規表現のマッチングは(countという変数の)**有限の状態**と文字を読んだ時の状態の移り変わりを表す**遷移規則**で記

図4.1 前出のリスト4.1における変数countの振る舞い

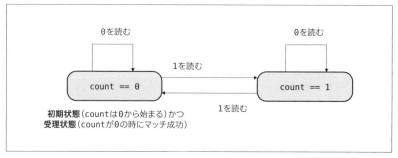

述することができるのです。

　有限の状態でマッチングを記述できるのは`0*(10*10*)*`に限ったことではありません。実は、**どんな正規表現のマッチングも**このように「有限の状態」と「状態間の遷移規則」で記述することができるのです。それこそが**有限オートマトン**のコンセプトとなります。

有限オートマトン

　正規表現は、正規言語を「表現する式」でした。一方、有限オートマトンは、正規言語を**計算するモデル**(機械)です。前述のとおり、オートマトンの語源はギリシャ語で「自動機械」「自らの意志で動くもの」を意味する言葉「automatos」から来ています。その名のとおり、オートマトンは「状態」という意思を持ち、文字列を対象に自動的に動き出すまさに「機械」そのものです。有限オートマトンは有限の「状態」と状態間の「遷移規則」で定義される計算モデルです。以下、本書では有限オートマトンのことを単にオートマトンと書く場合もあります。

　前節の例でも見たように、オートマトンが「文字列を受理する」とは「初期状態から入力文字列に従い状態を遷移し、入力を読みきった時点で受理状態に至っている」ことを指します^{注2}。あるオートマトンAとある正規表現rに対して、それぞれの受理文字列の集合が等しい場合は、「オートマトンAと正規表現rは対応する」や単に「Aとrは等しい」(等価)などと言います。

　たとえば、先ほどの例に出てきた「ビットが偶数個立っているバイナリ文字列」に対応するオートマトンは**図4.2**となります。オートマトンの状態は「円」、遷移規則は「矢印とその上の文字」で表されます。本書では、ラベルのない矢印に指されている状態(円)を「初期状態」とし、円が二重丸で描かれている状態を「受理状態」としています。図4.2においては、状態「0」が初期状態かつ受理状態です。

　図4.2のオートマトンはリスト4.1や図4.1を抽象化したものだと捉えられます。

注2　より形式的な定義については後述します。

図4.2　ビットが偶数個立っているバイナリ文字列を受理するオートマトン

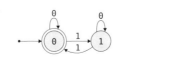

非決定的な遷移

別の例も見てみましょう。**図4.3**は、正規表現 [ab]*a[ab][ab] に対応するオートマトンです。正規表現 [ab]*a[ab][ab] は「後ろから3番めがaであるa,b上の文字列」を表していますが、図4.3のオートマトンはそのような文字列を入力として受け取ると、必ず初期状態から受理状態への遷移が存在するのです。

図4.3のオートマトンは、何を表しているのでしょうか。まず、番号の振られた円はそれぞれ状態を、文字が上に付いた矢印は遷移規則を表しているのでした。なお、[ab]という遷移規則はaとb、2つの遷移規則を一つにまとめたものです。そしてこのオートマトンの初期状態は状態0で、受理状態は3です。

ここで注意して欲しいのは、状態0から文字aを読むと、状態0と状態1に遷移が**分岐**するということです。つまり、aを読んだ時の遷移先が複数あるのです。遷移が分岐する場合、初期状態から文字列を読んで遷移する状態が複数あり得るという状況が出てくるのです。このように遷移先が複数ある遷移規則を**非決定的な遷移規則**と呼びます。

オートマトンが与えられた文字列を受理するかどうかの判定は、オートマトンが**どのように**遷移するかをシミュレーションすれば良いのですが、非決定的な遷移はシミュレーション的には少々厄介です。非決定的な遷移規則があると遷移の可能性が複数出てくるからです。

非決定的な遷移をシミュレートする1つの方法として、「遷移する状態」を集合として扱うというアプローチがあります。文字列baabaに対して図4.3のオートマトンでシミュレーションしたものが**図4.4**です。グレー地で囲んだ状態が「遷移状態の集合」を表しています。

図4.3 [ab]*a[ab][ab]に対応するオートマトン（NFA）

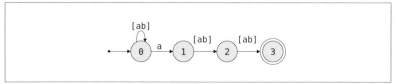

図4.4 図4.3のオートマトンがbaabaを読んで状態遷移する様子

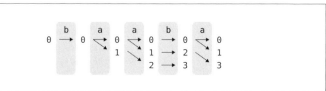

プログラムとして書く場合は、「遷移状態の集合」をリストや配列などのデータ構造で格納しておき、入力文字を読む度に状態のデータ構造を舐めるといった処理が必要になるでしょう（4.2節内の「NFAエンジン vs. DFAエンジン」項では実際に非決定的な遷移をシミュレートするコードを紹介します）。

初期状態0から始めて、文字列baabaを読むことで状態0, 1, 3に遷移することができます。3は受理状態のため、文字列baabaは「受理＝正規表現にマッチ」というしくみです。

NFAからDFAを作る

どのような文字列を読んでも状態が唯一定まる（非決定的な遷移が存在しない）ような性質の良いオートマトンには、**決定性有限オートマトン**（DFA、*Deterministic Finite Automaton*）という名前が付けられています。DFAの定義をもう少しきちんと書くと「**初期状態が1つかつ非決定的な遷移規則を持たないオートマトン**」となります。

たとえば図4.2（や後出の図4.6）のオートマトンは初期状態が1つで非決定的な遷移を持たないためDFAと呼ぶことができます。一方、図4.3のオートマトンは非決定的な遷移を持つためDFAとは呼べません。図4.3のように、非決定的な遷移を持ったり初期状態が複数あるようなオートマトンをまとめて**非決定性有限オートマトン**（NFA、*Non-deterministic Finite Automaton*）と呼びます。これはとくに制限のないオートマトンのことで、NFAとはすなわち有限オートマトン全体の呼称です（**図4.5**）。

ちょっとした発想の転換で、任意のNFAから非決定性を取り除くことが可能です。すなわち「遷移状態の集合」そのものを状態と見てやれば良いのです。先ほどの例では、状態0から文字aを読むと「状態0と状態1」に遷移しました。この「状態0と状態1」という「遷移状態の集合」を1つの状態と見るのです。単純な発

図4.5 決定性有限オートマトン（DFA）と非決定性有限オートマトン（NFA）

有限オートマトン
＝
非決定性有限オートマトン（NFA）

決定性有限オートマトン（DFA）

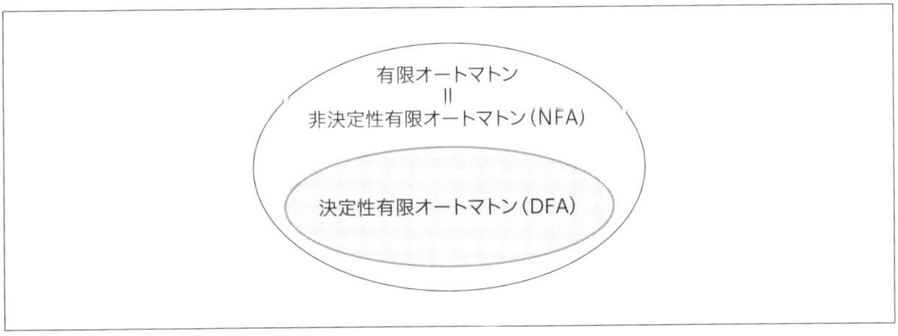

想ですが、実際これでうまく非決定性をなくすことができます。この「遷移状態の集合を1つの状態と見る」という構成法は、**部分集合構成法**(subset construction)と呼ばれています。

たとえば、**図4.6**は図4.3からこの手続で非決定な遷移規則を取り除いた結果の(決定性)オートマトンです。前出の図4.3(状態数4)と、図4.6(状態数8)を見比べてみましょう。状態数や遷移規則が全然違いますが、どちらも [ab]*a[ab][ab] に対応することが「何となく」わかるでしょうか[注3]。

たとえば、図4.3のNFAが文字列baabaを読んだ場合、初期状態0から複数の状態{0, 1, 3}に非決定的に遷移することが図4.4からわかります。一方、図4.6のDFAはbaabaを読むと、二重丸で囲まれた0 1 3とラベル付けられた状態に遷移します。図4.6の状態を表す丸の中にある数字は、図4.3における非決定的な状態遷移を表しているのです。

形式的定義

次節からは正規表現からオートマトンを構成する方法(Thompsonの構成法)や部分集合構成法の実際のコードなど、「DFA型エンジンを実装する」という視点から紹介していきます。その前にオートマトンを「形式的に」定義して本節を終えることにします。

形式的には有限オートマトン $\mathcal{A}$ は集合と関数の組み $\langle Q, \Sigma, \delta, I, F \rangle$ で表されます(**定義4.1**)[注4]。

注3 後述する「オートマトンの最小化」を使えば、2つのオートマトンが等しいということが自動的に判定できます。

注4 オートマトンの定義を⟨ ⟩で囲む記法は形式言語理論由来のものです。

図4.6 図4.3から部分集合構成法によって得られたオートマトン(DFA)

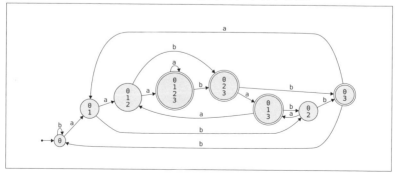

定義4.1　有限オートマトン

有限オートマトン $\mathcal{A}$ は5つ組 $\mathcal{A} = \langle Q, \Sigma, \delta, I, F \rangle$ で定義される。ここで、

- Q は**状態の有限集合**
- Σ は**文字の有限集合**
- $\delta: Q \times \Sigma \to 2^Q$ は状態と文字を受け取って状態の部分集合を返す**遷移関数**
- $I \subseteq Q$ は初期状態の集合(**初期状態集合**)
- $F \subseteq Q$ は受理状態の集合(**受理状態集合**)

　状態集合 Q が有限であることが**有限オートマトン**という名前の理由です。文字集合 Σ は、オートマトンが読むことのできる文字を表しています。これまで出てきたオートマトンの図(たとえば図4.3や図4.6)で描かれていた状態間の遷移規則(文字が付いた矢印)は、δ (小文字のデルタ)という遷移関数によって表されています。オートマトンの遷移の開始を表す初期状態は初期状態集合 I によって表され、図では二重丸で描かれていた受理状態は受理状態集合 F によって表されています。

　δ は状態と文字を受け取って状態の集合を返す関数です。これを式で表すと $\delta: Q \times \Sigma \to 2^Q$ のように書きます。左側の $Q \times \Sigma$ が「状態 ($\in Q$) と文字 ($\in \Sigma$)」、真ん中の矢印→が「を受け取って」、右側の 2^Q が「Q の集合 ($\in 2^Q$) を返す」という意味です。ここで、2^S という記法は「集合 S のすべての部分集合の集合」を意味する記号で、S の**冪集合**(power set)と呼びます。たとえば集合 $S = \{1, 2, 3\}$ の冪集合は $2^S = \{\ \varnothing, \{1\}, \{2\}, \{3\}, \{1,2\}, \{1,3\}, \{2,3\}, \{1,2,3\}\ \}$ となります。一般的に S の要素の数が n の時、その冪集合 2^S の要素の数は 2^n となります。集合 S の要素の数を $|S|$ と表記すれば $|2^S| = 2^{|S|}$ という直感的な式ができあがります。これで冪集合の表記 2^S に納得がいくでしょう(文字列の場合もそうでしたが、| | という記法はものの「大きさ」や「長さ」を表すのによく使われます)。

■────**NFAを形式的に書いてみる**

　試しに、図4.3のNFAを形式的に記述してみましょう。図4.3のオートマトンは0と1と2と3の4つの状態を持つため、状態集合は $Q = \{0, 1, 2, 3\}$ です。そして初期状態が0で表されているので初期状態集合は $I = \{0\}$、さらに受理状態が3で表されているので受理状態集合は $F = \{3\}$ となります。また、このオートマトンが読む文字は a と b の2つの文字しかないので、$\Sigma = \{a, b\}$ と表します。状態0から文字 a を読むと状態0と1に非決定的に遷移しますが、これを遷移関数

δで表すと$\delta(0, a) = \{0, 1\}$と書くことができます。これらをまとめると以下のような定義となります。

$$\mathcal{A} = \langle Q, \Sigma, \delta, I, F \rangle$$
$$Q = \{0, 1, 2, 3\}, \Sigma = \{a, b\}, I = \{0\}, F = \{3\}$$
$$\delta(0, a) = \{0, 1\}, \delta(0, b) = \{0\},$$
$$\delta(1, a) = \{2\}, \delta(1, b) = \{2\},$$
$$\delta(2, a) = \{3\}, \delta(2, b) = \{3\}$$

図に比べると煩雑な記述になっていますが、オートマトンを形式的に**式**で書こうとすると、どうしてもこのような書き方になってしまうのです。しかし、オートマトンに関する議論を進めるときに、図よりも式で表した方が楽なこともよくあります。オートマトンに関するアルゴリズムやオートマトンに関する（数学的な）問題の証明を考える時などは、図よりも式が中心になってくるのです。

本書ではオートマトンに関する理論的な話は抑えめにしているため、式による形式的なオートマトンの記述は控えて、図による直感的なオートマトンの記述を中心に用いています。一方、p.141のコラムや正規言語の数理的話題を扱ったAppendixでは形式的な記述も活躍するのです。

■ DFAを形式的に書いてみる

DFAは非決定的な遷移を持たない、つまり「遷移先が常に1つ」となるため、DFAの場合に限り遷移関数を$\delta: Q \times \Sigma \to Q$として扱う場合が多いです。

図4.7のDFAを形式的に定義してみると、以下のようになります。

$$\mathcal{A} = \langle Q, \Sigma, \delta, I, F \rangle$$
$$Q = \{0, 1, 2, 3\}, \Sigma = \{0, 1\}, I = \{0\}, F = \{2, 3\}$$
$$\delta(0, 0) = 1, \delta(0, 1) = 0,$$
$$\delta(1, 0) = 2, \delta(1, 1) = 3,$$
$$\delta(2, 0) = 2, \delta(2, 1) = 3,$$
$$\delta(3, 0) = 1, \delta(3, 1) = 0$$

■ オートマトンと正規表現の関係 —— Kleeneの定理

記述を簡単にするためにn個の文字$\sigma_1, \sigma_2, \cdots, \sigma_n$から成る文字列$w = \sigma_1 \sigma_2 \cdots \sigma_n$について、$\delta(q, w)$で「状態$q$から文字列$w$によって遷移する状態の集合」を表すことにします。$\delta(q, w)$は次のように帰納的に定義されます。

$$\delta(q, \varepsilon) = \{q\};$$
$$\delta(q, \sigma w) = \bigcup_{p \in \delta(q,\sigma)} \delta(p, w)$$

　DFAの場合は、遷移先の状態は常に一つなので$\delta(q, w) = \{p\}$とわざわざ集合で書かずに$\delta(q, w) = p$と書くことも許すことにしましょう。たとえば図4.7においては$\delta(0, 10100) = 2$となります。

　さらに、$p \in \delta(q, w)$という遷移のシンタックスシュガーとして$q \xrightarrow{w} p$という記法を導入します。この記法は状態遷移を記述するのに便利です。さて、オートマトン$\mathcal{A}$が受理するすべての文字列の集合、すなわち「初期状態から受理状態へと至る文字列の集合」**受理文字列集合**も正規表現の記法と同じように$L(\mathcal{A})$で表すことにします。

$$L(\mathcal{A}) = \{\, w \mid I \ni p \xrightarrow{w} q \in F \text{ となる 初期状態}\, p \text{と受理状態}\, q \text{が存在する}\,\}$$

　さらに、オートマトン$\mathcal{A}$が言語Lを受理文字列集合としている$(L = L(\mathcal{A}))$場合$\mathcal{A}$はLを認識すると言うことにしましょう。

　本節の冒頭で述べたように「正規表現が表現できるもの」と「オートマトンが認識できるもの」は**どちらも正規言語**となります。第2章でも紹介しましたが、これはKleeneによる1951年の結果です(**定理4.1**)。

図4.7 決定性有限オートマトン(DFA)の例

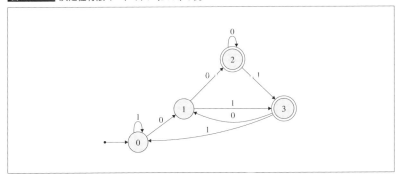

[第4章　DFA型エンジン —— 有限オートマトンと決定性]

定理4.1　　Kleeneの定理

有限文字集合Σ上の任意の言語Lについて、次の3つの命題は等価である。

❶言語Lは正規言語である
❷言語Lは正規表現で表現できる
❸言語Lはオートマトンで認識できる

すなわち、「オートマトンで認識できるものは正規表現で表せる」し、「正規表現で表せるものはオートマトンで認識できる」という綺麗な関係が成り立つのです。前述したとおり、任意のオートマトン（NFA）は部分集合構成法によってDFAに変換できるので、上記の定理4.1の3番めの命題は「言語LはDFAで認識できる」と読み替えても問題ありません。

一見すると正規表現とオートマトンはまったく違ったものに見えるのですが、実は「どんなものを表現するのか」という視点からはまったく同じ能力を持つことになります。何だか難しそう話だと思えるでしょうか。いえいえ、そんなことはありません。正規表現とオートマトンの表現力の等価性は、

❶正規表現から対応するオートマトンを作る
❷オートマトンから対応する正規表現を作る

の2方向の構成アルゴリズムを与えることで証明されます。つまり「Aさんができることは Bさんにもできる」と「Bさんができることは Aさんにもできる」ことを示せば「AさんとBさんができることは同じ」という論法です。

いよいよ次節では正規表現からオートマトンを構成するアルゴリズムを解説します。オートマトンから正規表現を構成するアルゴリズムは、正規表現から

[Column]

オートマトンの形式的定義

本書ではオートマトンの形式的定義に5つ組$\langle Q, \Sigma, \delta, I, F \rangle$を使う流儀を採用しましたが、他にも3つ組での定義や4つ組での定義などさまざまな流儀が存在します[19]。

状態集合をQで表すのは、Turingによるチューリングマシンの記念碑的論文[3]（1936年）でマシンの状態をqで表したことが由来となっています。初期状態集合は「Initial」の頭文字を取ってI、受理状態集合は「Final」の頭文字を取ってFが使われる場合が多いです。

オートマトンを構成するアルゴリズムに比べるとやや難しく、正規表現マッチングにおいてはオートマトンから正規表現を構成する必要はないため、本書では残念ながら扱いません。

4.2 オートマトンを実装する

　本節では、DFA型の正規表現エンジンを実際に実装するレベルで解説を行っていきます。正規表現からNFAを構成するThompsonの構成法から始め、NFAからDFAに変換する部分集合構成法、そしてDFAの状態遷移をシミュレートをコードレベルで解説していきます。実装の解説を通じて、オートマトンと正規表現の関係がより具体的にイメージできることでしょう。

▍Thompsonの構成法 ── 最もシンプルなオートマトンの作り方

　第2章で述べたように、正規表現エンジンの実装に関する最初の論文はThompsonによるものでした。その論文でThompsonは正規表現からNFA（非決定性オートマトン）を構成する方法を与えたのです。その構成法はシンプルなもので、**Thompsonの構成法**（*Thompson's construction*）と呼ばれています。

　Thompsonは正規表現を分解して、**ボトムアップ**にNFAを構成していく方法を考えました。Thompsonの構成法によって任意の正規表現 r から構成されるNFAを $N(r)$ と表します。$N(r)$ は以下の条件を満たします。

- ただ1つの初期状態 q とただ1つの受理状態 f を持つ。ここで q と f は異なる状態 $q \neq f$ となる
- 初期状態 q へ遷移する規則を持つ状態を持たない
- 受理状態は遷移先を持たない

　この条件を満たすオートマトンを**標準オートマトン**（*normalized automaton*）と呼びます。
　どのようにして r に対応する標準オートマトン $N(r)$ が構成されるのかを説明していきます。

■── 文字に対応する標準オートマトン

　正規表現の最小単位とは何かと言うと、もちろん「文字」です。どんな正規表現も「文字」と「演算子」の組み合わせからできています。まずはこの「文字」に対応するNFAの構成法を考えます。図4.8に「1文字」を認識するNFAと「空文字列」を認識するNFAを並べました。ここで、図4.8の2つのNFAはどちらもqが初期状態かつfが受理状態です。左側の「1文字」を認識するNFAでは、状態qから「a」を読んでfに遷移します。一方、右側の「空文字列」を認識するNFAは、状態qから「何も読まずに」fに遷移します。つまり、「qとfに遷移が分岐」するのです。

　ところで、空文字列εによる遷移を行うNFAなんて、何に使うのでしょうか。実は、ε遷移はThompsonの構成法において大いに役に立つのです。

■── 選択に対応する標準オートマトン

　次は2つの正規表現の**選択**「s|t」について考えてみましょう。ボトムアップに標準オートマトンを構成するThompsonの構成法では、まず構成部品であるsとtについてNFAを構成します。その結果、できあがった標準オートマトンをそれぞれ$N(s)$と$N(t)$とします。

　sとtの選択を表すs|tの標準オートマトンは、sの標準オートマトン$N(s)$と$N(t)$に「新しい初期状態」と「新しい受理状態」を追加することで構成されます。

　図4.9のように2つの標準オートマトン$N(s)$の初期状態q_sと$N(t)$の初期状態q_tに新しい初期状態qから空文字列で遷移するようにします。そして、$N(s)$の受理状態f_sと$N(t)$の受理状態から新しい受理状態fに対して空文字列で遷移するようにします。最後に、2つのNFAの初期状態と受理状態を「初期状態でも受理状態でもない通常の状態」に変更します。結果的に図4.9のように$N(s)$と$N(t)$に2つの状態を追加したNFAが構成されます。

　さて、このNFAはs|tを認識するNFA（標準オートマトン）です。なぜなら、

- 初期状態qから、$N(s)$と$N(t)$の元の初期状態に無条件に遷移する
- $N(s)$または$N(t)$の元の受理状態に遷移した結果、無条件に受理状態fに遷移する

ため、初期状態から「$N(s)$または$N(t)$によって認識される文字列」が読み込まれたら受理状態に遷移するからです。

図4.8 文字aに対する標準オートマトン（左）と空文字列εに対する標準オートマトン（右）

正規表現における選択演算は「rとsどちらかがマッチすればマッチする」という演算ですが、これはオートマトンで言うところの「$N(r)$か$N(s)$どちらかのオートマトンが受理する」ということに他なりません。そして「どちらかのオートマトンが受理する」というのは、ε遷移によって素直に実装できるという話でした。

■——— 連接に対応する標準オートマトン

2つの正規表現の**連接** st はもっと簡単です。s と t を認識する NFA $N(s)$ と $N(t)$ を構成して、図4.10のように $N(s)$ の受理状態 f_s と $N(t)$ の初期状態 q_t を重ねて $N(s)$ と $N(t)$ を繋げば良いのです。標準オートマトンの初期状態と受理状態は常に1つなので、このように簡単に繋げることができることに注意してください。

また、重ねた状態は初期状態でも受理状態でもない状態とします。その結果構成された標準オートマトンは明らかに標準オートマトンの性質を満たしています。

正規表現における結合演算は「rにマッチする文字列の直後にsにマッチする文字列がくる」という演算ですが、これはオートマトンで言うところの「$N(r)$の初期状態から$N(r)$の受理状態に遷移して、そこから直ちに$N(s)$の初期状態に遷移した後$N(s)$の受理状態に遷移する（受理する）」ということに他なりません。そのため、$N(r)$の受理状態と$N(s)$の初期状態を単に重ねてしまえば良いという話でした。

繰り返しに対応する標準オートマトン

最後の基本演算である**繰り返し**（Kleene閉包）の実装を示します。繰り返し演算を用いた正規表現 s* に対応する標準オートマトンを構成するには、まず（選択や連接の時と同様に）s を認識する標準オートマトン $N(s)$ を構成します。

$N(s)$ に「新しい初期状態」と「新しい受理状態」を追加し、追加した2つの状態

図4.9　s|t に対応する標準オートマトン $N(s|t)$

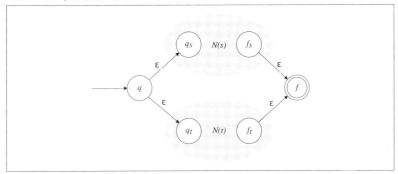

図4.10 stに対応する標準オートマトン$N(st)$

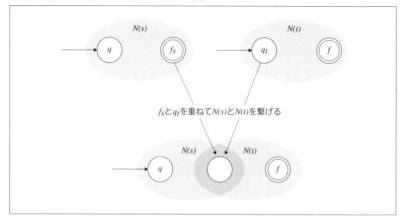

と$N(s)$をε遷移で**図4.11**のように接続します。選択や連接に比べるとε遷移の追加がやや多めでトリッキーです。詳しく解説しましょう。

s*は空文字（sの0回の繰り返し）にマッチするため、s*に対応する標準オートマトンは空文字を受理しなければなりません。そのために、図4.11のs*に対応する標準オートマトンは初期状態qと受理状態fがε遷移で接続されています。$N(s^*)$は「1文字も読まなくても」初期状態から受理状態に自動的に（ε遷移によって）遷移するため、空文字列を受理します。

そして、追加した初期状態qを$N(s)$の初期状態q_sに、$N(s)$の受理状態f_sを新たな受理状態fにε遷移でそれぞれ繋げてq_sとf_sをそれぞれ初期状態でも受理状態でもない状態に変更します。こうすることで「sか空文字」つまりs?を認識する標準オートマトンになることがわかります。

最後に、f_sからq_sにε遷移を追加します。この最後のε遷移の追加が重要です。このε遷移こそが繰り返しを表すε遷移だからです。$N(s)$において、q_sからf_sの遷移は「初期状態から受理状態の遷移」すなわち「受理文字列による遷移」に対応します。f_sからq_sにε遷移を追加するということは、受理文字列を読むと受理状態に遷移すると同時に初期状態に遷移することを意味します。すなわち、受理文字列を繰り返し読んでも受理状態に遷移し続けることになります。これがs*を認識する標準オートマトン$N(s^*)$（図4.11）のしくみです。

■——**Thompsonの構成法の例**

正規表現からNFAを構成する方法は数多くありますが、その中でもボトムアップに標準オートマトンを構成していくThompsonの構成法は抜群にシンプルな

構成法と言えます。例として、正規表現a(b|c)*dに対応するオートマトンをThompsonの構成法で構成すると**図4.12**のようになります。

初期状態と受理状態がそれぞれ必ず1つなので、Thompsonの構成法はパズルのピースが綺麗に合うように、上で説明した手法で「うまく」構成できるのでした。シンプルかつわかりやすい構成法です。

ε遷移の除去

Thompsonの構成法で構成する標準オートマトンのように、状態遷移に空文字列を含むオートマトンをとくに ε-NFA と呼びます。正規表現から等価な ε-NFA は（Thompsonの構成法のお陰で）作りやすいのですが、ε遷移を含まないNFAに比べるとプログラム上でのシミュレーションがやや非効率的になりがちです。空文字による状態遷移とは「何も読まなくても遷移する」ことを意味するため、

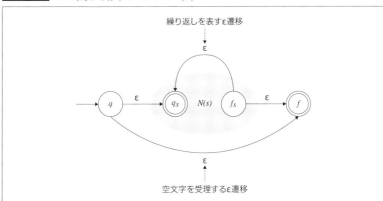

図4.11 $s*$に対応する標準オートマトン$N(s^*)$

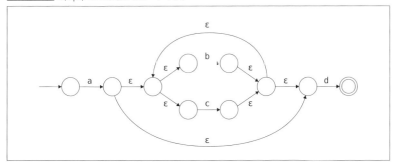

図4.12 a(b|c)*dに対応するオートマトン

状態遷移のたびにε遷移を計算しなければならないからです。ε遷移によって状態遷移を行うことをε展開（*epsilon expansion*）と呼びます。

具体例を見てみましょう。**図4.13**のε-NFAについて、文字列0110を受理するか状態遷移を計算してみましょう。

$$\{0\} \xrightarrow{0} \{1\} \xrightarrow{\varepsilon 遷移} \{1,2\} \xrightarrow{1} \{1,3\} \xrightarrow{\varepsilon 遷移} \{1,2,3\} \xrightarrow{1} \{1,3\} \xrightarrow{\varepsilon 遷移} \{1,2,3\} \xrightarrow{0} \{4\}$$

最終的に受理状態4に遷移するので、このε-NFAは文字列0110を受理します。しかし、1文字読むたびにε展開が必要なことに注目してください。実際にε-NFAをプログラムで実装する場合には、**遷移状態が変わらなくなるまで**ε展開を繰り返し行う必要があります。

しかし、実はどんなε-NFAでもε遷移を取り除くことができます。「ε展開によってどう状態が変化するか」を事前に計算すれば良いのです。ある状態qがε遷移によってpに遷移する場合、「状態qに遷移する規則に状態pも追加する」という操作を行えば良いのです。

ε展開を行う関数expandをPythonの書くと、以下のようになるでしょう。ここで、関数expandは状態集合が変化しなくなるまでε遷移の展開を繰り返し行う必要があることに注意してください。ε遷移が連鎖する場合もあるからです。

```python
# statesは状態の集合、deltaは文字と状態集合の辞書（遷移関数）
def expand(states, delta):
    modified = True
    while modified:
        modified = False
        for q in states:
            if not states >= delta[(q, EPSILON)]:
                # 新しい状態にε遷移する場合は変更フラグを立てる
                states |= delta[(q, EPSILON)]
```

図4.13 ε-NFA

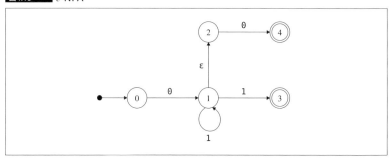

```
        modified = true
    return states
```

図4.13のNFAに対して、ε展開を行った結果が**図4.14**のNFAです。ε遷移がきちんと消えていて、かつ等価なNFAができあがっています。

NFAからDFAを作る（再）

NFAからDFAを構成する方法である**部分集合構成法**については、4.1節で言及しました。ここでは、部分集合構成法の細かい点についてプログラムで実装するレベルで解説していきましょう。

部分集合構成法は「NFAの状態の集合」を1つの状態として見ることで、非決定的な遷移をなくす構成法でした。部分集合構成法をPythonで実装してみると、**リスト4.2**のようになります。ここで引数Q, Sigma, delta, I, Fはそれぞれ状態集合、文字集合、遷移関数（辞書）、初期状態、受理状態を表しています。deltaは「状態と文字のペア」をキーとし「遷移先の状態集合」を値とした辞書（ハッシュ、連想配列）です。

リスト4.2 Pythonによる部分集合構成法の実装

```
def subset_construction(Q, Sigma, delta, I, F):
    Q_d = set(); delta_d = dict(); F_d = set()
    # 「集合の集合」や「集合の辞書」を作るにはfrozensetを使う
    # dfastatesはNFAの状態集合とDFAの状態を紐付ける辞書
    # queueには部分集合構成法の対象となる状態集合が入る
    queue = {frozenset(I)}; dfastates = {frozenset(I):0}
    while len(queue) != 0:
```

図4.14 図4.13と等価なNFA（εを含まない）

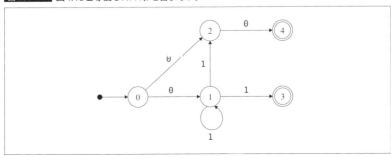

```
        dstate = queue.pop()
        Q_d.add(dfastates[dstate])
        if dstate & F: F_d.add(dfastates[dstate])
        for sigma in Sigma:
            dnext = set()    # 遷移先となるNFAの遷移状態の集合を計算
            for q in dstate: dnext |= set(delta[(q, sigma)])
            dnext = frozenset(dnext)
            if len(dnext) == 0: continue
            if not dnext in dfastates:   # 未登録の遷移状態を新たにDFAの状態として追加
                queue.add(dnext)
                newstate = len(dfastates)
                dfastates[dnext] = newstate
            delta_d[(dfastates[dstate], sigma)] = dfastates[dnext]
    # 初期状態は0は dfastates[frozenset(I)] の値
    return Q_d, Sigma, delta_d, 0, F_d
```

リスト4.2は、部分集合構成法の完全なコードです。では、実際に図4.14のNFAからDFAを作ってみましょう。図4.14のNFAを上記Pythonコードの仕様で表現すると次のようになります。

```
Q = {0,1,2,3,4}; Sigma = {0, 1}
delta = { (0,0):{1,2}, (0,1):{},
          (1,0):{}, (1,1):{1,2,3},
          (2,0):{4}, (2,1):{},
          (3,0):{}, (3,1):{},
          (4,0):{}, (4,1):{}   }
I = {0}; F = {3,4}
```

これらの引数で実行してみると、次の結果が得られました。

```
subset_construction(Q, Sigma, delta, I, F)
#=> (set([0, 1, 2, 3]), set([0, 1]),
    {(3, 0): 2, (1, 0): 2, (0, 0): 1, (3, 1): 3, (1, 1): 3},
    0, set([2, 3]))
```

リスト4.2は「状態集合、文字集合、遷移関数(辞書)、初期状態、受理状態集合」の順で結果を返します。よって上記の実行結果では状態集合が$\{0,1,2,3\}$、初期状態が0で受理状態集合が$\{2,3\}$ということがわかります。この結果を図にしたものが**図4.15**のDFAです。

部分集合構成法によって構成されるDFAは、元のNFAと比べて大きくなるのでしょうか、それとも小さくなるのでしょうか。図4.15の場合は5状態のNFAから4状態のDFAになっているので、部分集合構成法によって状態数が減っていることになります。しかし、一般的にはDFAの状態数は増えるものです。図4.15のようなケースは珍しいでしょう。部分集合構成法では「状態の集合」を状態として扱います。つまり、NFAの状態集合Qの冪集合2^Qが、部分集合構成法

によって構成されるDFAの取り得る最大の状態集合となるわけです。実際には、初期状態から到達できる状態集合である**到達可能状態**（reachable state）のみを扱うので、2^QほどDFAの状態集合は大きくはなりません[注5]。たとえば、部分集合構成法によって構成された図4.15の4状態は、それぞれ**表4.1**のように図4.14の状態集合の部分集合と対応しています。

冪集合の大きさは元の集合の大きさの2の冪となるため、部分集合構成法によって構成されるDFAの最大の状態数は$2^{|Q|}$となります。これはNFAの状態数$|Q|$に比べると、とても大きな数です。DFAの状態数が元のNFAの状態数に比べて指数関数的に大きくなってしまう問題を**状態数爆発問題**（state explosion problem）と呼びます。状態数爆発問題は、実用的なDFAエンジンの開発者にとっては避けては通れない問題です。次節では、状態数爆発問題に対応する最も有名なテクニックを取り上げて解説します。

NFAエンジン vs. DFAエンジン ── 有限オートマトンによるマッチングの計算効率

ここまで正規表現からNFAの構築法（Thompsonの構成法）、およびNFAからDFAの構築法（部分集合構成法）などのオートマトンの構成に関する技法を一通り解説してきました。

正規表現による文字列マッチングは、NFAを用いることで実現できます。DFAを作るまでもありません。しかし、現代の正規表現エンジンで有限オートマトンベースのマッチングをするもので、NFAだけを用いるエンジンはほとんどありません。NFAベースのマッチングを実装しているエンジンは同時にDFAベー

[注5] 到達不能状態も含め、純粋に2^Q全体をDFAの状態集合とするものを部分集合構成法と呼ぶ場合もあります。

図4.15 図4.14のNFAから部分集合構成法によって構成されたDFA

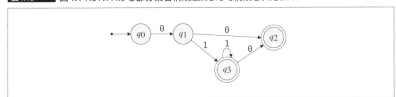

表4.1 図4.15のDFAの状態と図4.14のNFAの状態集合の対応

DFA	q_0	q_1	q_2	q_3
NFA	{0}	{1, 2}	{4}	{1, 2, 3}

第4章　DFA型エンジン —— 有限オートマトンと決定性

スのマッチングにも対応しているのです。そのため、本書では有限オートマトンベースのマッチングを用いる正規表現エンジンを**DFA型**の正規表現エンジンと呼んでいます。

　たとえばGoogle RE2やGNU grepなどがDFA型の正規表現エンジンです。DFAはNFAよりも指数関数的に状態数が多くなり得るのに、なぜDFA型のエンジンはNFAよりも「構成に一手間かかる」DFAのマッチングを実装しているのでしょうか。その理由は単純にマッチングの**計算効率**の違いにあります。たとえばDFAを使って文字列strのマッチングを行う場合は、

```
def accept(str):
  state = start_state           # 初期状態を代入
  for c in str:                 # 文字列の先頭から順番に遷移を行う
    state = transition[state][c]   # 2次元配列で遷移関数をシミュレート
  return state in accepting_states  # 状態が受理状態の場合にTRUEを返す
```

のように文字列strの長さ分だけ2次元配列(遷移関数)をルックアップすることで、状態遷移のシミュレートができてしまいます。

　しかし、NFAの場合は、以下のように、文字列strの長さ**掛ける**遷移状態の集合の大きさの分だけ2次元配列をルックアップする必要があります。しかも、ルックアップするごとに遷移状態集合の和集合を取るという操作も必要となります(DFAの場合は単純に値の代入だけでした)。

```
def accept(str):
  states = start_states         # 初期状態集合を代入
  for c in str:                 # 文字列の先頭から順番に遷移を行う
    states_ = set()
    for state in states:        # 遷移状態の集合それぞれについて
      states_ |= transition[state][c]   # 2次元配列で遷移関数をシミュレート
    states = states_
    # 遷移状態の集合が受理状態の集合を含むかどうか判定
  return not states.isdisjoint(accepting_states)
```

　有限オートマトンによる正規表現マッチングは、NFAとDFAどちらの場合でも検索対象の文字列の長さに対して比例する時間、**線形時間**(*linear time*)で計算を行うことができます。しかし、DFAの場合は**有限オートマトンの状態数に依存せず、NFAよりも高速に**マッチングを行うことができるのです。

　そのため有限オートマトンベースのマッチングを行う正規表現エンジンは、可能な限りDFAでシミュレーションを行うように設計されています。

4.3
[実装テクニック]On-the-Fly構成法

本節では現代のDFAエンジンの実装テクニックを、代表的な実装であるGNU grepの実際のソースコードを参考に解説していきます。

grepのソースコードの概要

GNU grepのソースコードは執筆時最新の2.18（2014/2/20更新）を参照しています。全体のコード規模は12万行（C言語）です。全体としては巨大に見えますが、実装のコアの部分は9000行程度です。エンジンのコア部分のコードで、行数の大きいファイルの上位10個を見てみましょう。

```
% wc grep-2.18/src/*.{c,h} | sort -r | head -n 11
   9064   37080  282806 total
   4113   16286  128554 src/dfa.c
   2417    9591   73879 src/main.c
    774    3137   23169 src/kwset.c
    402    1738   14023 src/dfasearch.c
    280    1297    8887 src/searchutils.c
    237    1015    7200 src/pcresearch.c
    200     782    6373 src/dosbuf.c
    172     691    4891 src/kwsearch.c
    103     692    4259 src/dfa.h
     83     401    2646 src/search.h
```

正規表現をパースするコードとDFAを構成およびシミュレーションするコードが書かれたdfa.cが4113行と最も行数が多く、入出力処理や引数処理のフロントエンド部のコードが書かれたmain.cがその次に行数が多くなっています。

3番めに行数が多いkwset.cというコードは第6章で解説する**固定長文字列探索**と呼ばれる高速化技術のためのコードを含んでいます。その他は500行にも満たない小さなCプログラムから成っていることが読み取れます。

本節ではdfa.cで実装されている、**On-the-Fly構成法**と呼ばれる技法を解説していきます。

遅延評価

遅延評価（*lazy evaluation*）という言葉を聞いたことがあるでしょうか。遅延評価とはプログラムの評価手法のことで、ざっくり言うと「必要な時まで値を計算

しない」という戦略のことを指します。Haskellの無限リストは遅延評価のわかりやすい例でしょう。Haskellインタープリタ（ghci）で無限リストを使ってみましょう。

```
% ghci    # ghciを起動
GHCi, version 7.6.3: http://www.haskell.org/ghc/   :? for help
Loading package ghc-prim ... linking ... done.
Loading package integer-gmp ... linking ... done.
Loading package base ... linking ... done.
Prelude> take 10 [0..]         # 無限リスト[0..]から先頭の10要素を取り出す
[0,1,2,3,4,5,6,7,8,9]
Prelude>
```

take 10 [0..]というコードは何をしているのでしょうか。まず、[0..]は実際には[0, 1, 2, 3, 4, 5, ...]と「無限に続く自然数」を表す無限リストです。無限に続くリストなんてあり得ないでしょうか。しかし、実はtake 10で「先頭の要素10個を抜き出す」のようなリストの先頭有限個の要素に対する処理は問題なく実行できます。take 10で必要なデータは先頭の10個だけなわけですから、11個め以降の要素は必要ないわけです。逆に、

```
Prelude> print [0..]           # 無限リストを印字
[0,1,2,3,4,5,6,7,8,9,10,11,12,13,14,15,16,17,18,19,20,21,22,
23,24,25,26,27,28,29,30,31,32,33,34,35,36,37,38,39,40,41,42,43,44,45,
46,47,48,49,50,51,52,53,54,55,56,57,58,59,60,61,62,63,64,65,66,67,68,
69,70,71,72,73,74,75,76,77,78,79,80,81,82,83,84,85,86,87,88,89,90,91,
92,93,94,95,96,97,98,99,100,101,102,103,104,105,106,107,108,109,110,
111,112,113,114,115,116,117,118,119,120,121,122,123,124,125,126,127,
128,129,130,131,132,133,134,135,136,137,138,139,140,141,142,143,144,
145,146,147,148,149,150,151,152,153,154,155,156,157,158,159,160,161,
162,163,164,165,166,167,168,    # ^Cで強制終了
```

なんてすれば悲惨な結果となります。printは無限リストの**全部のデータ**を必要とするからです。コンソールには数字が延々と出力され、CPUは熱を帯びファンがうなり始めることでしょう。このように、遅延評価は「値が本当に必要になった時だけ計算する」という戦略です。この考え方はDFAの構成にも応用することができます。

必要になった状態だけ計算する

NFAからDFAを構成する際に、DFAの状態数がNFAの状態数と比べて指数関数的に増えてしまう問題を**状態数爆発問題**と呼びました。NFAの場合はこの

[実装テクニック]On-the-Fly構成法 4.3

ようなことは起こらず、Thompson構成法で(基本三演算のみで記述された)正規表現の長さに対して常に**線形(定数倍)の状態数**でNFAを構成できます。

たとえば、.*a.{n}という「後ろからn+1番めの文字がaとなる文字列」を表現する正規表現を考えてみましょう。この正規表現に対応するNFAは状態数が$n+2$で構成できます。図4.16は$n=2$の時のNFAです。状態0から任意の文字(.)に対して状態0にループする一方、aを読んだ時だけ状態1にも遷移します。たとえば文字列abcを読んだ時は、

$$\{0\} \xrightarrow{a} \{0, 1\} \xrightarrow{b} \{0, 2\} \xrightarrow{c} \{0, 3\}$$

となり、状態0と状態3に非決定的に遷移することがわかります。状態3は受理状態(二重丸の状態)なので、図4.16のNFAはabcを受理します。

一方、この正規表現に対応する(最小)DFAの状態数はnに対して指数関数的に大きくなってしまいます。$n=1$の時(.*a.)はたった4状態で済みますが、$n=2$で8状態、$n=3$で16状態、$n=10$ともなると$2048=2^{11}$状態になります。もちろん、2^n状態のDFAを作るためには2^nに比例した時間とメモリが必要となります。いくらDFAの方がNFAよりもシミュレーションが効率的に行えるからと言って、DFAを構成するのにものすごい時間がかかってしまっては元も子もありません。たとえば図4.17は$n=2$の正規表現に対応するDFAです。なお、遷移規則[^a]は文字クラスの否定で「a以外の文字」を表現していることに注意してください。

しかし、遅延評価を用いることで、DFAの状態数爆発問題に対応することができます。DFAの状態を実際にアクセスするまで計算しなければ良いのです。たとえば図4.17のDFAについて考えてみましょう。さて、この図4.17のDFAについて、文字列abcを読ませるとどの状態にアクセスするでしょうか。その結果は図4.18のようになります。8状態中4状態しか必要でないことがわかります。実際は8状態なんて大したことのない大きさですが、nが大きくなった時のことを想像してみてください。たとえDFAの全状態が1000状態あったとしても、マッチング対象の文字列が3文字しかなければ初期状態を含め最高4状態しかアクセスしません。

図4.16 .*a.{2}に対応するNFA

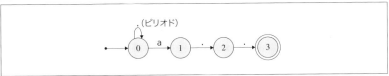

図4.17 .*a.{2}に対応するDFA

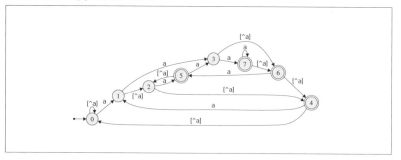

図4.18 .*a.{2}に対応するDFAでabcを読み込んでアクセスする状態※

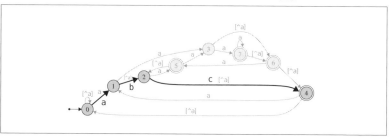

※ 色の薄い部分は「まだ計算（状態遷移によってアクセス）されていない状態」を表している。

　マッチング対象の文字列を読み込むまで状態の構成を遅延させれば何も問題はないのです。どんなにDFAの状態数が多くとも、文字列を読み込んでいって「必要になった状態」だけを構成すれば、高々「読み込んだ文字数」分の状態しか構成する必要がないからです。

GNU grepのOn-the-Fly構成コード

　grepではDFAの遷移シミュレーションをsrc/dfa.c内のdfaexecという関数（146行）で行っています。

　実際にOn-the-Flyに状態を構成している部分を覗いてみましょう。GNU grep最新のバージョン2.18からコードを抜粋してみます。**リスト4.3**は、DFAの遷移シミュレーションを行うdfaexec関数からの抜粋です[注6]。

　リスト4.3の18～29行のwhile文が状態遷移に対応するコードです。状態を表

[注6] 日本語コメントやコードの省略以外は、コードをそのまま持ってきました。GNUスタイルの波括弧の位置やインデントは、独特の雰囲気があります。

す変数s, s1と遷移関数を表す配列transを使ってシミュレーションしています。
18行めと21行めでt = trans[s1]と遷移を1回のループ内で2回行っているのは、
現在の状態sと1つ前の状態s1の2つを保存しておき、後の処理（改行周りの処
理）で1つ前の状態を参照する必要がある場合もあるからです。ループ展開による

リスト4.3 dfaexec関数（grep-2.18/src/dfa.c）より一部抜粋（本来は146行の関数）

```
 1: char *
 2: dfaexec (struct dfa *d, char const *begin, char *end,
 3:         int allow_nl, size_t *count, int *backref)
 4: {
 5:   state_num s, s1;      /* Current state. */
 6:   unsigned char const *p; /* Current input character. */
 7:   state_num **trans, *t; /* Copy of d->trans so it can be optimized
 8:                             into a register. */
 9:   /* <略> */
10:   for (;;)    /* すべての行を処理するためのループ */
11:     {
12:       if (d->mb_cur_max > 1)
13:         {
14:           /* <略（マルチバイト文字用の処理）> */
15:         }
16:       else
17:         {       /* DFAの遷移シミュレーション（2段のループ展開）*/
18:           while ((t = trans[s]) != NULL)
19:             {
20:               s1 = t[*p++];
21:               if ((t = trans[s1]) == NULL)
22:                 {
23:                   state_num tmp = s;
24:                   s = s1;
25:                   s1 = tmp;         /* swap */
26:                   break;
27:                 }
28:               s = t[*p++];
29:             }
30:         }
31:
32: /* <略（マルチバイト、改行、マッチした場合の処理等）> */
33:
34:       if (s >= 0)       /* On-the-Fly構成のコード */
35:         {
36:           build_state (s, d);     /* 必要になった状態を計算 */
37:           trans = d->trans;
38:           continue;
39:         }
40:
41:       /* <略（改行周りの処理等）> */
42:     }
43: }
```

高速化も狙っているのかもしれません（GNU grep 2.9の時点では「/* hand-optimized loop */」というコメントがありました）。

さて、状態遷移のコードでは状態の表引きのたびに(t = trans[s]) != NULLのようにNULLチェックを行っていました。これは、表引きした結果がNULLの場合は「遷移先の状態がまだ構築されていない」あるいは「何らかの理由で遷移を止める必要がある」ことを意味します。後者は、たとえば現在の状態が受理状態である場合や改行周りの特別な処理を行う場合などを含みます。

リスト4.3の34～39行のように「実行処理中にデータ構造を構成」することを**On-the-Flyなデータ構成**と呼びます。この場合はOn-the-FlyなDFAの構成ですね。あるいは、同じようなことですが、NFAの状態集合の遷移結果を「メモ化」（*memoization*）しているとも捉えることができます。メモ化とは、一度実行した結果を覚えておいて計算を減らす高速化テクニックのことです。実用的なDFAエンジンならば、On-the-Fly構成法は必ず採用すべきです。DFAの最大の欠点である状態数爆発問題にも対応することができます。

On-the-Fly構成の威力

たとえば「[ab]*a[ab]{n}」という「後ろからn+1番めの文字がaであるようなa,b上の文字列」を表す正規表現が状態数の爆発を起こす典型的な例で、繰り返し回数nに対してDFAの状態数が「指数関数的に」大きくなってしまいます。DFAは「いつ文字列が終わるか」などを知ることができないため、「これまでに読んだ最新n+1文字がそれぞれaだったか」という情報をすべて記憶する必要があるので、n+1ビット＝2^{n+1}個の状態が必要になるためです。[ab]*a[ab]{n}という正規表現は、DFAの状態数爆発問題を引き起こす「爆発物」なわけです。

[ab]*a[ab]{100}に対応するDFAは、2^{101}の状態数（2の101乗は10の30乗のおおよそ2.5倍）の巨大なDFAになってしまいます。[ab]*a[ab]{100}をGNU grepに渡すとどうなるのでしょうか。実際に試してみましょう。

```
$ perl -e 'print "a"x101' > hoge.txt
$ time egrep -c '[ab]*a[ab]{100}' hoge.txt
1
egrep -c '[ab]*a[ab]{100}' hoge.txt  0.00s
user 0.00s system 31% cpu 0.017 total
```

一瞬で計算できてしまいました。と言うのも、本節で触れたように、GNU grepはDFAの構成を「必要になったら」計算するOn-the-Fly構成法を元に実装されているためです。「DFA型が苦手な例」と言いましたが、On-the-Fly構成法に

よって状態数爆発問題を回避することができるのです。

しかし、いくらOn-the-Fly構成法によって状態の作成を遅延評価できるからと言って、アクセスする状態数が多ければそのたびに状態を構成する必要があるため、実行時間もメモリ使用量も大きなものとなってしまいます。状態数は少ないほうが良いことに変わりはないのです。DFAの状態数が少ないと、状態と状態遷移のテーブルがキャッシュに乗りやすくなり、正規表現マッチング全体の高速化に繋がるという利点もあります。

実際、3.2節のベンチマークで、a[^x]{20}bという正規表現でRE2、cgrep、GNU grepらDFA型エンジンのマッチング時間がガクッと落ちていました。指数的な速度の低下を導くことはありませんが、相性の悪い入力の場合には実行効率は低下してしまうのです。

4.4 DFAの良い性質 ── 最小化と等価性判定

本節ではDFAの良い性質として、最小化と等価性判定を取り上げます。

見た目は違うけど同じ言語を認識するオートマトン？

第1章の冒頭で「見た目は違うけど同じ言語を表現する正規表現」が存在すると説明しました(簡単な例として$a|b$と$b|a$、複雑な例としてはリストC3.1)。

では、オートマトンにおいてはどうでしょうか。答えはYESで、「見た目は違うけど同じ言語を認識するオートマトン」というのはいくらでも存在します。たとえば、図4.19と図4.20の4つのDFAはどちらも「bが偶数回現れるa, b上の文字列」(正規表現で表すと、$L(a^*(ba^*ba^*)^*)$)を認識する等価なDFAです。

興味深いことに、同じ言語を受理する等価なDFAの集合の中において、状態数が最小のDFAが「同型」を除いて一意に定まります。ここで言う**同型** (*isomorphism*)とは、状態の名前を適当に付け替えると、まったく等しい5つ組 $\langle Q, \Sigma, \delta, I, F \rangle$ になるような関係を言います。

つまり、図4.19の左側のDFA以外では$L(a^*(ba^*ba^*)^*)$を認識する2状態のDFAは「存在しない」のです。最小DFAの一意性はAppendix(A.1節)で解説するMyhill-Nerodeの定理から導くことができます。また、状態数がnのDFAは$O(n \log n)$程度の計算量で最小化が可能なことが知られています。注意すべき点は、この

一意性は最小でないDFAには当てはまらないことです。たとえば図4.20の2つのDFAは同じ言語$L(a^*(ba^*ba^*)^*)$を認識して、しかも同じ状態数のDFAですが、遷移関数が異なっているため同型とは言えません。ややこしい話ですが、図4.19と図4.20の4つのDFAはすべて等価ですが、どれも同型ではありません。

さて、DFAにおいて最小DFAが一意かつ具体的に計算で求められるという性質は重要です。なぜなら、それは「等価判定が可能」なことを意味しているからです。つまり、以下の流れで、DFAの等価性が判定できます。

❶ 2つのDFAが与えられる
❷ 2つのDFAについて最小化を行う
❸ 得られた2つの最小DFAについて同型判定を行う

2つのDFAが同じ言語を認識するならば、得られた2つの最小DFAは同型であるためです。なお、同型かどうかの判定は簡単に(線形時間で)行えます。

一方、NFA同士の等価判定(2つのNFAが同じ言語を受理するか)はなかなか難しい話です。なぜなら、NFAの場合は(状態数や遷移規則数での)最小型は一意に定まらず、しかも最小化自体が難しい問題だからです。非決定性という性質はなかなかに厄介なものなのです。

DFAの等価判定が可能という事実は、実は「正規表現の等価判定が可能」という極めて重要な事実を導きます。つまり、

❶ 2つの正規表現からオートマトンを作る

図4.19 $L(a^*(ba^*ba^*)^*)$を認識する2状態と4状態のDFA

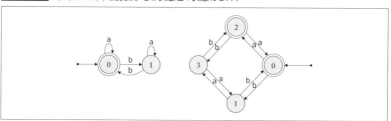

図4.20 $L(a^*(ba^*ba^*)^*)$を認識する2つの3状態のDFA

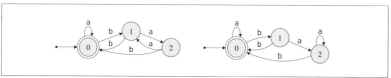

4.4 DFAの良い性質――最小化と等価性判定

❷ 得られた2つのオートマトンからDFAを作る
❸ 得られた2つのDFAについて最小化を行う
❹ 最小化された2つのDFAが同型か判定する

という流れで正規表現の等価性が判定できてしまいます。「熟練の正規表現職人が2つの正規表現が等しいか見分ける」なんてことはいらず、コンピュータで自動的に等価性が判定できるのです。これは正規表現の自動生成や自動変換、自動最適化など、コンピュータに正規表現を扱わせる上で重要な性質となります。

p.94のリストC3.1のような恐ろしく複雑な正規表現の等価判定でも、問題なく行えることを意味しています。信じ難いかもしれませんが、正規表現 .*a.. とリストC3.1の正規表現にはどちらも**図4.21**の最小DFAが対応する、すなわち等価な正規表現なのです。

図4.21 .*a.. やリストC3.1と等価な最小DFA

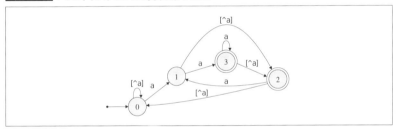

[Column]

シンプルで美しいBrzozowskiの最小化法

DFAの最小化法は、Appendixで紹介する方法以外にもいろいろあります。そのなかでも非常にシンプルかつ美しい最小化法は**Brzozowskiの最小化法**（*Brzozowski's minimization algorithm*）[20]でしょう[注a]。

Brzozowskiの最小化法では**逆向きオートマトン**（*reverse automaton*）という道具を使います。あるオートマトン $\mathscr{A} = \langle Q, \Sigma, \delta, I, F \rangle$ に対して、逆向きのオートマトン $\mathscr{A}^r$ は $\mathscr{A}^r = \langle Q, \Sigma, \delta^r, F, I \rangle$ のように構成されます。ここで初期状態集合 I と受理状態集合 F が入れ替わっていることに注意してください。δ^r は δ の遷移規則をすべて逆向きにした遷移関数です。つまり、

$$p \in \delta(q, w) \Leftrightarrow q \in \delta^r(p, w^r)$$

を満たすというわけです。⇔は両辺がまったく等しい条件であることを意味して

注a 計算効率の観点からはBrzozowskiの最小化法よりも**Hopcroftの最小化法**と呼ばれるアルゴリズム[21]の方が実用的です。

います。w^rは「文字列wの逆文字列」を表します。たとえば0011の逆文字列は1100となります。この逆向きオートマトン$\mathscr{A}^r$は、文字通り$\mathscr{A}$が受理する文字列を逆向きにした文字列を受理します。つまり、たとえば$\mathscr{A}$が文字列wを受理したら$\mathscr{A}^r$は逆文字列w^rを受理するのです。逆向きオートマトンを使うことで、Brzozowskiの最小化法は以下の美しい式で表すことができます。

$$\min(\mathscr{A}) = \det(\text{rev}(\det(\text{rev}(\mathscr{A}))))$$

ここで、$\text{rev}(\mathscr{A})$はオートマトン$\mathscr{A}$から作った逆向きオートマトンを、$\det(\mathscr{A})$は$\mathscr{A}$から部分集合構成法で作ったDFAを表しています。$\min(\mathscr{A})$は$\mathscr{A}$に対応する最小DFAを表しています(最小DFAは一意に定まるのでした)。

図C4.1は実際にBrzozowskiの最小化法を用いて、図中左上のオートマトンから図中左下の最小オートマトンを構成したものです。図中左下の最小オートマトンを見れば、図C4.1のオートマトンは(a|b)*a、つまり「aで終わるa,b上の文字列」を受理するオートマトンであることがわかります。

図C4.1 Brzozowskiの最小化法の具体例

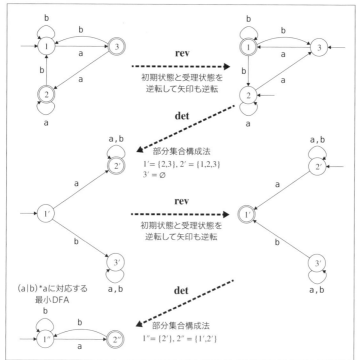

第5章

VM型エンジン
鍵を握るのは「バックトラック」

[第5章　VM型エンジン——鍵を握るのは「バックトラック」]

　本章では、Ruby 2.0で新たに採用された正規表現エンジン「鬼雲」[注1]を中心に仮想マシン（*Virtual Machine*、VM）型のバックトラックエンジンの実装を解説します。

　5.1節では、VM型エンジンの基本構成を整理してから、バックトラックの動作の基本を理解し、最も単純なバックトラック実装を見ていきます。

　5.2節では、仮想マシンの構造、VMの基本命令などの基本事項を押さえてから、より実用的なVM実装をいくつか見ていきます。

　5.3節では、実際のVM型エンジンの実例として、鬼雲のVM実装を見ていきます。5.2節のVM実装と構造はあまり変わらないことを確認したうえで、高速化や高機能化のために多数の命令が追加されていることを見ていきます。

　5.4節では、鬼雲のVM型エンジン以外の部分として、パーサやコンパイラの実装や動作を見ていきます。また、鬼車に対して鬼雲で新たに追加された機能についての解説も行います。

　5.5節では、鬼雲を実際に動作させて、5.4節までの内容を確認します。鬼雲のデバッグ機能を活用することで、正規表現の構文木や、コンパイル後のバイトコード、マッチ処理中の動作状況などを実際に確認します。

　鬼雲 5.15.0[注2]のソースコードをベースに解説を進めますが、多くの部分は鬼雲だけでなく鬼車にもそのまま当てはまります。

注1　URL https://github.com/k-takata/Onigmo
注2　URL https://github.com/k-takata/Onigmo/releases/tag/Onigmo-5.15.0

5.1 基本的なVM型エンジンの実装

本節では、まずVM型エンジンの基本構成を整理してから、バックトラックの基本と、最も単純なバックトラック実装を見ていくことにしましょう。

VM型エンジンの基本構成

「仮想マシン」とは何でしょうか。仮想マシンと聞くと、VMwareやVirtualBox（Oracle VM VirtualBox）のようなソフトウェアを思い浮かべる人もいるかもしれません。これらのソフトウェアはPCのシステム全体を仮想化して、その中で別のOSを動かすことのできるソフトウェアです。一方、正規表現の仮想マシンはそれとは異なります。正規表現の仮想マシンと近いのは、たとえばJavaの仮想マシン（Java VM）や、Perl、Ruby、Pythonなどの各種インタープリタ言語の仮想マシンです。これらのインタープリタでは、ソースコードを解釈してバイトコードと呼ばれる中間的な命令列に変換し、それを仮想的なCPUで実行する形式を取っています。

一般的には、ソースコードを解釈する処理は比較的オーバーヘッドが大きい処理であるため、解釈しながら実行するよりも、いったんバイトコードに変換してから実行した方が実行速度が速くなります。

正規表現の場合の仮想マシンも同様で、正規表現をいったんバイトコードに変換し、それを仮想マシンで実行することで文字列とのマッチングを行います。ただし、汎用的なインタープリタ言語の仮想マシンは、プログラムの実行に必要な四則演算やビット演算、条件分岐、関数呼び出しなどさまざまな命令を備えていますが、正規表現のための仮想マシンは非常に単純化されたアーキテクチャとなっています。

1.7節で前述したとおり、その仮想マシン（VM）上で正規表現を解釈/実行することで正規表現マッチングを行うのが**VM型のエンジン**でした。VM型エンジンは鬼雲を含め、一般的には**図5.1**に示す構成となっており、それぞれのモジュールは以下の処理を行います。

- **パーサ**：与えられた正規表現を解析し、抽象構文木（*Abstract Syntax Tree*、AST）を作成
- **コンパイラ**：抽象構文木を最適化した上で、バイトコードに変換
- **仮想マシン（VM）本体**：バイトコードを解釈して、マッチを実行

正規表現エンジンによっては、これらの機能を1つの関数にまとめていることもありますが、一般的にはパーサとコンパイラを1つの関数で提供し、仮想マシンを別の関数で提供していることが多いようです。たとえばPOSIX regexでは、regcomp()がパーサとコンパイラで、regexec()が仮想マシンとなっています。同様に鬼雲では、onig_new()がパーサとコンパイラで、onig_search()およびonig_match()が仮想マシンとなっています[注3]。これは、何度も同じマッチを実行する場合、毎回パースとコンパイルをやり直すのは無駄であるため、一度コンパイルした正規表現を保存しておき、後で再利用できるようにするためです。

本節では、まずバックトラックの基本的な動作解説を行い、次にRob Pikeによる最も単純なバックトラック型実装を見ていきます。

■── バックトラックの基礎知識

バックトラックとは、問題の解を見つけるためのアルゴリズムの1つで、解を求める際に可能性のある候補を順に試し、ある候補が解ではないと判明した際には解の可能性のあるところまで戻って次の候補を試すという方法です。バックトラックは、Nクイーン問題[注4]のようなパズルの解の探索などにも用いられます。

現在広く使われている正規表現エンジンはバックトラックを使った実装が使われており、選択や繰り返しのマッチなどでバックトラックを使用しています。

たとえば、**図5.2**のパターンa(b|c)を、文字列acにマッチさせる場合を考えてみましょう。最初はパターンの1文字めのaが文字列の1文字めのaにマッチします。次は、(b|c)ですが、パターンの最初の選択肢であるbと文字列のcのマッチを試みるものの失敗します。そこでいったん、選択肢の直前であるパターンの1

注3 　onig_search()は部分一致によるマッチを行う関数で、onig_match()は前方一致によるマッチを行う関数。
注4 　チェスの「8クイーン問題」の条件を変えたパズル問題。・参考 URL http://ja.wikipedia.org/wiki/エイト・クイーン

図5.1　VM型エンジンの基本構成

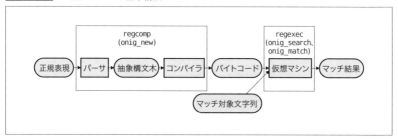

文字めのaと文字列の1文字めのaまで戻り、次の選択であるパターンのcと文字列のcのマッチを試み、マッチに成功します。これでパターンの最後までマッチが成功したことから、パターン全体がマッチ成功したことになります。

繰り返しの場合についても同様で、繰り返しをもう1回進めるか進めないかの選択肢でバックトラックを使用しています。**図5.3**のパターンa*bを、文字列abにマッチさせる場合を考えてみましょう。まずは、パターンのaが、文字列の1文字めのaにマッチします。aは繰り返しとなっているため、次は、パターンのaと文字列の2文字めのbのマッチを試みますが、失敗します。いったん、

図5.2 a(b|c)に対するバックトラック動作

パターン	文字列	動作
a(b|c) ^	ac ^	パターンの **a** と文字列の **a** がマッチ

a(**b**|c)
  ^
	a**c**
	  ^
		パターンの **b** と文字列の **c** がマッチ失敗

a(b|c) ^	ac ^	直前の選択肢まで戻る

a(b|**c**)
    ^
	a**c**
	  ^
		直前の選択肢である、パターンの **c** と
		文字列の **c** がマッチ

a(b|c)
      ^
	ac
	    ^
		パターンの終端に到達し、マッチ成功

図5.3 a*bに対するバックトラック動作

パターン	文字列	動作
a*b ^	ab ^	パターンの **a**（繰り返し1回め）と 文字列の **a** がマッチ
a*b ^	ab ^	パターンの **a**（繰り返し2回め）と 文字列の **a** がマッチ失敗
a*b ^	ab ^	直前の選択肢（繰り返し1回め）まで戻る

a***b**
  ^
	a**b**
	  ^
		繰り返しを抜けて次に進む
		パターンの **b** と文字列の **b** がマッチ

a*b
    ^
	ab
	    ^
		パターンの終端に到達し、マッチ成功

マッチが最後に成功した選択肢まで戻り、パターンのaの繰り返しを抜けて、パターンのbと文字列のbのマッチを試み、成功します。これにより、パターン全体がマッチ成功したことになります。

このように正規表現では、入力文字列によって、部分マッチが成功するか失敗するかの選択肢がある場合、マッチが失敗した際にバックトラックが行われます。基本三演算から成る正規表現では、このように選択と繰り返しでバックトラックが行われますが、拡張された正規表現では他にも再帰や\1による後方参照などがバックトラックの対象となります。

最も単純なバックトラック型実装

それでは、Rob Pikeによる最も単純なバックトラック型実装を見てみましょう。**リスト5.1**は『ビューティフルコード』[22]から抜粋したコードです[注5]。わずか30行ほどのコードですが、. ^ $ *の正規表現の演算に対応しています[注6]。

このコードは、図5.1に示した一般的なVM型エンジンの構成とは異なり、パーサ、コンパイラ、VM本体には分かれておらず一体となっているため、これをVM型だと言うのは違和感を覚えるかもしれません。しかし、正規表現をVM命令として扱い、それをそのまま実行するVMと見なすこともできます。

── match関数とmatchhere関数

match関数がマッチを行うメイン関数となり、残りの2関数(matchere関数とmatchstar関数)は、この関数から呼び出されるサブ関数という位置付けとなります。

match関数は、パターンregexpが入力文字列textのどこかにマッチすれば1を返し、マッチしなければ0を返します。この関数では、パターンregexpの先頭が^かどうかをチェックし、そうであれば、現在の入力文字列textの位置でmatchhere関数を呼びます。^でなければ、入力文字列textを1文字ずつ後ろに動かしながらmatchhere関数を呼びます。

grepなどは、部分一致がデフォルトの動作となっており、パターンが^pattern以外の形式であれば、パターンが入力文字列のどこかにマッチさえすればマッチが成功したものとして扱います。

matchhere関数は、入力文字列textの先頭位置で、パターンregexpがマッチ

注5　コードの初出は『プログラミング作法』(Brian Kernighan/Rob Pike著、福崎 俊博訳、アスキー、2000)。
注6　正規表現の基本三演算のうち、選択には対応していない点には注意が必要です。また、括弧がないため*で文字列を繰り返すことができません。

するかどうかをチェックし、マッチすれば1を返しマッチしなければ0を返します。すなわち前方一致のマッチを行います。

16行めでは、パターンregexpが空かどうかをチェックしています。パターンが空であれば、入力文字列の現在位置に必ずマッチするため1を返します。

18行めでは、繰り返し*をチェックしています。c*patternという形式のパターンであれば、これを文字cとパターンpatternに分解してmatchstar関数を呼びます。

20行めでは、文字列の末尾を意味する$のチェックを行っています。パターンが$で終わっており、入力文字列も末尾に到達していれば1を返します。

リスト5.1 Rob Pikeによるバックトラック型実装

```
 1: /* match：テキスト中の任意位置にある正規表現を探索 */
 2: int match(char *regexp, char *text)
 3: {
 4:     if (regexp[0] == '^')
 5:         return matchhere(regexp+1, text);
 6:     do {          /* 文字列が空の場合でも調べる必要あり */
 7:         if (matchhere(regexp, text))
 8:             return 1;
 9:     } while (*text++ != '\0');
10:     return 0;
11: }
12:
13: /* matchhere：テキストの先頭位置にある正規表現のマッチ */
14: int matchhere(char *regexp, char *text)
15: {
16:     if (regexp[0] == '\0')
17:         return 1;
18:     if (regexp[1] == '*')
19:         return matchstar(regexp[0], regexp+2, text);
20:     if (regexp[0] == '$' && regexp[1] == '\0')
21:         return *text == '\0';
22:     if (*text!='\0' && (regexp[0]=='.' || regexp[0]==*text))
23:         return matchhere(regexp+1, text+1);
24:     return 0;
25: }
26:
27: /* matchstar：「c*」型の正規表現をテキストの先頭位置からマッチ */
28: int matchstar(int c, char *regexp, char *text)
29: {
30:     do {          /* 「*」は「0回以上の繰り返し」であることに注意 */
31:         if (matchhere(regexp, text))
32:             return 1;
33:     } while (*text != '\0' && (*text++ == c || c == '.'));
34:     return 0;
35: }
```

22行めでは、1文字のマッチを実行します。パターンが.であれば無条件に、それ以外であればパターンの先頭文字と入力文字列の先頭が一致している場合に、パターンと入力文字列をそれぞれ1文字進めて自分自身を再帰的に呼び出します。

このように、この関数ではregexp[0]やregexp[1]の値を見て処理の分岐を行っていますが、この部分が正規表現をVM命令として解釈して実行している部分であると言えます。

■── matchstar関数 ── バックトラック実装の肝

matchstar関数は、入力文字列textの先頭位置で、文字cの任意回数の繰り返しの後に、パターンregexpがマッチするかどうかをチェックし、マッチすれば1を返し、マッチしなければ0を返します。

この関数の実装が、このバックトラック実装の肝とも言えるでしょう。30〜33行めのdo-whileループがまさに*の繰り返しとなっています。31、32行めでは、現在のtextの位置に対してmatchhere関数を呼び、その位置でのマッチに成功すればそのままループごと関数を抜けます。その位置でのマッチに失敗した場合は、33行めで文字cと現在位置のtextのチェックを行い、textの位置を1文字進めます。cとtextのチェックは22行めと同様で、cが.であれば無条件で、そうでなければcとtextの現在位置の文字が一致した場合に次の繰り返しに進みます。

matchhereに失敗した場合に、次の繰り返しに進む作りとなっていることから、このコードは実は最短一致(控え目)の実装であることがわかります[注7]。

■── matchstar関数とバックトラックの関係

matchstar関数と、バックトラックの関係についてもう少し見てみましょう。前述のとおり、*による繰り返しにおいては、繰り返しを1つ進めるかどうかを判断するためにバックトラックが必要になります。

31行めでmatchhere関数を呼び出すと、その内部ではregexpとtextの値を更新しながらマッチ処理を実行していきます。regexpとtextの値の組は、それぞれの関数の呼び出しごとに保存されており、呼び出された側の関数でこれらの値をいくら変更しても、呼び出し元の関数の値には影響しません。31行めのmatchhere関数から戻ってくるとその関数の内部状態[注8]は破棄され、戻り値が

注7 このコードを欲張りマッチの実装に変更する方法は前出の『ビューティフルコード』[22]を参照してください。

注8 ここでは、更新したregexpとtextの値のこと。

0の場合、matchhere関数を呼び出す直前のregexpとtextの値を使って、33行めから次のマッチ候補を試すことになります。

たとえば31行めでregexpがパターンの1文字めを指しており、textが文字列の2文字めを指していたとすると、matchhere関数の中でregexpとtextをいくら進めたとしても、matchhere関数から戻った時点で、regexpはパターンの1文字めを指しており、textは文字列の2文字めを指している状態に戻っているということです。

matchstar関数とmatchhere関数は相互再帰を形成しています。再帰呼び出しは、慣れないうちはわかりにくいものですが、使いこなすと非常に強力で、バックトラックをこのように簡潔に実装することができます。

5.2 より実用的なVM実装

本節ではまず、仮想マシンの構造、VMの基本命令などの基本事項を押さえてから、Russ Coxによる「Regular Expression Matching: the Virtual Machine Approach」[注9]で紹介されている、より実用的なVM実装をいくつか見ていくことにしましょう。

仮想マシンのしくみ──マッチの実行部分

ここで見るVM実装は、前節のRob Pikeのバックトラック実装とは異なり、図5.1に示したようにパーサとコンパイラから成る前段と、仮想マシン本体の2つに分かれています。一般的に使われている実用的なVM型エンジンの実装に、より近い実装だと言えるでしょう。

パーサとコンパイラについては、DFA型エンジンでも同じような処理を行っており、VM型エンジンに固有の話ではありません。そこで本節では「マッチの実行部分」に焦点を当てます。

Russ Coxの仮想マシンの構造を**図5.4**に示します。この仮想マシンは以下のものから成っています。

注9　URL http://swtch.com/~rsc/regexp/regexp2.html

- 2つのレジスタ（*Register*）
  - **PC**（*Program Counter*、プログラムカウンタ）：次に実行するバイトコードの位置を保持
  - **SP**（*String Pointer*、文字列ポインタ）：次にマッチを実行する文字の位置を保持
- スタック
  - マッチの実行単位であるスレッドの状態を保持しておく領域
- マッチ実行部
  - PCが指す位置のバイトコードを取得し、それを解釈して入力文字列とのマッチを実行する

　スレッドの実体は、PCとSPの値の組です。この2つの値を保持しておけば、後で同じ箇所からマッチを再開することができるのです。なお、ここで言うスレッドとはあくまで仮想マシン上のスレッドであり、実マシン上のスレッドとは関係ありません。そのため、スレッドが複数あっても必ずしもそれらが同時に走るわけではなく、スレッドのスケジューリングは仮想マシンが行う点に注意してください。

図5.4 仮想マシンの構造

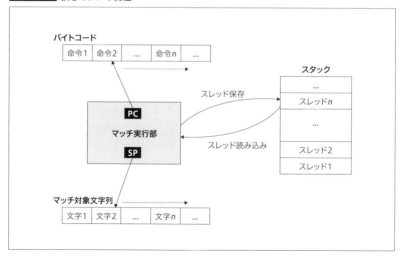

VMの基本命令

正規表現の基本三演算(連接/選択/繰り返し)を表すための命令として、**表5.1**に示す4種類の命令を定義します。

これらの命令を使って、実際に正規表現の基本演算を表したものが**表5.2**になります。ここで言う正規表現の基本演算とは、cのような文字そのもの、連接$e_1 e_2$、選択$e_1|e_2$、繰り返し$e?$(0または1回)、$e*$(0回以上)、$e+$(1回以上)です。eはサブパターンを示しており、文字そのものの場合もあれば、ここで示した正規表現の組み合わせの場合もあります(つまり、入れ子にできるということです)。

連接は、e_1の命令列と、e_2の命令列を繋げただけです。

選択は、splitを使い、e_1の命令列と、e_2の命令列のどちらかに分岐します。

0または1回の繰り返しは、splitでeの命令列と、その次の命令のどちらかに分岐します。0回以上の繰り返しは、$e?$と似ていますが、jmpで先頭に戻るというループが形成されている点が異なります。eの1回以上の繰り返しは、eそのものと、eの0回以上の繰り返しの連接と見なすこともできるので、2通りの

表5.1 VMの基本命令

基本命令	定義
char c	現在のSPが指す文字とcを比較し、一致していれば次の命令(PC)と次の文字(SP)に進む。一致していなければ現在のスレッドを終了する(**マッチ失敗**)
match	現在のスレッドを終了する(**マッチ成功**)
jmp x	xの位置の命令にジャンプする(PCをxに変更する)
split x,y	2つのスレッドに分岐する。一方のスレッドはxから実行を開始し、もう一方のスレッドはyから実行を開始する。どちらのスレッドもSPは現在の値を引き継ぐ

表5.2 正規表現の基本演算と対応する命令列

パターン	文字	連接	選択	繰り返し(0または1回)	繰り返し(0回以上)	繰り返し(1回以上)
表記	c	$e_1 e_2$	$e_1\|e_2$	$e?$	$e*$	$e+$
命令列	char c	e_1の命令列 e_2の命令列	split L1, L2 L1:e_1の命令列 jmp L3 L2:e_2の命令列 L3:	split L1, L2 L1:eの命令列 L2:	L1:split L2, L3 L2:eの命令列 jmp L1 L3:	L1:eの命令列 split L1, L2 L2: または eの命令列 L1:split L2, L3 L2:eの命令列 jmp L1 L3:

命令列（バイトコード）に変換することができます。

表5.2には、4つのVM命令のうち、matchが出てきていませんが、これはマッチが正常終了したことを示す命令であり、正規表現をバイトコードにコンパイルし終わると最後の命令としてmatchが追加されます。

正規表現のコンパイルと実行例

a+b+という正規表現をこのVMで実行することを考えてみましょう。この正規表現は前出の表5.2に従って、次のような命令列にコンパイルされます。

```
0   char a
1   split 0, 2
2   char b
3   split 2, 4
4   match
```

この正規表現は、aa*bb*とも同じ意味であるため、以下のようにコンパイルすることもできます。

```
0   char a
1   split 2, 4
2   char a
3   jmp 1
4   char b
5   split 6, 8
6   char b
7   jmp 5
8   match
```

実行結果はどちらも同じになるはずですが、簡単な方の前者の命令列について詳しく見てみましょう[注10]。この命令列をaabという文字列に対して実行すると、仮想マシンはたとえば図5.5のように動作します。

■――バックトラックの動作

図5.5の例では、現在のスレッドの実行がマッチの失敗によって終わるまで他のスレッドの実行は待たされ、スレッドの実行が終わると最も新しいスレッドが実行されます。つまり、マッチが失敗したら、マッチが成功していた分岐地点の文字列ポインタまで戻り、別のスレッドでマッチをやり直すという動作をしているわけです。これが「バックトラックの動作」です。なお今回はスレッド

注10 鬼雲は後者に近い形にコンパイルを行います。

T2も作成していますが、スレッドT4でマッチが成功したことですべてのスレッドを終了しているため、T2が実行されることはありません。

■──── バックトラック型実装とスレッドの実行

スレッドの実行方法（スケジューリング）はこれ以外の実装も考えられ、最も古いスレッドから実行する実装（今回の場合、T2をT3より先に実行）や、さらにはスレッドを並行して実行する実装もあり得ます。実際、文字列ポインタ（SP）を1文字進めるごとにすべてのスレッドの実行状態を確認するという実装も可能であり、これがバックトラックを行わないThompson NFAの実装[注11]となります。

実はバックトラック型の実装の場合、スレッドの実行順序[注12]およびsplitの実行順序[注13]が繰り返しのマッチ方法に影響します。バックトラック型は、先に実行されたスレッドでマッチが成功したら、残りのスレッドの実行をやめてしまいますので[注14]、マッチが長くなるようなスレッドを先に実行するか、マッ

注11 2.3節内の「最初の正規表現エンジン」を参照。
注12 新しいスレッドと古いスレッドのどちらを先に実行するか。
注13 2つの分岐先のどちらを先に実行するか。
注14 実際には、残りのスレッドの実行を続ける実装にすることも可能です。鬼雲ではONIG_OPTION_FIND_LONGESTオプションを指定するとそのような動作になります。

図5.5 マッチ動作の例

処理No.	スレッド	PC	SP	動作
1	T1	0 char a	0 **a**ab	**a**にマッチ PC=1, SP=1に進む
2	T1	1 split 0, 2	1 a**a**b	PC=0とPC=2に分岐 スレッドT1はPC=0に進む → No.3 PC=2, SP=1でスレッドT2を作成（実行機会なし）
3	T1	0 char a	1 a**a**b	**a**にマッチ PC=1, SP=2に進む
4	T1	1 split 0, 2	2 aa**b**	PC=0とPC=2に分岐 スレッドT1はPC=0に進む → No.5 PC=2, SP=2でスレッドT3を作成 → No.6
5	T1	0 char a	2 aa**b**	マッチ失敗 スレッドT1を終了、次のスレッドT3へ（**バックトラック**）
6	T3	2 char b	2 aa**b**	**b**にマッチ PC=3, SP=3に進む
7	T3	3 split 2, 4	3 aab**^**	PC=2とPC=4に分岐 スレッドT3はPC=2に進む → No.8 PC=4, SP=3でスレッドT4を作成 → No.9
8	T3	2 char b	3 aab**^**	マッチ失敗 スレッドT3を終了、次のスレッドT4へ（**バックトラック**）
9	T4	4 match	3 aab**^**	マッチ成功

[第5章 VM型エンジン──鍵を握るのは「バックトラック」]

チが短くなるようなスレッドを先に実行するかで、最長一致(欲張り)と最短一致(控え目)を選ぶことができます。詳しくは5.5節内の「バックトラックの制御」項で説明します。

仮想マシンの最小限の実装

上記の仮想マシンを実現するための方法として、前述の「Regular Expression Matching: the Virtual Machine Approach」のページには、以下の4種類のVM型エンジンが紹介されています。

- ❶再帰的なバックトラック実装
    - ①再帰呼び出しのみ(recursive)
    - ②再帰呼び出しとループの組み合わせ(recursiveloop)
- ❷非再帰的なバックトラック実装(backtrackingvm)
- ❸Thompsonの実装(thompsonvm)
    - 有限オートマトンを用いた実装(➡2.3節内の「最初の正規表現エンジン」)
- ❹Pikeの実装(pikevm)[注15]
    - ❸の改良版で、サブマッチに対応

このうち、現在最も広く使われている実装は、❷の「非再帰的なバックトラック実装」です。Henry Spencerが無償で公開したエンジン[注16]がこのタイプの実装であったことから、それを元にした実装が広く使われになり、Perlのエンジンや鬼雲もこれの発展形となっています。

本節では、❶と❷の実装を見ていきます。まず❶と❷の共通部分(実際には❸と❹も同様です)を取り上げ、その後❶の実装、❷の実装についてそれぞれ説明を行います。

■── 共通部分

これらのVMは、C言語で実装されています。実装の詳細は異なっていますが、構造体の定義や関数宣言などは共通となっていますので、まずは共通部分を見てみましょう。

まずは、前述の4つの命令を表すオペコードをenumで定義します。

注15 Pikeのバックトラック実装とは別の実装である点に注意。
注16 2.4節内の「Henry Spencerの正規表現ライブラリ」を参照。

5.2 より実用的なVM実装

```
enum {    /* Inst.opcode */
    Char,
    Match,
    Jmp,
    Split
};
```

つぎに、1つの命令を表すInst構造体を定義します。正規表現のバイトコードは、このInst構造体の配列として表されることになります。

```
struct Inst {
    int opcode;   /* Char、Match、Jmp、Splitのいずれかが入る */
    int c;        /* Charのオペランド */
    Inst *x;      /* Jmp、Split のオペランド */
    Inst *y;      /* Splitのオペランド */
};
```

前述の❶から❷のVM実装は、いずれも関数宣言が以下のようになっています。第1引数にはコンパイル済みの命令列、第2引数には入力の文字列を取り、前方一致によるマッチの結果を返します（マッチした場合には1を返し、マッチしなかった場合には0を返し、エラーが発生したときは-1を返します）。

```
int implementation(Inst *prog, char *input);
```

なお、この関数は前方一致のマッチを実行するため、前節のPikeのバックトラック実装におけるmatchhere関数に相当します。

■──再帰的なバックトラック実装──recursive、recursiveloop

まずは、最も単純な再帰的な実装[注17]を見てみましょう（**リスト5.2**）。Pikeのバックトラック実装と同様に、再帰を使うことで非常にコンパクトな実装となっています。

一方で、VM本体の関数はrecursive関数1つだけとなっており、またコンパイル済みのバイトコードをswitch文で振り分けて処理を行う点が大きく異なっています（コンパイラのコードもここには含まれていません）。

この実装では、Pikeのバックトラック実装と同様に、スレッド（＝PCとSPの組）はコード上には明示されていません。C言語では一般的に、関数呼び出しを行うときには、関数の引数をシステムのスタックに積んでから関数を呼び出し

注17 Russ Coxの実装に、筆者がコメントを追加しました。

ます[注18]。つまり、PCとSPの組をスタックに積んでから自分自身(recursive)を呼ぶことは、新しいスレッド情報をスタックに積んで、そのスレッドを実行していることに相当します。

リスト5.2のコードは再帰呼び出しを4ヵ所使用していますが、このうち、return recursive(...); という自分自身を呼び出してそのままリターンしている部分が3ヵ所あります。このような再帰を末尾再帰(*tail recursion*)と言います。

■── **ループと再帰を組み合わせたバックトラック実装**──recursiveloop

一般的に、末尾再帰は関数の先頭に戻るループに変換することができます。次の**リスト5.3**実装では、関数の中身全体をfor(;;)による無限ループで囲み、末尾再帰の部分をcontinueに変更しています。

3ヵ所の末尾再帰は除去されましたが、末尾再帰ではない再帰がcase Splitの中に1ヵ所残っています。つまり、この部分で新しいスレッドを実行していることになるのです(表5.1にあるとおり、新しいスレッドを作成するのはsplit

---

[注18] レジスタ渡しが使われる場合もありますが、その場合は呼び出された関数が必要な値をスタックに保存することになります。

リスト5.2 再帰的な実装

```
int
recursive(Inst *pc, char *sp)
{
    switch(pc->opcode){
    case Char:
        if(*sp != pc->c)
            return 0;         /* マッチ失敗 */
        /* pcとspを1ずつ進めて自分自身を呼び出す */
        return recursive(pc+1, sp+1);   /* 末尾再帰 */
    case Match:
        return 1;  /* マッチ成功 */
    case Jmp:
        /* pcをxに変更して自分自身を呼び出す */
        return recursive(pc->x, sp);    /* 末尾再帰 */
    case Split:
        /* pcをxに変更して自分自身を呼び出す */
        if(recursive(pc->x, sp))        /* 再帰 */
            return 1;         /* マッチ成功 */
        /* マッチに失敗。pcをyに変更して自分自身を呼び出す */
        return recursive(pc->y, sp);    /* 末尾再帰 */
    }
    assert(0);
    return -1;    /* ここには到達しない */
}
```

命令だけで十分です)。

case Splitの中ではrecursiveloopを呼び出して新しいスレッドでマッチを実行するわけですが、新しいスレッドでマッチに失敗した場合は、pcをyに変更した上で、現在のspからマッチをやり直すというバックトラック動作を行っていることがわかります。

さて、前述のとおり、recursiveとrecursiveloopはどちらもスレッド情報を(暗黙的に)システムのスタック上に保持してます。スタックのサイズはシステムで決まっており[注19]、スレッド数が多くなるとスタックオーバーフローが発生する可能性が出てきます。これはとくに.*などの繰り返しの時に問題となる可能性があります[注20]。

注19 大抵は数KBから数MB。
注20 .*ではSPを1文字進めるごとにスレッドを1つ作成する必要があります。

リスト5.3 ループと再帰を組み合わせた実装

```
int
recursiveloop(Inst *pc, char *sp)
{
    for(;;){
        switch(pc->opcode){
        case Char:
            if(*sp != pc->c)
                return 0;      /* マッチ失敗 */
            /* pcとspを1ずつ進める */
            pc++;
            sp++;
            continue;
        case Match:
            return 1;          /* マッチ成功 */
        case Jmp:
            /* pcをxに変更する */
            pc = pc->x;
            continue;
        case Split:
            /* pcをxに変更して自分自身を呼び出す */
            if(recursiveloop(pc->x, sp))            /* 再帰 */
                return 1;      /* マッチ成功 */
            /* マッチに失敗。pcをyに変更する */
            pc = pc->y;
            continue;
        }
        assert(0);
        return -1; /* ここには到達しない */
    }
}
```

スタックオーバーフローが発生すると、プログラムが強制終了したり、不可解な動作をするだけではなく、セキュリティホールの原因にもなります。より多くのスレッド数に対応したくなった場合、スタックのサイズを増やすことが必要となりますが、そのようなことはシステム依存であり、できるとは限りません。そのため、実用的な正規表現エンジンでは、このような再帰的な実装が使われることは少ないと言って良いでしょう。

■── 非再帰的なバックトラック実装──backtrackingvm

前節の再帰的なバックトラック実装では、スレッド数が多くなるとスタックオーバーフローが発生する可能性がありますが、それを防ぐためにスレッド情報を明示的に管理するようにしたのが、次の非再帰的なバックトラック実装です。

まずは、スレッドの情報を保持するための構造体として、Thread構造体を定義します(**リスト5.4**)。thread関数は、PCとSPを与えるとその値が入ったThread構造体を返すだけの関数です。

スレッドを管理するために、システムのスタックの代わりとなるThread構造体の配列を用意します(**リスト5.5**)。スレッド数の上限はMAXTHREADとし、スレッド数がこれを超えた場合にはエラーを返すことにします。その場合、当然正しいマッチ結果は返ってきませんが、システムのスタックがオーバーフローするという致命的な問題は回避することができます。

recursiveloopと比較するとわかるとおり、case Splitの部分にあった再帰呼び出しがなくなり、スレッドをスタックに登録する処理に変更されています。さらにforループの外側にwhileループが追加され、whileループの先頭でスレッドの呼び出しを明示的に行うように変更されています。スレッドを明示的に管理するようにしたことで、スレッドの登録時にスレッド数のオーバーフローをチェックできるようになっています(その代わり、コードは複雑になってしまっています)。

なお、再帰呼び出しはなくなりましたが、マッチが失敗したら、マッチが成功していたところまで戻り、別のスレッドでマッチをやり直すという動作は、

リスト5.4 Thread構造体

```
struct Thread {
    Inst *pc;
    char *sp;
};

Thread thread(Inst *pc, char *sp);
```

5.2 より実用的なVM実装

recursiveやrecursiveloopとまったく同じであり、backtrackingvmでもバックトラックを行っていることがわかるでしょう。

リスト5.5 非再帰的な実装

```
int
backtrackingvm(Inst *prog, char *input)
{
    enum { MAXTHREAD = 1000 };          /* スレッド数の上限 */
    Thread ready[MAXTHREAD];  /* スレッドを管理する配列（スタック） */
    int nready;
    Inst *pc;
    char *sp;

    /* 最初のスレッドをスタックに入れる */
    ready[0] = thread(prog, input);
    nready = 1;

    /* スタックの順にスレッドを実行する */
    while(nready > 0){
        --nready;  /* 次に実行するスレッドの状態をスタックから取ってくる */
        pc = ready[nready].pc;
        sp = ready[nready].sp;
        for(;;){
            switch(pc->opcode){
            case Char:
                if(*sp != pc->c)
                    goto Dead;          /* マッチ失敗 */
                /* pcとspを1ずつ進める */
                pc++;
                sp++;
                continue;
            case Match:
                return 1;   /* マッチ成功 */
            case Jmp:
                /* pcをxに変更する */
                pc = pc->x;
                continue;
            case Split:
                if(nready >= MAXTHREAD){          /* スレッド数をチェック */
                    fprintf(stderr, "regexp overflow");
                    return -1;          /* エラー */
                }
                /* pcをyに変更した新しいスレッドをスタックに入れる */
                ready[nready++] = thread(pc->y, sp);
                pc = pc->x;   /* pcをxに変更し現在のスレッドを継続 */
                continue;
            }
        }
        Dead:;       /* マッチに失敗。次のwhileループ（次のスレッド）へ */
    }
    return 0;
}
```

5.3 鬼雲のVM実装

ここまではPikeの最も単純なバックトラック実装と、Coxの基本的な3種のVM型エンジン実装を見てきました[21]。本節では鬼雲のVM実装を見ていきます。

鬼雲の基本構成

鬼雲はC言語で記述されており、Ver.5.15.0ではコメントや空行も含めて約7万行のコードがあります[22]。このうち、パーサregparse.cがおよそ6400行、コンパイラregcomp.cが6700行、VMなどのマッチの実行部regexec.cが4400行あり、残りはUnicodeデータベースがおよそ3万8千行などとなっています。

かなり大きな規模のプログラムですが、VM部分の実装は非再帰的なバックトラック実装になっており、基本的な構造は前節で示したbacktrackingvmの実装と変わりません。しかし、(厳密な意味では正規表現ではない)高機能な正規表現に対応するため、また日本語などのマルチバイト文字に対応するため、あるいは高速化のために多数のVM命令が追加されています。

VM命令

鬼雲のVMではどのような命令が用意されているか見てみましょう。鬼雲VMのオペコードの一覧は、regint.hのenum OpCode型で定義されています。現バージョンは100近くの命令があります。このうち主要なものをピックアップし、backtrackingvmの命令と比較してみましょう。

高速化のため、いくつかの単純な命令を1つにまとめた命令がいくつも用意されていることがわかります。たとえば、複数文字をまとめて比較するための命令として、OP_EXACT2やOP_EXACTNなどが用意されています。また、文字クラスはchar、split、jmpの組み合わせで表すこともできますが、1回で比較を行えるように専用の命令が用意されています。

OP_END、OP_JUMP、OP_PUSHは、backtrackingvmの命令とほぼ同等の命令です。

注21 前出のCoxの記事ではこの後、thompsonvmやpikevmといったより効率的な非バックトラック型のVM実装の解説に移っていくわけですが、本章のテーマではないため割愛します。
注22 次のコマンドで確認できます。
```
$ find -name '*.[ch]' ! -path './sample/*' ! -name 'test*' -exec wc -l {} +
```

`OP_MEMORY_START`、`OP_MEMORY_START_PUSH`、`OP_MEMORY_END`などは、本来の正規表現にはない括弧によるキャプチャを実現するための命令です。キャプチャの開始位置と終了位置をスタックにプッシュし、後から参照できるようにします。(.)のようにキャプチャのみを行う場合と、(.)\1のようにキャプチャしたものを後方参照する場合では別の命令が使用され、前者は`OP_MEMORY_START`、後者は`OP_MEMORY_START_PUSH`を使ってキャプチャを開始します。これは、後方参照を行う場合は、括弧の中身によってマッチする場合としない場合があり、バックトラックが必要なためです。

`OP_BACKREF1`などは、後方参照のための命令です。`OP_MEMORY_START_PUSH`と`OP_MEMORY_END`などでキャプチャしておいた内容を、`OP_BACKREF1`などで後から参照するようになっています。

`OP_CALL`、`OP_RETURN`もやはり本来の正規表現にはない、部分式呼び出しを実現するための命令です。部分式呼び出しは、一般的なプログラム言語のサブルーチンコールとほとんど同じ方法で実現されています。なお、部分式呼び出しは、Rubyでは\g<*name*>、Perlでは(?&*name*)などの文法で使えます。

`backtrackingvm`の命令は、1つの構造体で表され命令のサイズは固定でした。一方、鬼雲の命令は可変長となっています。命令の先頭バイトは必ず上記のオペコードとなっており、命令によってオペランドの長さは変わってきます。`OP_END`などのようにオペランドを持たないものもあれば、`OP_CCLASS`のように32バイトものオペランドを持つもの、さらには`OP_EXACTN`のようにオペランドの長さが可変のものもあります（図5.6）。

表5.3に示した各命令は、後ほど詳しく説明します。

表5.3 鬼雲の主要なVM命令

主要なVM命令	説明
OP_EXACT1, OP_EXACT2, OP_EXACTN...	charおよびその拡張版。高速化のため、1文字だけではなく、複数文字同時に比較する命令がある
OP_CCLASS, OP_CCLASS_MB, ...	charの拡張版。文字クラスの比較を行う
OP_END	matchに相当
OP_JUMP	jmpに相当
OP_PUSH	splitに相当。ただし、splitとは異なり、オペランドは1つのみ。直後の命令と、オペランドで指定された命令に分岐する
OP_MEMORY_START, OP_MEMORY_START_PUSH, OP_MEMORY_END, ...	キャプチャの開始、終了
OP_BACKREF1, ...	後方参照
OP_CALL	部分式呼び出し
OP_RETURN	部分式呼び出しの終了

スタック

backtrackingvmではThread構造体を使ってスレッドを管理していましたが、鬼雲では、スレッドに相当するものやそれ以外の関連情報をスタックという形で管理しています。スタックはOnigStackType構造体を使って表されます（**リスト5.6**）[注23]。**図5.7**に、OnigStackType構造体のメモリ構造を図示しました。

注23　正確にはOnigStackType構造体はスタックの要素であり、この構造体の配列がスタックになります。

図5.6　鬼雲のVM命令の構造例

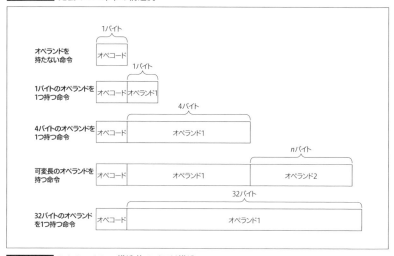

図5.7　OnigStackType構造体のメモリ構造

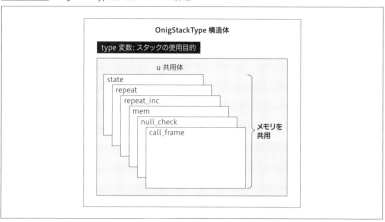

スタックはいくつかの使用目的があり、typeにはその使用目的（タイプ）が入ります。スタックのタイプに応じて、u共用体の中の構造体を使い分けるようになっています。C言語における共用体は、構造体と見た目は似ていますが、中のメンバはメモリを共用しているという点が異なっています。ここでは、state、repeat、repeat_inc、mem、null_check、call_frameの各構造体はメモリを共用しており、スタックのタイプによってこのうちいずれか1つの構造体を選ん

リスト5.6 OnigStackType構造体

```
typedef struct _OnigStackType {
  unsigned int type;
  union {
    struct {
      UChar *pcode;/* byte code position */
      UChar *pstr; /* string position */
      UChar *pstr_prev;    /* previous char position of pstr */
#ifdef USE_COMBINATION_EXPLOSION_CHECK
      unsigned int state_check;
#endif
      UChar *pkeep;/* keep pattern position */
    } state;
    struct {
      int   count; /* for OP_REPEAT_INC, OP_REPEAT_INC_NG */
      UChar *pcode;/* byte code position (head of repeated target) */
      int   num;   /* repeat id */
    } repeat;
    struct {
      OnigStackIndex si;   /* index of stack */
    } repeat_inc;
    struct {
      int num;   /* memory num */
      UChar *pstr; /* start/end position */
      /* Following information is set, if this stack type is MEM-START */
      OnigStackIndex start; /* prev. info (for backtrack "(...)*" ) */
      OnigStackIndex end;   /* prev. info (for backtrack "(...)*" ) */
    } mem;
    struct {
      int num;   /* null check id */
      UChar *pstr; /* start position */
    } null_check;
#ifdef USE_SUBEXP_CALL
    struct {
      UChar *ret_addr;     /* byte code position */
      int   num;   /* null check id */
      UChar *pstr; /* string position */
    } call_frame;
#endif
  } u;
} OnigStackType;
```

で使うことになります。これにより、uを構造体とした場合に比べ、メモリ使用量を削減することができます。

スレッド情報に相当するものはSTK_ALTタイプとなっており、state構造体が有効になります。この構造体のメンバのpcodeがPCに、pstrがSPに相当します。それ以外のタイプは、後方参照や繰り返しの位置を記録する目的や、部分式呼び出しのために用いられます。スタックのタイプの一覧は、regexec.cの中で**リスト5.7**のように定義されています（それぞれのスタックのタイプについては割愛します）。

個々の命令の実装

個々の命令が鬼雲でどのように実装されているかを見ていきましょう。鬼雲では、検索やマッチを行う関数として、onig_search()とonig_match()という関数が用意されています。onig_search()は正規表現が文字列のどこにマッチするかを検索する関数で、onig_match()は正規表現が文字列の先頭にマッチするかを調べる関数です。どちらの関数も最終的にはregexec.cの中のmatch_at()という関数を呼び出しており、これの関数が鬼雲のVM本体となっています。

match_at()関数から処理の一部を抜粋したものが**リスト5.8**になります。関数全体は1600行にもわたる非常に長いものとなっています。

リスト5.7 スタックのタイプの一覧

```
/* stack type */
/* used by normal-POP */
#define STK_ALT                 0x0001
#define STK_LOOK_BEHIND_NOT     0x0002
#define STK_POS_NOT             0x0003
/* handled by normal-POP */
#define STK_MEM_START           0x0100
#define STK_MEM_END             0x8200
#define STK_REPEAT_INC          0x0300
#define STK_STATE_CHECK_MARK    0x1000
/* avoided by normal-POP */
#define STK_NULL_CHECK_START    0x3000
#define STK_NULL_CHECK_END      0x5000     /* for recursive call */
#define STK_MEM_END_MARK        0x8400
#define STK_POS                 0x0500     /* used when POP-POS */
#define STK_STOP_BT             0x0600     /* mark for "(?>...)" */
#define STK_REPEAT              0x0700
#define STK_CALL_FRAME          0x0800
#define STK_RETURN              0x0900
#define STK_VOID                0x0a00     /* for fill a blank */
```

しかし、すでに述べたとおり、基本となる構成はbacktrackingvmと変わりません。変数pが現在のスレッドのPCに相当し、変数sが現在のスレッドのSPに相当します。1406行めから2940行めはwhile (1)による無限ループとなっており、その内側には、1430行めから2937行めにswitch文があります。1432行めから1541行めは、OP_ENDの処理を行うcase節となっており、それ以降には各命令のcase節が続いています。2914行めから2933行めは、マッチに失敗した場合の処理となっています。2918行めのSTACK_POPでスタックからスレッドの状態を1つ取り出して、PC、SP、その他の情報をセットして、そこからマッチの実行を再開します。このように、backtrackingvmと同じ構成となっていることがわかるでしょう。

■──**文字とのマッチ**

まずは、文字とのマッチを行う部分の実装を見てみましょう（**リスト5.9**）。backtrackingvmではcharに相当します。

OP_EXACT1は、1バイトの1文字とのマッチを行う命令です。

1543行めのMOP_INと1552行めのMOP_OUTは、個々の命令の実行回数/実行時

リスト5.8 match_at()関数の抜粋

```
1326: /* match data(str - end) from position (sstart). */
1327: /* if sstart == str then set sprev to NULL. */
1328: static OnigPosition
1329: match_at(regex_t* reg, const UChar* str, const UChar* end,
1330: #ifdef USE_MATCH_RANGE_MUST_BE_INSIDE_OF_SPECIFIED_RANGE
1331:          const UChar* right_range,
1332: #endif
1333:          const UChar* sstart, UChar* sprev, OnigMatchArg* msa)
1334: {
1335:   static const UChar FinishCode[] = { OP_FINISH };

1346:   UChar *p = reg->p;
        〔初期化処理〕
1402:   STACK_PUSH_ENSURED(STK_ALT, (UChar* )FinishCode);   /* bottom stack */
1403:   best_len = ONIG_MISMATCH;
1404:   s = (UChar* )sstart;
1405:   pkeep = (UChar* )sstart;
1406:   while (1) {

1430:     sbegin = s;
1431:     switch (*p++) {
1432:     case OP_END:  MOP_IN(OP_END);
            〔OP_END命令の処理〕
1527:       MOP_OUT;
```

```
1539:        /* default behavior: return first-matching result. */
1540:        goto finish;
1541:        break;
             （その他の命令の処理）
2910:      case OP_FINISH:
2911:        goto finish;
2912:        break;
2913:
2914:      fail:         （マッチに失敗した場合の処理）
2915:        MOP_OUT;
2916:        /* fall */
2917:      case OP_FAIL:  MOP_IN(OP_FAIL);
2918:        STACK_POP;
2919:        p     = stk->u.state.pcode;
2920:        s     = stk->u.state.pstr;
2921:        sprev = stk->u.state.pstr_prev;
2922:        pkeep = stk->u.state.pkeep;

2931:        MOP_OUT;
2932:        continue;
2933:        break;
2934:
2935:      default:
2936:        goto bytecode_error;
2937:
2938:      }    /* end of switch */
2939:      sprev = sbegin;
2940:    }      /* end of while(1) */
2941:
2942:  finish:
2943:    STACK_SAVE;
2944:    if (xmalloc_base) xfree(xmalloc_base);
2945:    return best_len;
2946:
2947: #ifdef ONIG_DEBUG
2948:  stack_error:
2949:    STACK_SAVE;
2950:    if (xmalloc_base) xfree(xmalloc_base);
2951:    return ONIGERR_STACK_BUG;
2952: #endif
2953:
2954:  bytecode_error:
2955:    STACK_SAVE;
2956:    if (xmalloc_base) xfree(xmalloc_base);
2957:    return ONIGERR_UNDEFINED_BYTECODE;
2958:
2959:  unexpected_bytecode_error:
2960:    STACK_SAVE;
2961:    if (xmalloc_base) xfree(xmalloc_base);
2962:    return ONIGERR_UNEXPECTED_BYTECODE;
2963: }
```

間を計測するためのマクロです。regint.hのONIG_DEBUG_STATISTICSを有効にしてコンパイルすることで計測機能が有効になります。

1549行めで実際のマッチを行っています。pはオペコードの次のバイト、すなわちオペランドの先頭を指しています。OP_EXACT1は1バイトのオペランドを持っており、マッチすべき1バイトの文字を保持していますので、それとsが指す先の1バイトとの比較を行っています。比較と同時にsは次の文字に進めておきます。比較の結果、一致しなければgoto failを実行しマッチを失敗させます。

1550行めのDATA_ENSURE(n)は、文字列が残りnバイトあるかをチェックするマクロで、残りが足りなければgoto failを実行しマッチを失敗させます。

1文字のマッチに成功した場合は、1551行めでpを次の命令に進めます。

■──複数文字とのマッチ

OP_EXACT1の類似命令は他にもいくつもありますが、1つの例としてOP_EXACTMB2Nを見てみましょう(**リスト5.10**)。これは、2バイトのマルチバイト文字をn文字比較する命令です。

この命令は、図5.6(鬼雲のVM命令の構造例)の「可変長のオペランドを持つ命令」で示す構造になっています。オペランド1は、4バイトの整数値で比較すべき文字数を保持しています。1716行めのGET_LENGTH_INCマクロでその文字数

リスト5.9 match_at()関数の抜粋(OP_EXACT1の部分)

```
1543:       case OP_EXACT1:   MOP_IN(OP_EXACT1);
            略
1549:         if (*p != *s++) goto fail;
1550:         DATA_ENSURE(0);
1551:         p++;
1552:         MOP_OUT;
1553:         break;
```

リスト5.10 match_at()関数の抜粋(OP_EXACTMB2Nの部分)

```
1715:       case OP_EXACTMB2N:  MOP_IN(OP_EXACTMB2N);
1716:         GET_LENGTH_INC(tlen, p);
1717:         DATA_ENSURE(tlen * 2);
1718:         while (tlen-- > 0) {
1719:           if (*p != *s) goto fail;
1720:           p++; s++;
1721:           if (*p != *s) goto fail;
1722:           p++; s++;
1723:         }
1724:         sprev = s - 2;
1725:         MOP_OUT;
1726:         continue;
1727:         break;
```

をtlen変数に取得しています。

オペランド2は、tlen * 2バイトの文字列データとなっています。whileループでtlen文字の比較を行い、マッチしなければfailラベルに飛びます。

マッチすれば、sprevにはsの1文字前のアドレスをセットし、continueで次の命令の実行に移ります。

sprevは、単語境界を示す\bなどのマッチの際に使用することになります。マルチバイト文字の場合、1つ前の文字に戻る際に何バイト戻ればよいかすぐにわからない場合があるため、このような専用のポインタを用意しているのです。

このように、1つのVM命令で複数の文字をまとめて比較を行うことで、switch文のディスパッチ処理のオーバーヘッドが減るため、処理が高速化されます。また、シングルバイト文字用の命令と、マルチバイト文字用の命令を分けて用意することで、マルチバイト文字を使用していない場合にはマルチバイト特有のオーバーヘッドが掛からないようにしています。

■——— **文字クラスとのマッチ**

OP_EXACT1の類似命令のもう1つの例としてOP_CCLASSを見てみましょう(**リスト5.11**)。これは、文字クラスとのマッチを行う命令です。この命令は、図5.6に示したとおり、32バイトのオペランドを持っています。このオペランドは32バイト×8ビット=256ビットのビットセットとなっており、文字クラスにマッチすべき文字があれば、その文字のコードに相当するビットが1になっています。たとえば[A-C]という文字クラスの場合、Aの文字コードは0x41(10進で65)、Cの文字コードは0x43(10進で67)であるため、65から67ビットめが1になっており、それ以外のビットは0となっています。

1761行めを見てみましょう。BITSET_ATは、第1引数で示すビットセット((BitSetRef)p)の中で、第2引数で示す値(*s)のビットに1が立っているかどうかを判定するマクロです[注24]。ビットが立っていなければマッチに失敗します。

注24 regint.hで定義されていますが、実装の解説は割愛します。

リスト5.11 match_at()関数の抜粋(OP_CCLASSの部分)

```
1759:     case OP_CCLASS:  MOP_IN(OP_CCLASS);
1760:       DATA_ENSURE(1);
1761:       if (BITSET_AT(((BitSetRef )p), *s) == 0) goto fail;
1762:       p += SIZE_BITSET;
1763:       s += enclen(encode, s);      /* OP_CCLASS can match mb-code. \D, \S */
1764:       MOP_OUT;
1765:       break;
```

ビットが立っていれば1762行めでpを次の命令に進めます。1763行めでは、enclenは、第2引数のポインタが指す文字のバイト数を返します。それをsに加えることで、sを次の文字に進めます。

[A-C]という文字クラスは、A|B|Cという選択を使った正規表現とまったく同じ意味です。しかし、A|B|Cをコンパイルすると**図5.8**に示すような複雑なバイトコードになります。分岐命令が含まれていることからバックトラックが発生するため、処理はどうしても遅くなってしまいます。しかし、文字クラスのために専用命令を持つことで1命令でマッチが行え、バックトラックも不要となるため、処理の高速化が図れます。

鬼雲では、他にもこのような高速化のための命令がいくつも用意されています。

■──── JUMP

次は OP_JUMP(backtrackingvmのjmpに相当)の実装です(**リスト5.12**)。

OP_JUMPは4バイトのオペランドを1つ取り、オペランドはジャンプ先のアドレスを保持しています。アドレスはOP_JUMPの次の命令からのバイト単位の相対アドレスとなっています。2625行めのGET_RELADDR_INCマクロで、相対アドレスをaddr変数に取得し、pをジャンプ先の命令に進めます。

図5.8 A|B|Cのバイトコード

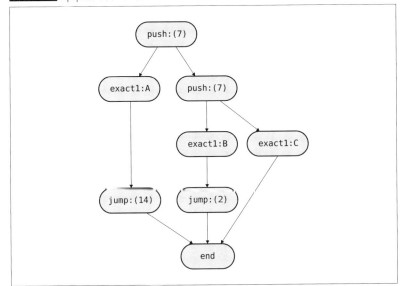

■── PUSH

次はOP_PUSH（backtrackingvmのsplitに相当）の実装です（**リスト5.13**）。

OP_PUSHはOP_JUMPと同様に、ジャンプ先のアドレスを保持している4バイトのオペランドを1つ取ります。アドレスも同様にOP_PUSHの次の命令からのバイト単位の相対アドレスとなっています。2634行めのGET_RELADDR_INCマクロで、相対アドレスをaddr変数に取得し、pを次の命令に進めます。2635行めのSTACK_PUSH_ALTマクロでジャンプ先の絶対アドレスと文字列ポインタなどをスタックにpushしています。

STACK_PUSH_ALTマクロの定義は**リスト5.14**のようになっています。

STACK_PUSHマクロがdo { ... } while(0) で囲まれているのは、#defineを使って関数（のようなもの）を定義する際の常套句で、マクロをif-else文と組み合わせたときに正しくコンパイルできるようにするためのテクニックです[注25]。C++やC99であればインライン関数を使うべきところですが、鬼雲はC89で書かれておりインライン関数は使えないためマクロが多用されています。C99を使用していないのは、C89の方が対応しているコンパイラが多いためです[注26]。スタックのタイプとしてSTK_ALTを指定し、PC、SP、SPの1つ前の文字の位置、\Kの位置をスタックにプッシュしています。\Kは、鬼雲で新規に対応した正規表現です。詳細は、5.4節内の「鬼雲の新機能」項で説明します。

注25　URL https://www.jpcert.or.jp/sc-rules/c-pre10-c.html
注26　たとえばVisual C++は、最新バージョンの2013でもC99には一部の機能しか対応していません。実際には__inlineという独自キーワードでインライン関数が使えますが、標準準拠ではありません。

リスト5.12 match_at()関数の抜粋（OP_JUMPの部分）

```
2625:      case OP_JUMP:  MOP_IN(OP_JUMP);
2626:        GET_RELADDR_INC(addr, p);
2627:        p += addr;
2628:        MOP_OUT;
        （略）
2630:        continue;
2631:        break;
```

リスト5.13 match_at()関数の抜粋（OP_PUSHの部分）

```
2633:      case OP_PUSH:  MOP_IN(OP_PUSH);
2634:        GET_RELADDR_INC(addr, p);
2635:        STACK_PUSH_ALT(p + addr, s, sprev, pkeep);
2636:        MOP_OUT;
2637:        continue;
2638:        break;
```

■──キャプチャ

括弧によるキャプチャの実装です。キャプチャ関連の命令は**表5.4**に示す4種類に分類することができます。

たとえば、(a*)というパターンの場合、括弧の始まりでOP_MEMORY_STARTを使ってキャプチャ開始位置を保存し、括弧の終わりでOP_MEMORY_ENDを使ってキャプチャ終了位置を保存します。一方、(a*)b\1という後方参照を使ったパターンの場合、括弧の開始位置でバックトラックが必要になるため、括弧の始まりでOP_MEMORY_START_PUSHを使ってキャプチャ開始位置を保存します。OP_MEMORY_END_PUSHは、\k<n+level>形式のネストレベル付き後方参照で使用されます。

実装は**リスト5.15**のようになっています。

ここに示した4つの命令は、いずれも括弧の番号を示すオペランドを1つ取り、括弧の開始位置や終了位置を保存します。GET_MEMNUM_INC(mem, p)は、括弧の番号を取得しmem変数にセットします。

mem_start_stk[mem]が括弧の開始位置、mem_end_stk[mem]が括弧の終了位置を示しています。バックトラックが不要な場合は、sの値をそのまま保存します(2285、2299行め)。バックトラックが必要な場合は、STACK_PUSH_MEM_START、STACK_PUSH_MEM_ENDマクロを使って、sの値をスタックにプッシュします(2278、2292行め)。

リスト5.14 STACK_PUSH_ALTマクロの定義

```
631: #define STACK_PUSH(stack_type,pat,s,sprev,keep) do {\
632:     STACK_ENSURE(1);\                          # スタックサイズのチェック
633:     stk->type = (stack_type);\                 # スタックのタイプ
634:     stk->u.state.pcode     = (pat);\           # PC
635:     stk->u.state.pstr      = (s);\             # SP
636:     stk->u.state.pstr_prev = (sprev);\         # SPの1つ前の文字
637:     stk->u.state.pkeep     = (keep);\          # \Kの位置
638:     STACK_INC;\                                # スタックポインタ (stk) を1つ進める
639: } while(0)

648: #define STACK_PUSH_ALT(pat,s,sprev,keep) \
                STACK_PUSH(STK_ALT,pat,s,sprev,keep)
```

表5.4 キャプチャ関連の命令の分類

バックトラック(要不要)	キャプチャ開始位置	キャプチャ終了位置
不要	OP_MEMORY_START	OP_MEMORY_END
必要	OP_MEMORY_START_PUSH	OP_MEMORY_END_PUSH

■── 後方参照

次は後方参照の実装です(**リスト5.16**、**リスト5.17**)。\1と\2にはオペランドを取らないOP_BACKREF1とOP_BACKREF2という専用命令が用意されており、\3以降は後方参照の番号をオペランドに取るOP_BACKREFNという命令になっています。

mem_start_stk[mem]が括弧の開始位置、mem_end_stk[mem]が括弧の終了位置を示しています。実際には、文字列のポインタが入っている場合と、スタックのインデックスが入っている場合があります。reg->bt_mem_startとreg->bt_mem_endにはmem番めのキャプチャを参照する際に「バックトラックが必要かどうか」が記録されています。バックトラックが必要な場合はスタックから値を取得し(2360、2365行め)、バックトラックが不要な場合は直接値を取得し(2362、2366行め)、pstartとpendに設定します[注27]。

2370行めのSTRING_CMPで括弧でキャプチャした文字列との比較を行います。

[注27] 後方参照を使用する場合、必ず括弧の開始位置でバックトラックが必要となるため、2362行めは実際には実行されることはありません。

リスト5.15 match_at()関数の抜粋(キャプチャ関連部分)

```
2276:     case OP_MEMORY_START_PUSH:  MOP_IN(OP_MEMORY_START_PUSH);
2277:       GET_MEMNUM_INC(mem, p);
2278:       STACK_PUSH_MEM_START(mem, s);
2279:       MOP_OUT;
2280:       continue;
2281:       break;
2282:
2283:     case OP_MEMORY_START:  MOP_IN(OP_MEMORY_START);
2284:       GET_MEMNUM_INC(mem, p);
2285:       mem_start_stk[mem] = (OnigStackIndex )((void* )s);
2286:       MOP_OUT;
2287:       continue;
2288:       break;
2289:
2290:     case OP_MEMORY_END_PUSH:  MOP_IN(OP_MEMORY_END_PUSH);
2291:       GET_MEMNUM_INC(mem, p);
2292:       STACK_PUSH_MEM_END(mem, s);
2293:       MOP_OUT;
2294:       continue;
2295:       break;
2296:
2297:     case OP_MEMORY_END:  MOP_IN(OP_MEMORY_END);
2298:       GET_MEMNUM_INC(mem, p);
2299:       mem_end_stk[mem] = (OnigStackIndex )((void* )s);
2300:       MOP_OUT;
2301:       continue;
2302:       break;
```

5.3 鬼雲のVM実装

リスト5.16 match_at()関数の抜粋(後方参照関連部分)

```
2336:      case OP_BACKREF1:  MOP_IN(OP_BACKREF1);
2337:        mem = 1;
2338:        goto backref;
2339:        break;
2340:
2341:      case OP_BACKREF2:  MOP_IN(OP_BACKREF2);
2342:        mem = 2;
2343:        goto backref;
2344:        break;
2345:
2346:      case OP_BACKREFN:  MOP_IN(OP_BACKREFN);
2347:        GET_MEMNUM_INC(mem, p);
2348:      backref:
2349:        {
2350:          int len;
2351:          UChar *pstart, *pend;
2352:
2353:          /* if you want to remove following line,
2354:             you should check in parse and compile time. */
2355:          if (mem > num_mem) goto fail;
2356:          if (mem_end_stk[mem]   == INVALID_STACK_INDEX) goto fail;
2357:          if (mem_start_stk[mem] == INVALID_STACK_INDEX) goto fail;
2358:
2359:          if (BIT_STATUS_AT(reg->bt_mem_start, mem))
2360:            pstart = STACK_AT(mem_start_stk[mem])->u.mem.pstr;
2361:          else
2362:            pstart = (UChar* )((void* )mem_start_stk[mem]);
2363:
2364:          pend = (BIT_STATUS_AT(reg->bt_mem_end, mem)
2365:                  ? STACK_AT(mem_end_stk[mem])->u.mem.pstr
2366:                  : (UChar* )((void* )mem_end_stk[mem]));
2367:          n = pend - pstart;
2368:          DATA_ENSURE(n);
2369:          sprev = s;
2370:          STRING_CMP(pstart, s, n);
2371:          while (sprev + (len = enclen(encode, sprev)) < s)
2372:            sprev += len;
2373:
2374:          MOP_OUT;
2375:          continue;
2376:        }
2377:        break;
```

リスト5.17 STRING_CMPマクロの定義

```
1052: #define STRING_CMP(s1,s2,len) do {\
1053:   while (len-- > 0) {\
1054:     if (*s1++ != *s2++) goto fail;\
1055:   }\
1056: } while(0)
```

STRING_CMPは1052〜1056行めで定義されており、一致しなければgoto failで失敗した場合の処理に飛びます。一致すれば、2371〜2372行めのループで、1つ前の文字を示すsprevを適切な位置まで進めます。

具体例として、(a*)b\1をaabaaにマッチさせた場合の動作を見てみましょう（**図5.9**）。この場合、先頭から3文字めまでマッチを実行すると、(a*)bがaabにマッチし、このとき、括弧でキャプチャした中身はaaとなっています。\1とaabaaがマッチしているかをチェックするのがこの部分の処理となります。

■——**部分式呼び出し**

部分式[注28]呼び出しの実装です（**リスト5.18**）。OP_CALLは、サブルーチンのアドレスをオペランドとして取り、以下の処理を行います。

❶GET_ABSADDR_INCマクロでサブルーチンの絶対アドレスをaddr変数に取得（2883行め）
❷戻り先の命令のアドレスをスタックにpush（2884行め）
❸サブルーチン（＝部分式）の絶対アドレスにジャンプ（2885行め）

OP_RETURNは以下の処理を行います。

❶スタックをpopして戻り先の命令アドレスを取得し、そのアドレスにジャンプ（2891行め）❷RETURNを実行したという情報をスタックにpush（2892行め）

STACK_PUSH_MEM_STARTなどのマクロの中身の解説は割愛しますが、鬼雲での部分式の呼び出しは、一般的なプログラミング言語でサブルーチンコールを行う場合の処理とほぼ同じ処理を行っていることがわかります。（2892行めの

[注28] 部分式は鬼雲のドキュメントに従った表記で、本書1.6節内で説明した再帰とほぼ同じ意味です。ここで言う「式」とはパターンのことです。

図5.9 後方参照におけるマッチングの様子

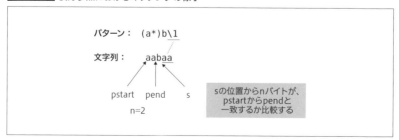

STACK_PUSH_RETURNは、鬼雲固有の処理ですが、これは\k<n+level>形式のネストレベル付き後方参照で使用されます。)

■── 条件分岐

最後に条件分岐の処理を見てみましょう（**リスト5.19**）。OP_CONDITIONは2つのオペランドを取ります。1つめは括弧によるキャプチャの番号、2つめは偽の条件の時の命令の相対アドレスとなっています。

2901〜2903行めで、mem番めのキャプチャがマッチしているかどうかを調べ、マッチしていれば何もせず（そのまま次の命令へ進み）、マッチしていなければ2904行めで偽の条件の先にジャンプします。

リスト5.18 match_at()関数の抜粋（部分式呼び出し関連部分）

```
2881: #ifdef USE_SUBEXP_CALL
2882:     case OP_CALL:  MOP_IN(OP_CALL);
2883:       GET_ABSADDR_INC(addr, p);
2884:       STACK_PUSH_CALL_FRAME(p);
2885:       p = reg->p + addr;
2886:       MOP_OUT;
2887:       continue;
2888:       break;
2889:
2890:     case OP_RETURN:  MOP_IN(OP_RETURN);
2891:       STACK_RETURN(p);
2892:       STACK_PUSH_RETURN;
2893:       MOP_OUT;
2894:       continue;
2895:       break;
2896: #endif
```

リスト5.19 match_at()関数の抜粋（OP_CONDITIONの部分）

```
2898:     case OP_CONDITION:  MOP_IN(OP_CONDITION);
2899:       GET_MEMNUM_INC(mem, p);
2900:       GET_RELADDR_INC(addr, p);
2901:       if ((mem > num_mem) ||
2902:           (mem_end_stk[mem]   == INVALID_STACK_INDEX) ||
2903:           (mem_start_stk[mem] == INVALID_STACK_INDEX)) {
2904:         p += addr;
2905:       }
2906:       MOP_OUT;
2907:       continue;
2908:       break;
```

鬼雲VM実装のまとめ

ここまでで、鬼雲のVM実装(regexec.c)の中身を見てきましたが、すでに説明したとおり、プログラムの基本構造はCoxの記事のbacktrackingvmと大きくは変わりません。基本となるVM命令は、文字の比較、マッチの終了、ジャンプ、分岐のわずか4つです。鬼雲ではこれらに加え、高速化や多機能化などの目的で100近くの多数の命令が追加されています。高速化目的では、1命令で複数の文字の比較を行うものや、マルチバイト用の命令などが追加されています。多機能化目的では、キャプチャや後方参照、部分式呼び出しなど、本来の正規表現にはない拡張正規表現のための命令がいくつも追加されています。

5.4
VM以外の部分の実装

鬼雲はパーサやコンパイラにも、いくつかの**特徴的な実装**があります。

パーサ

パーサは、与えられたテキストの構文解析を行い、抽象構文木を出力するプログラムです。パーサは、正規表現の構文解析だけではなく、PerlやRubyなどの一般的なプログラミング言語の構文解析にも使われます。そのような複雑なパーサはパーサジェネレータ[注29]と呼ばれるプログラムを使って作成することが多いですが、鬼雲のパーサは、手書きの再帰降下パーサとなっています。再帰降下パーサでは、一般的に各関数が文法の各生成規則を実装する形となっており、プログラムの構造と正規表現の文法がほぼ一対一に対応しています。

regparse.cのonig_parse_make_tree()関数がパーサのトップレベルの関数となっており、そこからparse_という名前で始まる各関数が再帰的に呼ばれる構成になっています。これらの関数のコールグラフを**図5.10**に示します。

ここでは個々の関数の詳細は説明しませんが、例を挙げると、parse_char_classは文字クラスを解析する関数です。文字クラスは文字クラス自身とPOSIX文字クラス(POSIXブラケット)を含むため、parse_char_class関数もparse_

[注29] yacc、bisonなどがあります。

char_class関数自身とparse_posix_bracket関数を呼び出しています。

パース結果である抽象構文木は、regparse.h(およびregint.h)で定義されるNode構造体をツリー状に連結したものとして表現されます(**リスト5.20**)。

Node構造体の中は共用体となっており、文字列や文字クラスなど、ノードの用途に応じて使い分けるようになっています。すべてのノード構造体は、先頭メンバにNodeBase型のメンバを持っており、その中のtypeメンバで用途を判別できるようになっています。

このうち、ConsAltNode構造体はリストや選択を表すために使用されます。cons、car、cdrという奇妙な名前はLISP由来のものです^{注30}。**図5.11 ❶**にNode構造体を使って(直線的な)リスト構造を表現した例を示します。carがリストの各要素を指しており、cdrはリストの残りの要素を指しています。carが指している要素にリストを繋げるとツリー構造を表現することができます(図5.11 ❷)。

注30　たとえば、以下のページが参考になります。**URL** http://www.math.s.chiba-u.ac.jp/~matsu/lisp/emacs-lisp-intro-jp_8.html　**URL** http://ja.wikipedia.org/wiki/Cons

図5.10　パーサのコールグラフ

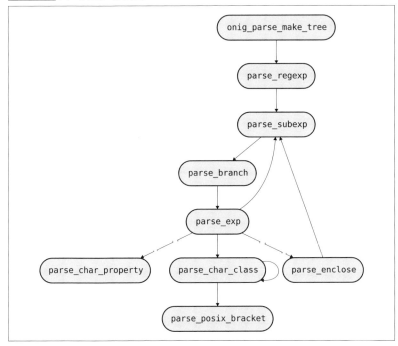

■──多文法対応

鬼雲は、1つの正規表現エンジンで、複数の正規表現文法に対応しているという特徴があります。鬼雲は**表5.5**に示す文法に対応しています[注31]。

onig_new()にこれらのオプションを渡すことで、文法を切り替えることができます。また、自分で独自の文法を定義することもできます。上記の各文法は、regparse.cおよびregsyntax.cの中でOnigSyntaxType構造体を使って定義されています。

OnigSyntaxType構造体は**リスト5.21**のようになっています（oniguruma.h参照）。文法によって、使える演算子、動作、デフォルトのオプションが異なっているため、ビットフラグによりそれぞれが有効かどうかを定義しています。

[注31] 鬼車からは一部の文法が追加/変更になっています。

リスト5.20　Node構造体の定義（抜粋）

```
/* regint.h */
733: typedef struct {
734:   int type;
735:   /* struct _Node* next; */
736:   /* unsigned int flags; */
737: } NodeBase;

/* regparse.h */
245: typedef struct {
246:   NodeBase base;
247:   struct _Node* car;
248:   struct _Node* cdr;
249: } ConsAltNode;

258: typedef struct _Node {
259:   union {
260:     NodeBase    base;       # ノードの基底構造体
261:     StrNode     str;        # 文字列
262:     CClassNode  cclass;     # 文字クラス[...]
263:     QtfrNode    qtfr;       # quantifier（量指定子）
264:     EncloseNode enclose;    # enclose（括弧）
265:     BRefNode    bref;       # back reference（後方参照）
266:     AnchorNode  anchor;     # アンカー
267:     ConsAltNode cons;       # リストおよび選択
268:     CtypeNode   ctype;      # キャラクタタイプ（など\w、\d）
269: #ifdef USE_SUBEXP_CALL
270:     CallNode    call;       # 部分式呼び出し
271: #endif
272:   } u;
273: } Node;
```

図5.11　Node構造体の使用例

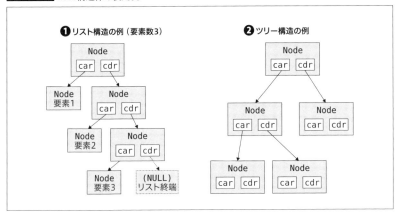

表5.5　鬼雲が対応する正規表現文法

オプション	文法
ONIG_SYNTAX_ASIS	プレーンテキスト
ONIG_SYNTAX_POSIX_BASIC	POSIX基本正規表現
ONIG_SYNTAX_POSIX_EXTENDED	POSIX拡張正規表現
ONIG_SYNTAX_EMACS	Emacs
ONIG_SYNTAX_GREP	grep
ONIG_SYNTAX_GNU_REGEX	GNU regex
ONIG_SYNTAX_JAVA	Java (java.util.regex)
ONIG_SYNTAX_PERL58	Perl 5.8 (鬼車のONIG_SYNTAX_PERLと同等)
ONIG_SYNTAX_PERL58_NG	Perl 5.8 + 名前付き捕獲式集合 (鬼車のONIG_SYNTAX_PERL_NGと同等)
ONIG_SYNTAX_PERL	Perl 5.10以降
ONIG_SYNTAX_PYTHON	Python (鬼雲で新規に追加)
ONIG_SYNTAX_RUBY	Ruby
ONIG_SYNTAX_DEFAULT	default (==Ruby)

リスト5.21　OnigSyntaxType構造体の定義

```
typedef struct {
  unsigned int  op;         # 使用可能な演算子
  unsigned int  op2;        # 使用可能な演算子
  unsigned int  behavior;   # 動作
  OnigOptionType options;   # デフォルトのオプション
  OnigMetaCharTableType meta_char_table;
} OnigSyntaxType;
```

■── 多文法対応の実装

選択の文法を例に実装を見てみましょう。PerlやRubyなどでは選択には|を使いますが、Emacsなどでは\|を使います。鬼雲では、この2つを切り替えられるようになっています。現在の文法において|が有効であることを示すフラグがONIG_SYN_OP_VBAR_ALTで、\|が有効であることを示すフラグがONIG_SYN_OP_ESC_VBAR_ALTです。

ONIG_SYN_OP_VBAR_ALTとONIG_SYN_OP_ESC_VBAR_ALTに関連する部分の実装は**リスト5.22**のようになっています(regparse.c)。fetch_token()は、字句解析を行い、トークンを1つ返す関数です。この関数はリスト5.22のそれぞれのparse_*関数から呼び出されています。

3307行めのPFETCH(c)マクロは、1文字読んでそれを変数cにセットするマクロです。正規表現のパースを行う際、このPFETCHマクロを使って1文字ずつ解析を行います。

3308行めで、今読んだ文字がエスケープ文字(\)であるかどうかを判定します。エスケープ文字の次の文字が|の場合、3377行めに行き、3378行めで現在の文法で\|が有効となっているかどうかを判定します。

|の前がエスケープ文字でない場合は3823行めに行き、3824行めでは同様に|が有効となっているかを判定しています。有効になっていれば、どちらの場合もトークンのタイプとして同じTK_ALTを返すことで、それ以降はどちらも同じ「選択」として扱うようになっています。

このように、鬼雲では正規表現をパースする際に、現在の文法ではどのような文字を使えるかをチェックしながらパースすることで、1つのエンジンで複数の文法に対応しています。

■── マルチバイト対応

かつての正規表現エンジンは、1バイト文字にしか対応しておらず、日本語などのマルチバイト文字を扱えないものが多数ありました。最近の正規表現エンジンは、Unicode(とくにUTF-8)に対応したものが多くなっています。これに対し、鬼雲は、複数の文字コード(エンコーディング)に対応しているという特徴があります。

Unicode(UTF-8やUTF-16)はもちろんのこと、日本語Windowsで使われているShift_JISや、かつてUnixで広く使われていたEUC-JPなど、各国の30以上の文字コードに対応しています。次に、鬼雲が対応しているエンコーディングの一覧を示します。

5.4 VM以外の部分の実装

鬼雲の対応エンコーディングの一覧

```
ASCII   EUC-JP   EUC-TW  EUC-KR、EUC-CN  Shift_JIS、CP932     Big5      GB18030
KOI8    KOI8-R   CP1251  ISO-8859-1 (Latin-1)   ISO-8859-2 (Latin-2)
ISO-8859-3 (Latin-3)     ISO-8859-4 (Latin-4)   ISO-8859-5 (Cyrillic)
ISO-8859-6 (Arabic)      ISO-8859-7 (Greek)     ISO-8859-8 (Hebrew)
ISO-8859-9 (Latin-5またはTurkish)         ISO-8859-10 (Latin-6またはNordic)
ISO-8859-11 (Thai)       ISO-8859-13 (latin-7またはBaltic Rim)
ISO-8859-14 (Latin-8またはCeltic)
ISO-8859-15 (Latin-9またはWest European with Euro)
ISO-8859-16 (Latin-10またはSouth-Eastern European with Euro)    UTF-8    UTF-16BE
UTF-16LE       UTF-32BE       UTF-32LE
```

リスト5.22 fetch_token()関数の抜粋

```
3286: static int
3287: fetch_token(OnigToken* tok, UChar** src, UChar* end, ScanEnv* env)
3288: {
3289:   int r, num;
3290:   OnigCodePoint c;
3291:   OnigEncoding enc = env->enc;
3292:   OnigSyntaxType* syn = env->syntax;
3293:   UChar* prev;
3294:   UChar* p = *src;
3295:   PFETCH_READY;

3307:   PFETCH(c);
3308:   if (IS_MC_ESC_CODE(c, syn)) {
3309:     if (PEND) return ONIGERR_END_PATTERN_AT_ESCAPE;
3310:
3311:     tok->backp = p;
3312:     PFETCH(c);
3313:
3314:     tok->u.c = c;
3315:     tok->escaped = 1;
3316:     switch (c) {

3377:     case '|':
3378:       if (! IS_SYNTAX_OP(syn, ONIG_SYN_OP_ESC_VBAR_ALT)) break;
3379:       tok->type = TK_ALT;
3380:       break;

3743:     }
3744:   }
3745:   else {

3767:     switch (c) {

3823:     case '|':
3824:       if (! IS_SYNTAX_OP(syn, ONIG_SYN_OP_VBAR_ALT)) break;
3825:       tok->type = TK_ALT;
3826:       break;
```

なお、鬼雲の複数エンコーディング対応に関するソースコードは、おもにregenc.cおよびencディレクトリ以下に含まれています。

■──**文字単位のマッチとバイト単位のマッチ**

正規表現エンジンをマルチバイト文字に対応させる場合、大きく2つの方法が考えられます。

❶文字のマッチをバイト単位ではなく、文字単位で行う
❷文字をバイト列に分解し、バイト単位のオートマトンを構成する

鬼雲は❶の方法を使っていますが、RE2は❷の方法を使っています[注32]。

例としてUTF-8において[あ-お]というパターンを扱う場合を考えてみます（**図5.12**）。Unicodeでは、それぞれの文字はU+XXXXで表記されるコードポイントという値を持っています。たとえば、「あ」のコードポイントはU+3042、「お」のコードポイントはU+304aです。これをUTF-8で表現すると、**表5.6**に示すバイト列になります。

注32　URL http://swtch.com/~rsc/regexp/regexp3.html

図5.12　文字単位とバイト単位のマッチング

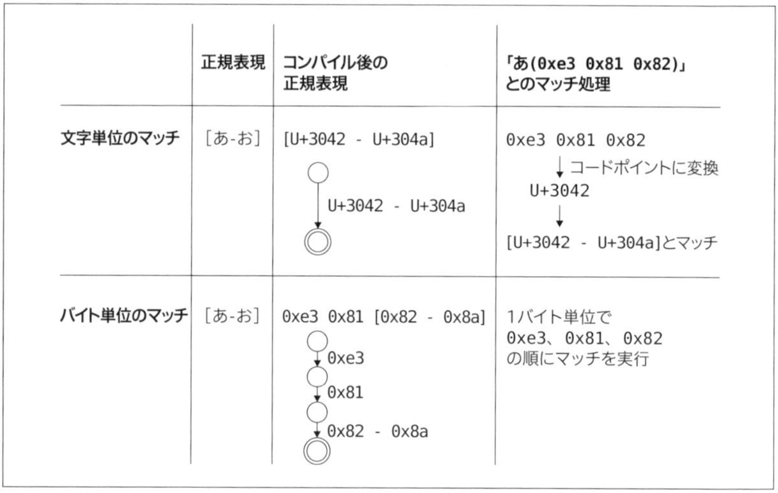

	正規表現	コンパイル後の正規表現	「あ(0xe3 0x81 0x82)」とのマッチ処理
文字単位のマッチ	[あ-お]	[U+3042 - U+304a] ○ ↓ U+3042 - U+304a ◎	0xe3 0x81 0x82 ↓ コードポイントに変換 U+3042 ↓ [U+3042 - U+304a]とマッチ
バイト単位のマッチ	[あ-お]	0xe3 0x81 [0x82 - 0x8a] ○ ↓ 0xe3 ○ ↓ 0x81 ○ ↓ 0x82 - 0x8a ◎	1バイト単位で 0xe3、0x81、0x82 の順にマッチを実行

表5.6　UnicodeコードポイントとUTF-8バイト列

文字	Unicodeコードポイント	UTF-8バイト列
あ	U+3042	0xe3 0x81 0x82
お	U+304a	0xe3 0x81 0x8a

鬼雲では、マッチを文字単位で行うため、パターンもテキストもコードポイントに変換しながらマッチを行います。[あ-お]は、[U+3042 - U+304a]^{注33}に変換され、コードポイントがU+3042からU+304aに含まれる文字とのマッチを行います。一方、RE2では、[あ-お]を0xe3 0x81 [0x82 - 0x8a]に相当するバイト単位のオートマトンに変換し、1バイトめが0xe3、2バイトめが0x81、3バイトめが0x82から0x8aに含まれるバイト列とのマッチを行います。

それぞれの方法の利点と欠点ですが、❶はバイト列とコードポイントの変換が必要になるため、若干のオーバーヘッドがあります。一方、❷はコードポイントとの変換のオーバーヘッドがない分マッチは高速ですが、バイト単位のオートマトンへの変換が必要なのと、UTF-8以外の文字コードでは正しく動かない場合があります。

UTF-8では、1バイトめと2バイトめ以降では値の範囲が異なっており、容易に文字の先頭位置を見つけることができます。一方、Shift_JISやEUC-JPでは、1バイトめと2バイトめの値の範囲が重なっています。たとえば、Shift_JISでは「瑞」は0x90 0x90というバイトの並びで表され、1バイトめと2バイトめが同じ0x90です。また、「表」は同様に0x95 0x5cで表され、2バイトめの0x5cは、\のコードポイントと同一です。そのため、ある1バイトを見ても、それが文字の先頭なのか途中なのかをすぐには判別できない場合があります。そのため❷の方法では、UTF-8では正しく動作しますが、それ以外のエンコーディングでは、間違って文字の途中にマッチしてしまう可能性があります。

■——— 鬼雲における実装方法

あるコードポイントをどのようなバイト列で表現するか、あるいは何バイトで表現するかということは当然エンコーディングごとに異なっていますが、文字単位でマッチを行う方法の場合、以下に示すようないくつかの処理を用意しておき、エンコーディングごとに切り替えるようにすることで、マッチ処理を統一的に行うことができるようになります。

- 指定されたポインタが指す位置にある文字のバイト数を取得
- バイト列をコードポイントに変換
- コードポイントをバイト列に変換
- 大文字小文字の変換
- 1つ前の文字の位置を取得

注33 実際にはこのような表記はできません。

エンコーディングに関する情報は、oniguruma.h の OnigEncodingType 構造体で表現され（**リスト 5.23**）、上記のような処理を行う関数へのポインタを保持しています。

これらの関数は、たとえば、Shift_JIS であれば enc/sjis.c と enc/jis/props.h、UTF-8 であれば enc/utf8.c, enc/unicode.c, enc/unicode/casefold.h, enc/unicode/name2ctype.h で実装されています。UTF-8 など Unicode のエンコーディングの場合、文字プロパティ名と大文字小文字の変換情報は、Unicode コンソーシアムが公開している Unicode Character Database（UCD）[注34] を元に機械的に生成しています[注35]。Unicode では、大文字小文字の変換を行うと文字数が変わる

注34　URL http://www.unicode.org/ucd/
注35　生成用のスクリプトは tool ディレクトリ以下にあります。

リスト5.23 OnigEncodingType構造体の定義

```
typedef struct OnigEncodingTypeST {
  int       (*mbc_enc_len)(const OnigUChar* p);
                            指定されたポインタが示す文字が何バイトかを返す
  const char*  name;        エンコーディング名
  int          max_enc_len; 1文字の最大バイト数
  int          min_enc_len; 1文字の最小バイト数
  int       (*is_mbc_newline)(const OnigUChar* p, const OnigUChar* end);
                            指定されたポインタが示す文字が改行文字かどうかを返す
  OnigCodePoint (*mbc_to_code)(const OnigUChar* p, const OnigUChar* end);
                            指定されたポインタが示す文字のコードポイントを返す
  int       (*code_to_mbclen)(OnigCodePoint code);
                            指定されたコードポイントが何バイトで表現されるかを返す
  int       (*code_to_mbc)(OnigCodePoint code, OnigUChar *buf);
                            指定されたコードポイントをエンコードした結果を返す
  int       (*mbc_case_fold)(OnigCaseFoldType flag, const OnigUChar** pp,
            const OnigUChar* end, OnigUChar* to);  大文字小文字同一視検索のための関数
  int       (*apply_all_case_fold)(OnigCaseFoldType flag, OnigApplyAllCaseFoldFunc f,
            void* arg);     大文字小文字同一視検索のための関数
  int       (*get_case_fold_codes_by_str)(OnigCaseFoldType flag, const OnigUChar* p,
      const OnigUChar* end, OnigCaseFoldCodeItem acs[]);  大文字小文字同一視検索のための関数
  int       (*property_name_to_ctype)(struct OnigEncodingTypeST* enc, OnigUChar* p,
            OnigUChar* end);  文字プロパティ名を、キャラクタタイプを示す整数に変換
  int       (*is_code_ctype)(OnigCodePoint code, OnigCtype ctype);
                            指定されたコードポイントが、指定されたキャラクタタイプに含まれるかどうかを返す
  int       (*get_ctype_code_range)(OnigCtype ctype, OnigCodePoint* sb_out,
            const OnigCodePoint* ranges[]);  指定されたキャラクタタイプの、コードポイントの範囲を返す
  OnigUChar* (*left_adjust_char_head)(const OnigUChar* start, const OnigUChar* p);
                            指定されたポインタの1つ前の文字を示すポインタを返す
  int       (*is_allowed_reverse_match)(const OnigUChar* p, const OnigUChar* end);
                            指定されたポインタから逆方向へのマッチが可能かどうかを返す
  unsigned int  flags;      フラグ（現状はUnicodeエンコーディングかどうかを示すフラグのみ）
} OnigEncodingType;
```

場合や、大文字小文字の対応が複数存在する場合があり、そのための関数がget_case_fold_codes_by_strやapply_all_case_foldです。

OnigEncodingTypeの各関数は、正規表現をパースする際、コンパイル時の最適化の際、マッチを実行する際の各所で使用されます。

コンパイラ

鬼雲のコンパイラは、パーサが生成した抽象構文木を解析し、構文木の最適化や、最適化情報の抽出を行った後、バイトコードへの変換を行います。コンパイラは、regcomp.cのonig_new()関数がトップレベルの関数となっており、その先は**図5.13**に示す関数ツリーとなっています。

それぞれの関数は以下のような処理を行っています。

- onig_parse_make_tree()
  パーサ。正規表現を解析し構文木を作成(前節参照)。 一部の最適化はこの段階で実行
- setup_tree()
  構文木の最適化およびコンパイルのための前処理
  ①空のループのチェック
  ②大文字小文字同一視の場合は、選択へ展開
  ③括弧によるキャプチャの使用状況を確認
  ④繰り返し文字列の展開など
- set_optimize_info_from_tree()
  アンカーによる最適化や、固定文字列検索などのための最適化情報抽出
- compile_tree()
  コンパイラのメイン処理。構文木を辿りながら、1命令ずつバイトコードへ変換

『詳説 正規表現』[1]の6.4節では各種の正規表現エンジンで採用されている最適化手法が多数紹介されていますが、鬼雲でも同様な最適化が行われています。

図5.13 鬼雲のコンパイラの関数ツリー

```
onig_new()
  └─onig_compile()
       ├─onig_parse_make_tree()
       ├─setup_tree()
       ├─set_optimize_info_from_tree()
       └─compile_tree()
```

第5章　VM型エンジン——鍵を握るのは「バックトラック」

ここでは、鬼雲で行っている最適化の実例をいくつか見ていきます注36。

■── 空のループのチェック

(a?)*というパターンの場合、括弧の中がa?であることから、括弧の中が空になる場合があります。空の括弧は何回ループしても空ですので、無駄に何度もループを行わないように最適化を行います。括弧の中が空となる可能性のあるパターンかどうかをチェックし、その可能性がある場合は、括弧の開始位置と終了位置に特別なバイトコード（OP_NULL_CHECK_START、OP_NULL_CHECK_ENDなど）を埋め込みます。マッチの実行時に、括弧の開始位置と終了位置で文字列ポインタが同じ場所を指しているかどうかをチェックし、同じ位置を指している場合は、空のループと判断して、次の命令に進みます。

なお、(a?)*の代わりに(?:a?)*のようにキャプチャを行わない括弧を使った場合は、パースの段階でより効率的なa*へと最適化が行われます注37。キャプチャを行う括弧は、括弧がマッチした位置を記憶するための計算コストが掛かるだけでなく、最適化しにくいという問題があります。キャプチャが必要かどうかは、正規表現エンジンで自動で判別することはできません。そのため効率的な正規表現を書くためには、ユーザがキャプチャの有無を適切に使い分ける必要があります。

■── 大文字小文字同一視の場合は、選択へ展開

大文字小文字同一視((?i)、ignore caseオプション)を使った場合に、（必要に応じて）文字を選択に展開します。大文字小文字の同一視は、ASCIIの範囲で扱う分には非常に簡単で、たとえば(?i)aは[Aa]と同等ですが、Unicodeの範囲を扱う場合には非常に面倒な処理が必要となります注38。ASCIIでは、大文字小文字のペアは26組だけですが、Unicodeでは、1000以上の組があります。さらに面倒なのが、Unicodeの場合、文字数が変わる場合がある注39ということです。

たとえば、ǰ(U+01F0)という文字の場合、これに対応する大文字はJ̌(U+004A U+030C)というように2つの文字を結合した文字として表されます。さらに小文字はU+006A U+030Cというように2文字で表すこともできます。したがって、「(?i)ǰ」はU+01F0 | U+004A U+030C | U+006A U+030Cと等価ということになります。

注36　コンパイラでの最適化処理を中心に見ていきますが、一部パーサやVMの処理もあります。
注37　regparse.cのonig_reduce_nested_quantifier()を参照。
注38　大文字小文字と文字クラスの組み合わせに起因するバグで、修正までに数年かかったものがありました。
　　　URL https://github.com/k-takata/Onigmo/issues/4
注39　これに起因する未修正のバグも1つ残っています。
　　　URL https://github.com/k-takata/Onigmo/issues/18

鬼雲では、このように大文字小文字を展開した際に文字数が変わる場合に、文字を選択に展開します。一方、文字数が変わらない場合には固定文字列検索（本節内で後ほど言及）を使うことができます。

■── **括弧によるキャプチャの使用状況を確認**

(a*)のように括弧でキャプチャを行うだけの場合と、(a*)b\1のように括弧でキャプチャした結果を後方参照する場合のチェックを行います。前者は括弧の中身でバックトラックが発生することはないのですが、後者のように後方参照を行う場合は、5.3節内の「後方参照」項で説明したとおりバックトラックが必要となるため、そのためのチェックを行います。

■── **繰り返し文字列の展開**

a{4,6}のような繰り返し文字列をaaaa + a{0,2}のように展開を行います。これにより、aaaaのような固定文字列をくくり出すことができるため、5.3節内の「複数文字とのマッチ」項で説明したOP_EXACTMB2Nのような高速なマッチ命令を使用することができる上、本節内で後述する固定文字列検索を使うこともできます。

■── **その他の繰り返しの最適化**

* +などの繰り返しは非常によく使われる正規表現であるため、鬼雲では他にもいくつかの最適化が用意されています。

■── **直後が固定文字のときの最適化**

.*aのように、.*の直後に固定の文字が来る場合、バックトラックを最適化することができます。通常、.*のマッチを行う場合、文字列ポインタを1文字進めるごとに状態をスタックに保存しますが、.*aの場合、直後の文字がaでない場合は決してマッチすることがないため、a以外の場合には状態をスタックに保存しないようにすることでバックトラックの最適化ができます。鬼雲では、OP_PUSHの他にOP_PUSH_IF_PEEK_NEXTという専用の分岐命令が用意されています。set_optimize_info_from_tree()で最適化情報を抽出した結果、.*aのような場合に当てはまることがわかれば、OP_PUSHの代わりにOP_PUSH_IF_PEEK_NEXTを使用します。

■── **自動"強欲化"**

a*[^a]のように、繰り返す文字（クラス）が繰り返し直後の文字（クラス）に含まれない場合、(?>a*)[^a]のように解釈することでバックトラックを最適化することができます。原理は7.1節内の「自動強欲化」項を参照してください。最適

化の動作例は5.5節内の「デバッグ機能の有効化方法」項に示します。

■── 暗黙のアンカーによる最適化

.*で始まるパターンの場合、部分一致の処理を最適化することができます。次で説明する、本節内の「検索」項を参照してください。

検索

5.3節で見てきたとおり、鬼雲では、前方一致によるマッチ処理はregexec.cのmatch_at()関数の中で行われています。一方、部分一致によるマッチ処理を行う関数としてはonig_search()が用意されています。onig_search()関数では、マッチ開始位置を少しずつずらしながらmatch_at()関数を呼び出すことで部分一致を実現しています[注40]。しかし部分一致によるマッチ処理を行う場合、効率化のためにmatch_at()関数を呼び出す前にいくつかの前処理が行われます。

■── 固定文字列検索

鬼雲/鬼車では、パターンが固定文字列で始まる場合、固定文字列に特化した検索を行います。いくつかの条件に当てはまった場合、鬼車ではBoyer-Moore-Horspool（BMH）アルゴリズムを、鬼雲ではBMH法を改良したSundayのQuick searchアルゴリズムを用いて検索を行います[注41]。さらに鬼雲では、大文字小文字同一視の場合でも、それに対応したQuick searchアルゴリズムで検索を行います。またマルチバイト文字に対して検索を行う場合も、それに対応したQuick searchアルゴリズムで検索を行います。そのため鬼雲では、**表5.7**に示す4つの検索関数を用意しています。スキップテーブルの作成は、set_optimize_info_from_tree()関数から呼び出されるset_bm_skip()関数で行っています。

これらの検索アルゴリズムは、パターンの長さが短い場合にはあまり高速化の効果がないため、固定文字列の長さが一定以上の場合のみ使われます。

5.4節の「コンパイラ」項で説明したとおり、Unicodeの範囲で大文字小文字同一視を行う場合、文字数が変化する場合があります。しかし、ここで示した大文字小文字同一視対応のQuick search関数は、文字数が変化しない場合のみ対応できる関数となっています。そのため、文字数が変化する場合は、しない場合に比べて検索速度が低下します。

注40 『詳説 正規表現』[1]では、部分一致のためにマッチ開始位置をずらす処理をトランスミッションと呼んでいます。
注41 アルゴリズムの詳細は6.2節内の「Quick searchアルゴリズム」項を参照。

アンカーによる最適化

アンカーとは^ $などの特定の位置にマッチするパターンのことです。アンカーを含むパターンは、特定の位置以外にはマッチしないことがあらかじめわかる場合があるため、部分一致のマッチ開始位置を最適化することができます。

❶文字列/行の先頭アンカーによる最適化
　^ \A \Gがパターンの先頭に存在する場合、そのパターンは行頭あるいは文字列の先頭にしかマッチしないため、マッチ開始位置を最適化できる

❷暗黙のアンカーによる最適化
　パターンの先頭が.*や.+であれば[注42]、パターンの先頭に^があるものと見なすことができる。なぜなら、文字列の先頭位置で.*patternがマッチしなかった場合、いくら、マッチ開始位置を進めてもマッチはしないためである。これにより❶の最適化が使用できる

❸文字列/行の末尾アンカーによる最適化
　$ \Z \zがパターンの末尾に存在する場合、パターンがマッチする最大長がわかっていれば、マッチ開始位置を一気にそこまで前進させることができる

鬼雲では、パターンのコンパイル時に、おもに`set_optimize_info_from_tree()`関数にてこれらの最適化情報を抽出し、`onig_search()`でのマッチ実行時に最適化を実施しています。

鬼雲の新機能

ここでは、鬼車から鬼雲の間で新規に追加された機能をいくつか紹介します。

\K:保持(Keep pattern)

\Kの左側を保持し、それを検索結果に含めません。後読み(?<=pattern)の別表記と考えることもできます。ただし、後読みとは異なり、固定長以外のパターンも使うことができます。後読みと\Kでは実装も異なっています。後読みの場合は、マッチ開始位置からパターンの長さの分だけ戻ってからマッチを行

注42　ただし、.*foo|barのような形式は先頭が.*とは見なさない。

表5.7　4種類のQuick search関数(regexec.c)

マルチバイト(対応状況)	大文字小文字同一視	大文字小文字区別
対応	bm_search_notrev_ic	bm_search_notrev
非対応	bm_search_ic	bm_search

いますが、\Kの場合は実際には戻ることはしません。パターンの先頭から通常通りマッチを行い、\Kが出てきたら、そのときの文字列ポインタの位置を保持するだけとなっています。

保持は後読みとは異なり、戻って読むことはしないため、文字列の途中から検索を行う場合に結果が異なる場合があります。onig_search()関数では検索対象文字列の途中の位置を検索先頭位置に指定することができます。

たとえば、(?<=a)bまたは、a\Kbというパターンをabという文字列の2文字め(b)からマッチを開始する場合を考えてみましょう(**図5.14**)。後読みの場合も保持の場合も、どちらもaの次に来るbを検索するという点では同じです。後読みの場合、文字列の2文字めのbの位置からマッチを行いますが、まず1文字戻り、パターンのaと文字列の1文字めのa、パターンのbと文字列の2文字めのbの順にマッチを行い、パターン全体のマッチに成功します。

一方、保持の場合は文字列の2文字めのbとパターンの1文字めのaのマッチを試みますが、マッチしないため失敗します。

コード上では、OnigStackType構造体にpkeepというメンバを追加し、このメンバに\Kの位置の文字列ポインタを記憶しています。この位置をスタック上に保持しているのは、バックトラックが発生した場合は、\Kの位置も変更になる可能性があるためです。

■——— **\R：改行文字**

OSによって、使用される改行文字は異なっています。たとえば、WindowsではCRLF(\r\n)、UnixではLF(\n)、古いMacintoshではCR(\r)が使われています。これらの改行文字を簡単に表せるようにしたものが\Rです。\Rは実際には以下の正規表現と等価です。

図5.14 後読みと保持の動作の違い

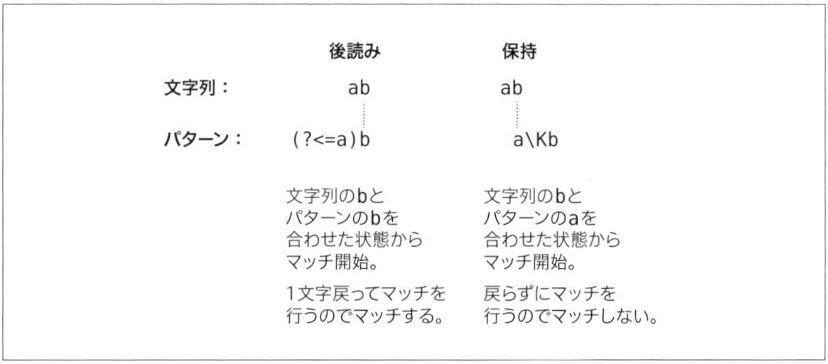

	後読み	保持
文字列：	ab	ab
パターン：	(?<=a)b	a\Kb
	文字列のbとパターンのbを合わせた状態からマッチ開始。	文字列のbとパターンのaを合わせた状態からマッチ開始。
	1文字戻ってマッチを行うのでマッチする。	戻らずにマッチを行うのでマッチしない。

```
Unicodeの場合
(?>\x0D\x0A|[\x0A-\x0D\x{85}\x{2028}\x{2029}])

Unicode以外の場合
(?>\x0D\x0A|[\x0A-\x0D])
```

(?>...)は、括弧内のバックトラックを抑制する正規表現でアトミックグループ[注43]と呼びます。これは、\rと\nを必ずひとかたまりとして扱うために使われています。鬼雲では、正規表現をパースして構文木を作成する際に、\Rをこれらの等価な正規表現の構文木に置き換えています(**図5.15**)。

実装は、regparse.cのnode_linebreak()関数を参照してください。

■──── \X：拡張Unicode結合文字シーケンス

\X (拡張Unicode結合文字シーケンス、eXtended Unicode combining character sequence)は、Unicodeの結合文字を考慮した1文字にマッチします。Unicodeでは、1つの文字を表すのに、複数の文字を結合して表すことができるようになっています。たとえば、「ぱ」という文字を考えてみましょう。Unicodeでは、「ぱ」は以下の2通りで表現することができます。

- ぱ(U+3071)
- は(U+306F) + ゜(合成用半濁点U+309A)

.でマッチを行うと、前者は「ぱ」にマッチしますが、後者は「ぱ」の一部である「は」にマッチしてしまいます。\Xを使うと、後者の場合でも文字が途中で分

注43 詳細は7.1節の「アトミックグループ」項を参照。

図5.15 \Rに相当する構文木

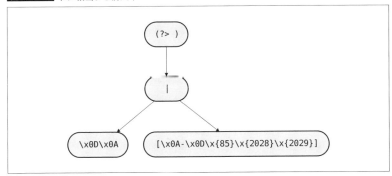

かれることなく、「ぱ」の1文字にマッチします。

\Xは.とは異なり、改行(LF)にもマッチします。\Xは実際には以下の正規表現と等価です。

- Unicodeの場合：(?>\P{M}\p{M}*)
- Unicode以外の場合：(?m:.)(mオプションは.をLFにもマッチさせるためのもの)

鬼雲では、正規表現をパースして構文木を作成する際に、\Xをこれらの等価な正規表現の構文木に置き換えています(図5.16)。

実装は、regparse.cのnode_extended_grapheme_cluster()関数を参照してください。

- (?(condition)yes|no)、(?(condition)yes) 条件式

(condition)が真であればyesがマッチし、偽であればnoがマッチします。(condition)には以下のものが使用できます。

- (n)(n >= 1) 番号指定の後方参照が何かにマッチしていれば真、マッチしていなければ偽
- (<name>)、('name') 名前指定の後方参照が何かにマッチしていれば真、マッチしていなければ偽

Perlでは(condition)に後読みや先読みを指定できますが、現在鬼雲では指定できません。

図5.16 \Xに相当する構文木

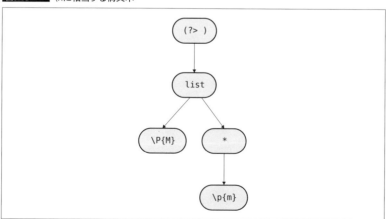

[Column]

鬼雲の今後の課題

鬼雲の今後の課題をいくつか紹介します。

■正規表現の不足や制限

鬼雲には、他の正規表現エンジンに比べて、いくつか正規表現が不足しているものや、制限があるものがあります。

Perlで使用できて、鬼雲では使用できない、あるいは制限がある正規表現には以下のものがあります。

- (?(condition)yes|no) (Perl 5.8)
  鬼雲では条件式には後方参照(番号または名前による参照)しか使えないが、Perlでは先読み/後読みも使える
- (?|...) (Perl 5.10)
  ブランチリセット(?|...)の中では、|のたびに後方参照の番号がリセットされる
- \v \V (Perl 5.10)
  垂直スペース(改行文字、\v)とそれ以外(\V)
- \h \H (Perl 5.10)
  水平スペース(\h)とそれ以外(\H)[注a]
- \X (Perl 5.12)
  Perl 5.12では、\Xが拡張され、拡張Unicode結合文字シーケンスから、拡張書記素クラスタ[注b] (extended grapheme cluster) に変更された[注c]
- \o*XXX* (Perl 5.14)
  文字の8進数表記
- (?[]) (Perl 5.18)
  拡張文字クラス。鬼雲の文字クラスと同じように文字クラス同士の積和演算ができるようになる。わざわざ新しい表記を採用したのは、互換性の問題を避けるためと思われる

その他、Java文法の強化も課題の1つです。鬼車 for Java[注d]という鬼車の派生プロジェクトがあります。このプロジェクトでは、鬼車のJava文法(ONIG_SYNTAX_JAVAを実際のJavaの文法に近づけるための改良が行われています。具体的には、以下の変更があります。

注a　Rubyでは、\hは16進数文字を表します。
注b　訳語は以下によります。URL http://perldoc.jp/pod/perluniintro
注c　URL https://speakerdeck.com/patch/unicode-regular-expression-engines?slide=18
注d　URL http://sourceforge.jp/projects/onig4j/

- Unicode使用時の曖昧マッチをUS-ASCIIのみに限定する
- 行末記号をJavaと同じ文字(\n \r\n \r U+0085 U+2028 U+2029)にマッチさせる
- 埋め込みフラグ表現(?d)および(?u)に対応

このプロジェクトの成果をマージしたいと考えていますが、Java文法以外にも影響が出る変更となっており単純にマージすることができず、そのままとなっています。

■高速化

鬼雲は、当然高速化も考慮に入れて開発を行ってきましたが、まだ以下のような改良の余地があります。

- 選択の高速化

  新屋氏の「How to Implement World Fastest Grep.」[注e]で指摘されているとおり、鬼雲は選択(|)を使った場合の検索速度が、他の主要なエンジンに比べて大幅に遅いという問題がある。複数文字列の高速な検索方法としては、たとえばCommentz-Walter法というものがある

- JITコンパイル

  PCREでは、正規表現をJITコンパイルすることにより、検索時間が約7割短縮されたとされている[注f]

■その他

その他の課題としては以下のようなものがあります。

- Unicode Databaseの軽量化

  鬼雲のUnicode Databaseは、Unicodeのバージョンが上がるにつれてデータサイズが数十KB単位で増大する問題がある。今どきのPCのメモリ搭載量に比べると微々たるものだが、それでもデータサイズは少ないに越したことはない

- 部分マッチ(*partial matching*)

  PCREには部分マッチ[注g]という機能があり、長い文字列を一度にマッチを行うのではなく、何回にも文字列を分けて投入し、逐次マッチを行うことができる

注e　URL http://sinya8282.sakura.ne.jp/etc/xhago/
注f　URL http://sljit.sourceforge.net/pcre.html
注g　URL https://man7.org/linux/man-pages/man3/pcrepartial.3.html

5.5
鬼雲を動かしてみる

　ここまでは、鬼雲の実装の解説を行ってきましたが、鬼雲の動作を実際に動かして確認してみましょう。鬼雲にはデバッグ用のコンパイルオプションがあり、これを有効にすることで、正規表現の構文木や、コンパイル後のバイトコード、マッチ処理中の動作状況などを見ることができます。

鬼雲のコンパイル

　まずは、鬼雲5.15.0[注44]のソースコードを取得し、適当なディレクトリに解凍してください。解凍したディレクトリにREADME.jaというファイルがありますので、そのファイルの「インストール」の項に従ってコンパイルを行ってください[注45]。コンパイルが終わると、以下のコマンドで動作確認を行えます(Python 3.3以降をインストールしておいてください)。

```
Unix系OSの場合
$ LD_LIBRARY_PATH=.libs python3 testpy.py
```

```
Windowsの場合
> py -3.3-32 testpy.py          # Python 3.3、32ビット版の場合
```

　ここで動かしたtestpy.pyは、Pythonで書かれたテストプログラムです。鬼雲には、testc.cというC言語で書かれたテストプログラムが付属していますが、Cではテストプログラムを修正するとそのたびにコンパイルが必要です。鬼雲ではPythonを使うことで毎回のコンパイルが不要となり、それに加えて対話的な動作確認(詳細は後述)もできるようになりました。

デバッグ機能の有効化方法

　鬼雲には、いくつかのデバッグ機能が用意されており、コンパイル時に設定変更を行うことでそれらを有効化することができます。regint.hの先頭付近に以下のような部分があります。

注44　URL https://github.com/k-takata/Onigmo/releases/tag/Onigmo-5.15.0
注45　より詳しい方法は、本書のサポートページでも公開します。
　　　URL http://gihyo.jp/book/2015/978-4-7741-7270-5/support

```
33: /* for debug */
34: /* #define ONIG_DEBUG_PARSE_TREE */
35: /* #define ONIG_DEBUG_COMPILE */
36: /* #define ONIG_DEBUG_SEARCH */
37: /* #define ONIG_DEBUG_MATCH */
38: /* #define ONIG_DONT_OPTIMIZE */
39:
40: /* for byte-code statistical data. */
41: /* #define ONIG_DEBUG_STATISTICS */
```

#defineがコメントアウトされていますので、以下のように、必要なものだけコメントを外してください。ここでは統計情報[注46]と最適化抑止以外のデバッグ設定を有効化しています。

```
33: /* for debug */
34: #define ONIG_DEBUG_PARSE_TREE        パース結果の構文木を表示
35: #define ONIG_DEBUG_COMPILE           コンパイル結果の命令を表示
36: #define ONIG_DEBUG_SEARCH            検索処理の詳細を表示
37: #define ONIG_DEBUG_MATCH             マッチ処理の詳細を表示
38: /* #define ONIG_DONT_OPTIMIZE */     最適化を行わない
39:
40: /* for byte-code statistical data. */
41: /* #define ONIG_DEBUG_STATISTICS */  命令単位の統計情報を計測
```

regint.hの変更を行ったら、makeあるいはnmakeを実行して鬼雲をビルドし直してください。Unix系OSの場合は、libonig.soが.libsディレクトリにできるはずですので、LD_LIBRARY_PATHにそのディレクトリを指定してpython3コマンドを実行してください。Windowsであれば、pyコマンドにPATHが通っているはずなので、そのままpyコマンドを実行してください。

```
$ LD_LIBRARY_PATH=.libs python3          # Unix系OSの場合
> py -3.3-32          # Windowsの場合
```

Pythonの対話型インタフェースが起動しますので、以下のように入力してください。

```
1: >>> import testpy
2: >>> testpy.set_encoding('UTF-8')
3: >>> testpy.set_output_encoding()
4: >>> testpy.x2(r"a+b+", "aab", 0, 3)
```

1行めで鬼雲のテスト用モジュールをロードします。2行めでマッチを行う文字コードをUTF-8に設定します。3行めで表示用の文字コードを環境に合わせて設定します。4行めで、正規表現のマッチを実行します。a+b+をaabにマッチ

注46 現在のバージョンでは、Windowsでは統計情報を有効化できません。

させる際、0文字めから3文字めまでにマッチするのが期待値だということを示しています。これを入力すると、以下のような出力が得られます。

```
 1: PATTERN: /a+b+/ (UTF-8)
 2: <list:2aa0600>
 3:   <enclose:7aa05c8> stop-bt
 4:     <quantifier:2aa06e0>{1,-1}
 5:       <string:2aa0590>a
 6:     <quantifier:2aa0670>{1,-1}
 7:       <string:2aa0638>b
 8: optimize: NONE
 9:   anchor: []
10:
11: code length: 30
12: 0:[exact1:a] 2:[push:(8)] 7:[exact1:a] 9:[pop] 10:[jump:(-13)]
13: 15:[exact1:b] 17:[push:(7)] 22:[exact1:b] 24:[jump:(-12)] 29:[end]
14: onig_search (entry point): str: 38074964 (0244FA54), end: 3, start: 0, range: 3
15: onig_search(apply anchor): end: 3, start: 0, range: 3
16: match_at: str: 38074964 (0244FA54), end: 38074967 (0244FA57), start: 38074964
      (0244FA54), sprev: 0 (00000000)
17: size: 3, start offset: 0
18:    0> "aab"              0:[exact1:a]
19:    1> "ab"               2:[push:(8)]
20:    1> "ab"               7:[exact1:a]
21:    2> "b"                9:[pop]
22:    2> "b"                10:[jump:(-13)]
23:    2> "b"                2:[push:(8)]
24:    2> "b"                7:[exact1:a]
25:    2> "b"                15:[exact1:b]
26:    3> ""                 17:[push:(7)]
27:    3> ""                 22:[exact1:b]
28:    3> ""                 29:[end]
29: OK: /a+b+/ 'aab'
```

それぞれの内容は大まかには以下のとおりとなっています。

- 1行め：入力されたパターン（とその文字コード）
- 2〜7行め：パース後の構文木
- 8〜9行め：最適化情報
- 11行め：コンパイル後の命令列の長さ（バイト単位）
- 12〜13行め：コンパイル後の命令列
- 14行め：onig_search関数の引数として渡された検索範囲（strは10進（16進）の表記）
- 15行め：アンカー（^や$など）による最適化を適用した後の検索範囲
- 16行め：match_at関数の引数

- 17行め：マッチ対象の文字列のサイズと、マッチ開始位置
- 18〜28行め：マッチ処理のログ（バイトオフセット > "文字列" PC:[実行中のVM命令]の表記）
- 29行め：実行結果

　ここで構文木をよく見ると、**図5.17**のような形になっていることがわかります。a+b+という正規表現をそのまま構文木にすると、**図5.18**の形になるはずですが、enclose: stop-btというノードが追加されていることがわかります。このノードはアトミックグループを示すノードであり、a+b+という正規表現が(?>a+)b+として解釈されたことを示しています。

図5.17 a+b+パース後の構文木

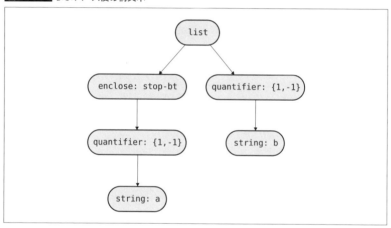

図5.18 a+b+本来の構文木

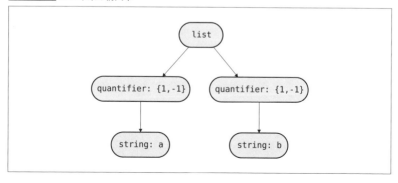

これは、自動強欲化（*automatic possessification*）注47という最適化が行われた結果です。a+がマッチするのはaの文字の並びだけですので、それがマッチした部分（ここではaa）がb+にマッチすることは決してありません。そのため、a+のマッチ処理の中でバックトラックを行う必要はないのです。

バックトラックの制御

1.5節や、5.2節内の「正規表現のコンパイルと実行例」項では、バックトラック型のエンジンには繰り返しの種類が複数あり、欲張り、控え目でマッチの結果が変わるという例を見てきました。さらに7.1節では、これに加えて強欲というものがあり、マッチの効率が変わる例が示されています。ここでは、鬼雲でこれらの3種類の繰り返しがどのように実装されているかを見てみましょう。

鬼雲では、3種類の繰り返しはコンパイル時に少しずつ異なるバイトコードに変換されます。

■──── 欲張りマッチ

まずは、欲張りマッチの例です。パターンa*を文字列aとマッチさせたときのバイトコードと、マッチの様子（**図5.19**）を見てみましょう。

```
>>> testpy.x2(r"a*", "a", 0, 1)
PATTERN: /a*/ (UTF-8)
<quantifier:2aa05c8>{0,-1}
  <string:2aa06e0>a
optimize: NONE
  anchor: []

code length: 13
0:[push:(7)] 5:[exact1:a] 7:[jump:(-12)] 12:[end]
onig_search (entry point): str: 3427860 (00344E14), end: 1, start: 0, range: 1
onig_search(apply anchor): end: 1, start: 0, range: 1
match_at: str: 3427860 (00344E14), end: 3427861 (00344E15), start: 3427860 (00344
E14), sprev: 0 (00000000)
size: 1, start offset: 0
    0> "a"               0:[push:(7)]
    0> "a"               5:[exact1:a]
    1> ""                7:[jump:(-12)]
    1> ""                0:[push:(7)]
```

注47　7.1節内の「自動強欲化」項を参照。『詳説 正規表現』[1]には今（原稿執筆時点）のところこれを行うシステムはない旨書かれていますが、現在は鬼雲を含めたいくつかの実装が対応しています。

```
    1>  ""                        5:[exact1:a]
    1>  ""                       12:[end]
OK: /a*/ 'a'
```

0:[push:(7)] 5:[exact1:a] 7:[jump:(-12)] の3命令でループが構成されていることがわかります。0:[push:(7)]で、12:[end]から実行を開始するスレッド（つまりループから抜けるためのスレッド）をスタックにプッシュしておき、次の5:[exact1:a]から実行を継続します。5:[exact1:a]がマッチした場合は、次の7:[jump:(-12)]で先頭に戻ります。5:[exact1:a]のマッチが成功する限りはループを続ける処理を継続するため、欲張りマッチの動作をすることになります。

■――― 控え目なマッチ

次は、控え目なマッチの例です。パターンa*?を文字列aとマッチさせたときのバイトコードと、マッチの様子（**図5.20**）を見てみましょう。控え目な動作であるため、空文字とマッチする点に注意してください。

```
>>> testpy.x2(r"a*?", "a", 0, 0)

PATTERN: /a*?/ (UTF-8)
<quantifier:2aa06e0>{0,-1}?
   <string:2aa05c8>a
optimize: NONE
  anchor: []

code length: 13
0:[jump:(2)] 5:[exact1:a] 7:[push:(-7)] 12:[end]
onig_search (entry point): str: 3427860 (00344E14), end: 1, start: 0, range: 1
onig_search(apply anchor): end: 1, start: 0, range: 1
```

図5.19 a*のバイトコード

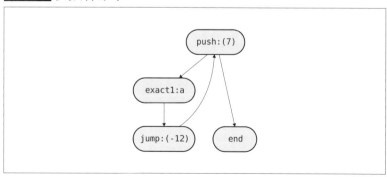

```
match_at: str: 3427860 (00344E14), end: 3427861 (00344E15), start: 3427860 (00344
E14), sprev: 0 (00000000)
size: 1, start offset: 0
    0> "a"                    0:[jump:(2)]
    0> "a"                    7:[push:(-7)]
    0> "a"                   12:[end]
OK: /a*?/ 'a'
```

欲張りマッチとはループの構成が変わっており、5:[exact1:a] 7:[push:(-7)]の2命令でループが構成されていることがわかります。ループの中では7:[push:(-7)]で、5:[exact1:a]から実行を開始するスレッド(つまりループを続けるためのスレッド)をスタックにプッシュしておき、次の命令から実行を継続します。ループを抜ける処理を優先実行する構成になっており、もしループを抜けた後でマッチに失敗した場合には、プッシュしてあったスレッドからループを継続します。今回の場合、ループを抜けた次の命令は12:[end]なのでそのままマッチは成功終了してしまいます。

■──強欲マッチ

最後は、強欲マッチの例です。/a*+a/をaとマッチさせたときのバイトコードと、マッチの様子(図5.21)を見てみましょう。このパターンは絶対にマッチしません。

```
>>> testpy.x2(r"a*+a", "a", 0, 1)

PATTERN: /a*+a/ (UTF-8)
<list:2aa0638>
  <enclose:2aa0600> stop-bt
    <quantifier:2aa05c8>{0,-1}
```

図5.20　a*?のバイトコード

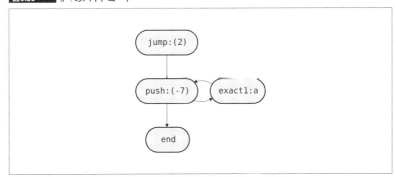

```
        <string:2aa06e0>a
   <string:2aa0670>a
optimize: EXACT
  anchor: []
  sub anchor: []

exact: [a]: length: 1
code length: 16
0:[push:(8)] 5:[exact1:a] 7:[pop] 8:[jump:(-13)] 13:[exact1:a]
15:[end]
onig_search (entry point): str: 3427860 (00344E14), end: 1, start: 0, range: 1
onig_search(apply anchor): end: 1, start: 0, range: 1
forward_search_range: str: 3427860 (00344E14), end: 3427861 (00344E15), s: 342786
0 (00344E14), range: 3427861 (00344E15)
forward_search_range success: low: 41279204, high: 0, dmin: 0, dmax: -1
match_at: str: 3427860 (00344E14), end: 3427861 (00344E15), start: 3427860 (00344
E14), sprev: 0 (00000000)
size: 1, start offset: 0
    0> "a"                    0:[push:(8)]
    0> "a"                    5:[exact1:a]
    1> ""                     7:[pop]
    1> ""                     8:[jump:(-13)]
    1> ""                     0:[push:(8)]
    1> ""                     5:[exact1:a]
    1> ""                    13:[exact1:a]
   -1> ""                    -1:[finish]
match_at: str: 3427860 (00344E14), end: 3427861 (00344E15), start: 3427861 (00344
E15), sprev: 3427860 (00344E14)
size: 1, start offset: 1
    1> ""                     0:[push:(8)]
```

図5.21 a*+のバイトコード

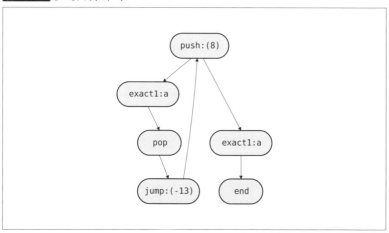

```
    1> ""                  5:[exact1:a]
    1> ""                 13:[exact1:a]
   -1> ""                 -1:[finish]
FAIL: /a*+a/ 'a'
```

欲張りマッチとループの構成はほぼ同じですが、7:[pop]という命令が追加されていることがわかります。popは、pushでスタックにプッシュしておいたスレッドを捨てる命令です(スタックの先頭のスレッドが捨てられます)。5:[exact1:a]でマッチに成功した場合は、直前の0:[push:(8)]でプッシュしてあったスレッドを7:[pop]で捨てることで、バックトラックができなくなります。なお、testpy.x2関数の中では、onig_search関数を使って、部分マッチの検索を行っているため、文字のマッチ開始位置を1つ進めて、match_at関数を再度呼びだしていますが、2回めもマッチに失敗します。

このように、ループの構成を変更したり、バックトラックの制御を行う命令を追加したりすることで、欲張り、控え目、強欲のそれぞれの繰り返しを実現することができるのです。

5.6 まとめ

本章では、はじめにRob Pikeによる単純なバックトラック実装を紹介し、次にRuss Coxの「Regular Expression Matching: the Virtual Machine Approach」の記事を元に、最も基本的なVM型バックトラックエンジンの実装(backtrackingvm)を見てきました。

次に、鬼雲のVM実装の基本構成がbacktrackingvmと変わらないことを理解し、高速化や多機能化のために多数の命令が追加されていることを見てきました。そして、鬼雲のパーサとコンパイラの構成を見て、複数エンコーディング対応などの方法や、各種の最適化手法などを見てきました。最後に鬼雲を実際に動作させて、コンパイル結果とマッチの実行の様子を確認しました。

本章で、VM型エンジンの基本的な実装と動作が理解できたでしょうか。さらに、いろいろなパターンを実際に動作させてみるとより理解が深まることでしょう。

[Column]

Windows環境の正規表現エンジン事情

日本語Windowsでは標準の文字コードがShift_JIS（正確にはCP932）であり、Shift_JISでは漢字の2バイトめに正規表現のメタ文字と同じコードが現れることもあることから、正規表現エンジンも日本語対応が必須でした。そんな中、長らく使われてきたのがjre32.dllとbregexp.dllでした。現在使用可能なWindows向けの、Shift_JIS対応の正規表現エンジンとしては以下のようなものがあります。

- jre.dll、jre32.dll **作者**山田和夫氏 **開発期間**1993～1997年頃
  URL http://www.yamada-labs.com/software/spec/jre/
  Perl文法とは異なる独自の文法、曖昧検索にも対応。かつては、秀丸エディタ、K2Editor、サクラエディタなどがjre32.dllを使用していた。また、FFFTPも最近までjre32.dllを使用していた

- BREGEXP.DLL **作者**Tatsuo Baba氏 **開発期間**1999～2000年
  URL http://www.hi-ho.ne.jp/babaq/bregexp.html
  Perl 5.002ぐらいの（今となっては）かなり古い正規表現エンジンをShift_JISに対応させたもの。Windowsアプリで、日本語対応したPerlの正規表現が使えることから多くのWindowsアプリが採用し、K2Editorやサクラエディタも BREGEXP.DLLに移行した[注a]。古いエンジンが元になっているため、Perl 5.6の後読みなどが使えない。大文字小文字同一視検索が非常に遅い

- onig.dll（鬼車） **作者**小迫清美氏
  鬼車はWindows向けにもコンパイル可能。静的ライブラリ、動的ライブラリ（DLL）のどちらでもコンパイル可能

- bregonig.dll **作者**高田謙（本章筆者） **開発期間** 2006年～
  BREGEXP.DLLの上位互換。BREGEXP.DLLのソースコードをベースに、エンジンを鬼車/鬼雲に差し替えたもの。Unicode（UTF-16LE、UTF-8）対応。64ビット対応

- hmjre.dll **作者**秀まるお氏 **開発期間**2002年～
  秀丸V4.00以降で使われている正規表現エンジン。jre32.dllの上位互換（そのため、文法は独自）。Unicode対応（詳細は非公開）。V1.12まではソースコードが公開されていたが、それ以降は非公開

最近はアプリの内部コードとしてUnicode（UTF-16LEやUTF-8）が使われることが増えてきており、日本語対応の正規表現エンジンを使わなければならない場面は減ってきています。Perl互換の文法が必要であればPCREも使えますし、C++であればboost::regexやC++11で規格に採用されたstd::regex、あるいは各言語の標準のエンジンを使う場合が増えてきているようです。

注a 後にK2Editorとサクラエディタは、それぞれ別のBREGEXP.DLLの改造版に移行しました。

第6章

正規表現エンジンの三大技術動向
JITコンパイル、固定文字列探索、ビットパラレル

第6章　正規表現エンジンの三大技術動向——JITコンパイル、固定文字列探索、ビットパラレル

　第4章と第5章ではそれぞれDFA型とVM型の正規表現エンジンのしくみについて解説してきました。本章では、エンジンの基本的なしくみから、一歩進んだ実装技術を取り上げます。

　6.1節ではVM型エンジンの高速化技法である「JITコンパイル」について解説を行います。正規表現エンジンのJITは元々JavaScriptエンジンの開発競争において採用された技法ですが、現在ではPCREにもJITが盛り込まれるなど、最先端のVM型正規表現エンジンにとって欠かせない実装技術となっています。

　6.2節では「固定文字列探索」による高速化について説明します。固定文字列探索による高速化はDFA型/VM型などの正規表現エンジンの種類とは独立した高速化技法であり、現代のほぼすべての正規表現エンジンが採用しています。固定文字列探索は最も効果の高い高速化技法の一つと言うことができるでしょう。

　6.3節では「ビットパラレル手法」を用いた高度なNFAのシミュレーション技法を解説します。ビット列のシフトと論理積を駆使したこの技法は「ハッカーのたのしみ」的な雰囲気のある実装技法となっています。

　本章で取り上げるのは一歩進んだ実装のテクニックということで、内容はやや高度なものになっていますが、知識として知っておくことで思わぬ所で正規表現マッチングの高速化につながることもあるでしょう。たとえば、固定文字列探索については、わずかな正規表現の修正が大幅な速度向上につながる場合が多くあります（詳しくは次章で解説）。

6.1
JITコンパイル ──JavaScriptや正規表現エンジンの高速化

本節では、JavaScriptや正規表現エンジンの高速化手法であるJITコンパイルのしくみを見ていくことにしましょう。

JavaScript ──高速なテキスト処理を求めて

Webがアプリケーションプラットフォームとしての強力な機能を提供するようになるにつれて、Webブラウザ(ブラウザ)は重要なインフラストラクチャとなっています。PCからスマートフォンまで、さまざまな環境に向けていくつものブラウザが開発され、これらはプラットフォームとして利用されるようになりました。Webアプリケーションが大規模化、複雑化するなか、より多くの機能の提供、そして高速化がブラウザに求められ、多くの競合するブラウザが存在することから、高速化は他のブラウザとの差別化につながってきました。

中でも、JavaScriptエンジンの高速化は重要視されてきました。JavaScriptを用いたWebアプリケーションはますます大規模化しています。ビュー/ロジックがサーバからクライアントサイド、すなわちブラウザのJavaScriptに移されるようになり、その結果、JavaScriptの実行速度はWebアプリケーションの実行速度に大きな影響を与えるようになりました。また、JavaScriptが高速化するにつれて新たなJavaScriptの利用方法も現れています。たとえば、C++をJavaScriptにコンパイルするといった利用方法[注1]も現れるようになりました。こうした利用方法の登場によって、さらに高速なJavaScriptの実行が求められています。

そして、Webアプリケーション内のテキスト処理の多くは、JavaScriptに備わる正規表現によって行われています。正規表現はJavaScript(ECMAScript)にとって重要なコンポーネントの1つとして、JavaScript(ECMAScript)の仕様にも取り込まれています[注2]。正規表現によるテキスト処理は、Webアプリケーションにとって重要な処理です。

たとえば、JavaScriptのライブラリとして著名なjQuery[注3]に備わっているCSSセレクタのマッチャであるSizzle[注4]は正規表現を用いてCSSセレクタを解析し

注1 URL http://emscripten.org/
注2 URL http://www.ecma-international.org/publications/standards/Ecma-262.htm
注3 URL https://jquery.org/
注4 URL https://github.com/jquery/sizzle

ます[注5]。また、JavaScriptエンジンによるネイティブの実装の存在しなかった頃にJSONをパースするのに用いられたjson2.jsでは、正規表現を用いてJSONに対して入力値検査を行っていました。

この他にも、URLの解析やJavaScript自体のパースなど、あらゆるところで正規表現は利用されています。このため、正規表現エンジンを高速化することは、記述されたJavaScriptの実行速度、ひいてはWebアプリケーションの実行速度に大いに寄与するでしょう。

主要なブラウザとその構成するコンポーネント/エンジンを表6.1にまとめました。表6.1のように、ブラウザは異なった競合するコンポーネントによって構成されています。これらコンポーネントを高速化することで、他のブラウザに対して差別化を行ってきました。

JITコンパイルの導入と成果

JavaScriptや正規表現エンジンの高速化手法として、**JITコンパイル**(*Just-in-Time compilation*)が行われてきました。JITコンパイルとは、入力された内容(JavaScriptコードや正規表現)をバーチャルマシンで実行するためのバイトコードに変換する代わりに、機械語にコンパイルしてしまうことで、直接実行してしまおうというものです。バーチャルマシンにおけるディスパッチのオーバーヘッドが削減されるほか、入力データや現在のバーチャルマシンの状態に合わせて、より高速な、適切な機械語を選択できるという利点があります[注6]。上に挙げたJavaScriptエンジン、および正規表現エンジンはすべてJITコンパイルを行い、非常に高速な性能を提供しています。

ではここで、実際にV8のIrregexpのJITコンパイルの効果を確かめてみまし

注5 Sizzleはブラウザによるセレクタマッチャの実装であるSelectors APIを利用できない、jQuery特有のセレクタに対して用いられます。

注6 バイトコードでも可能ですが、その特殊なパスの数だけバイトコードを増やし、また実装する必要があります。

表6.1 ブラウザとコンポーネント/エンジン

ブラウザ	レンダリング	JavaScript	正規表現
Google Chrome	Blink	V8	Irregexp
Safari	WebKit※	JavaScriptCore	Yarr
Mozilla Firefox	Gecko	SpiderMonkey	Irregexp

※正確にはWebCore。

よう。Google ChromeにJITされているJavaScriptエンジンであるV8（r23957）のIrregexpをJIT ON/OFFを切り替えて評価します。評価ベンチマークとして、V8 Benchmark Suite[注7]の「v8-regexp」、およびSunSpiderの「regexp-dna」を用いました。これらはRegExpを多く用いるベンチマークです。評価には30回実行しその平均を用いました。

表6.2は評価結果、**図6.1**は結果のグラフを示しています。JITコンパイルによってv8-regexpの場合、2.6倍の高速化、regexp-dnaにおいては7.1倍の高速化を確認することができます。JITコンパイルによって高速化された正規表現エンジンは、高速なテキスト処理をJavaScriptに提供し、今日のWebアプリケーションを支えています。

本章では、正規表現のJITコンパイルの詳細を解説します。はじめにJITコン

注7　WebKitに同梱されたversion 6を用いました。

表6.2　各々のモードによるベンチマークの実行時間

ベンチマーク	インタープリタ(ms)	JIT (ms)	相対時間
v8-regexp	185.5	70.2	2.64x
regexp-dna	66.6	9.3	7.16x

図6.1　各々のモードによるベンチマークの実行時間

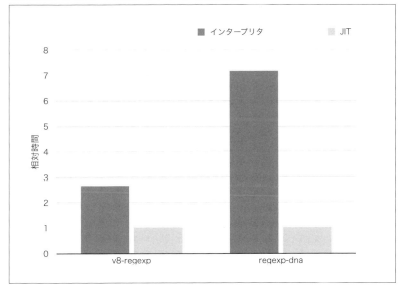

パイルとは何かを解説し、JITコンパイルによってなぜ高速化できるのかを示します。また、JITコンパイルの方法を示し、ブラウザに搭載されている正規表現エンジンがどのように高速化されているのかを解説します。

JITコンパイルによる高速化のカラクリ

　VM型の正規表現エンジンによって、ソースコードの解釈という比較的オーバーヘッドの高い処理を避けることができます。また、中間表現としてバイトコードというデータ構造を解釈することを選択します。と言うのも、ツリー構造はメモリの局所性が低く、VMのバイトコードはフラットでメモリ局所性が高いためです。これはメモリ局所性の低い文法ツリーを解釈するよりも効率的です。

　さて、ではVM型の正規表現エンジンにはもうボトルネックは残っていないのでしょうか。**図6.2**は、VM型の正規表現がどのような実行を行っていたかを示しています。VM型ではバイトコードを仮想的なCPUで実行します。この際、

❶仮想PCの命令をフェッチ
❷命令をディスパッチ
❸命令にあたる処理を実行
❹仮想PCの更新
❺メインループ先頭❶に戻る

図6.2　VMのアーキテクチャの概念図

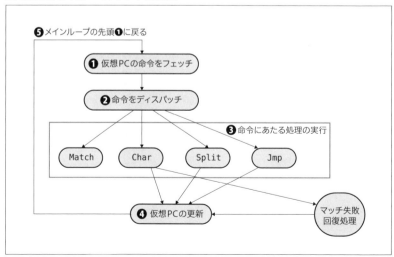

ということを繰り返します。この処理の中に大きなオーバーヘッドとなる処理が隠れています。それは図6.2 ❷の命令のディスパッチです。

近代的なCPUにおいては、CPUは分岐予測を行い命令のパイプラインを投機的に満たします。その時、あるプログラムカウンタに対して、CPUが分岐の予測を行い、それが当たれば実行は途絶えることなく行われますが、一方で外れてしまうと、投機的に満たしたパイプラインがすべて無駄になってしまうため、大きなペナルティを負うことになります。

ところが、VM型では、ディスパッチの際の分岐に対して分岐予測がほぼ意味を成しません。なぜなら、すべてのバイトコードがこのディスパッチで分岐してしまうため、飛び先の予測ができないためです。結果、VMの命令のディスパッチ部分では分岐予測は機能せず、大きな性能上のペナルティを負ってしまいます。

JITコンパイルはこのオーバーヘッドを取り除き、より効率的な正規表現の実行を実現します。JITコンパイルとは、プログラムを実行中にアーキテクチャごとの機械語をその場で生成し、実行する手法のことです。JITコンパイルを行うことで、バイトコードの列は、そのまま実行可能な機械語へと置き換えられます。

図6.3は、❹与えられたバイトコード、❺VMによってバイトコードを実行した場合の処理と、❻JITコンパイルされた機械語を用いた際の処理の対応を

図6.3 VM時とJIT時の処理の比較

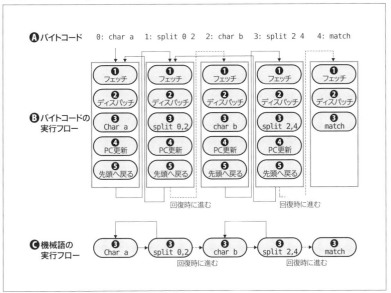

示しています。与えられたバイトコード❹はJITコンパイラによって機械語に変換されます。図6.3の❺と❻を比べると、機械語を直接実行することによって、仮想CPU、すなわちVMをソフトウェアで構築していた際に生じていた多くの処理を取り除くことができていることがわかります。

ここで、図6.3の❺と❻を比較し、JITコンパイルによって生成された機械語を直接実行することによって取り除かれるオーバーヘッドを確認しましょう。図6.3の❶命令のフェッチは、機械語であればCPUが行います。ボトルネックであった❷ディスパッチもCPUの仕事です。分岐がなくなったので、分岐予測ミスのペナルティも存在しなくなりました。❸処理の実行はJITコンパイラが生成した機械語の実行が行われるため、VM型と等価です。そして、プログラムカウンタは実際のCPUのものが用いられるため、❹仮想プログラムカウンタを更新する必要はありません。また、機械語をシーケンシャルに実行すれば良いため、メインループのような構造を取る必要がなく、❺メインループ先頭に戻る必要もありません。

JITコンパイルを利用した機械語の直接実行によって、VM型で必要とされた処理のうちオーバーヘッドであった❶❷❹❺は取り除かれ、分岐予測ミスの問題は解決し、必要な処理を行うだけの効率的な機械語を実行すれば良いだけとなりました。これがJITコンパイルによって高速化を行うことができる大きな理由です。

正規表現のJITコンパイル

具体的に、JITコンパイラがどのように正規表現を機械語に変換をするかを確認しましょう。ここでは第5章で紹介したVMを例に用い、ナイーブなJITコンパイラを構築します。

図6.4は、典型的なJITコンパイラモジュールと既存のモジュールとの関係を示します。JITは機械語に変換してしまうので、アーキテクチャへの依存が大きく、環境によってはJITコンパイラが対応していない場合があります。そのためJITコンパイルができない場合、VMにフォールバック（*fall back*、逆戻り）して実行するというスタイルが広く用いられています。図で示されるとおり、JITコンパイラは抽象構文木を受け取り、何らかの解析に適した中間表現に変換する過程を通って、もしくは直接、機械語へ変換します。そして生成された機械語を実行して、マッチングを行います。

では、実際にJITコンパイルを行ってみましょう。ここでは最も単純なJITとして、VMで行っていた処理を等価な機械語に置き換えることを考えます。

機械語には、レジスタとPC（プログラムカウンタ）という概念が存在します。レジスタとは、非常に高速な記憶回路であり計算を行う際に利用します。頻繁に利用する値をレジスタに保存しておき、高速にアクセスするということもしばしば行われます。そしてPCとは、次に実行すべき命令が格納されているメモリ上のアドレスを指すレジスタであり、たとえばjmpといった命令は、プログラムカウンタを書き換えることで実現されます。第5章で登場したRuss CoxのVMでは、現実のCPUを模して2つのレジスタ、すなわちPCとSP（文字列ポインタ）が用いられました。今回JITコンパイルを行うにあたって、PC、SPレジスタはCPUのレジスタをそのまま用います。そしてVMの命令としては、以下のものがありました。

- Char
- Match
- Jmp
- Split

　たとえば、Char、これは現在の位置の文字と対象の文字を比較して、成功すれば現在の位置を更新する命令でした。これは以下のようにVMでは実装されました。

```
case Char:
    if(*sp != pc->c)
        goto Dead;
    pc++;
    sp++;
    continue;
```

図6.4　JITコンパイラモジュールと既存のモジュールとの関係

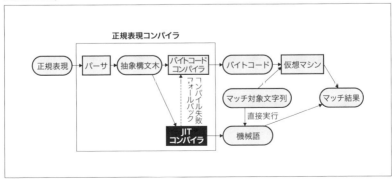

*spによって現在の文字列を取り出し、対象の文字pc->cと比較し、失敗するとDeadラベルへジャンプ、成功した場合はPC、SPをそれぞれ更新しています。

そこで、たとえばChar 'a'という命令が与えられた場合、機械語を用いて以下のようにコンパイルします。

```
;; char a
cmp BYTE PTR [SP],0x61    ;; compare, 'a'：(0x61)とSPの文字を比較
jne #dead                 ;; jump not equal：一致しなければdeadへ
add SP,0x1                ;; SP += 1：1文字進める
```

このように、ほぼ一対一の関係で内容が反映されています。では、正規表現a+b+全体をコンパイルしてみましょう。

図6.5はコンパイル結果、そしてその関係をグラフに構成し直したものです。機械語中にはそれぞれ、意図する動作についてのコメントを記載しています。図中のプログラムでは、#prologueより開始して、最終的に#4: matchもしくは#unmatchに至り、#epilogueにて結果を返します[注8]。

バイトコードのPCはCPUのPCに置き換えられ、明示的なPCレジスタの更新処理はなくなっており、PCの更新は、機械語のjmp命令によって実行するCPUのPCを変更することで代替されます。たとえば、#1: split 0, 2から#0: char aへのjmpは機械語のjmpによって表現されています。これによってメインループに戻って分岐先の命令へジャンプするといった、VMの実装の際のオーバーヘッドが削減されています。

また、#0: char aと#1: split 0, 2、また#2: char bと#3: split 2, 4といった連続した命令は連続した機械語として生成されています。すなわち、#0: char aが成功した場合、ジャンプを挟まず連続して#1: split 0, 2のコードの実行が開始することになります。これによってメインループやディスパッチといったVMの実装において必要であったものが削除され、オーバーヘッドが削減されています。

仮想レジスタであったSPはCPUのレジスタに置き換えられ、コンパイルされたプログラム全体にわたって非常に高速にアクセスすることができます。

```
#dead
test rsi,rsi
je #unmatch                         ;; スタックが空になるとunmatchへ
sub rsi,0x10                        ;; スタックトップを縮める
mov rax,QWORD PTR [rsp+rsi*1]       ;; rax = スタックから取り出したPC
mov rdi,QWORD PTR [rsp+rsi*1+0x8]   ;; rdi = スタックから取り出したSP
```

注8 スレッドを保存するスタックが溢れた場合、スタックオーバーフローを検知し、#errorに至ります。

```
jmp rax    ;; 保存されたPCへジャンプ
```

　#deadはバックトラックを実現するために次の試行の状態に向けて状態を回復する部分に当たります。図中の#deadのブロックを取り出し上に示しました。これまで、split命令がが実行された場合、後にこの時点の状態に回復できるようにスタックに現在の状態を保存していました。

　今回の正規表現エンジンにおいて、現在の状態とは、PC、SPのペアです。これらはsplit命令の実行時にスタックに保存されています。そこでここでは、マッチに失敗した場合に、以前にスタック上に積んだPC、SPを取り出し、取り

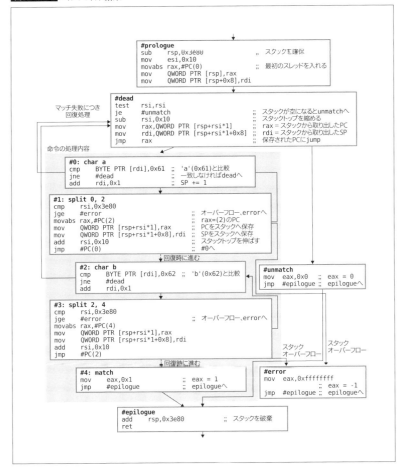

図6.5 コンパイル結果

出した値によって現在の状態を更新することで、状態の回復を行っています。

以上のように、JITコンパイルを行うことで、VMによる実装からさらにオーバーヘッドを削減し、高速化を図ることができます。

6.2 固定文字列探索による高速化

JITよりも遙かに昔からあるマッチングの高速化技術として、固定文字列探索によるフィルタリングがあります。「固定文字列」とは一体何なのか、なぜそれが正規表現マッチングの高速化に繋がるのかを本節では説明していきます。

固定文字列とは？

ずばり言うと**固定文字列**(*fixed string*)とは「1つの文字列」のことです。stringは「string」という1つの単語を表した固定文字列ですし、regexは「regex」を表す固定文字列です。

固定文字列とはただの文字列に過ぎません。それにもかかわらず「固定」なんて大層な言葉を冠っている理由は、正規表現のように「複数の文字列を表すもの」(パターン)と比べて、「1つの文字列を表すもの」ということを強調するためです。**固定文字列探索**とは対象文字列から1つの文字列を検索するという単純な操作です。fgrepなどのツールやエディタやブラウザの単純な検索機能は固定文字列探索なのです。

もちろん正規表現は「1つの文字列」を表現することができるので、正規表現の枠組みで固定文字列探索を行うことは当然可能です。たとえばabcという固定文字列を正規表現として扱った場合は**図6.6**のようなDFAで探索を行うことができます。部分文字列としてabcという固定文字列を探しているので(部分一致)、正規表現としては.*abc.*での完全一致を行うということになります。

さて、固定文字列探索という「正規表現よりも限定された探索手段」が、なぜ正規表現マッチングの高速化に繋がるのかを説明していきましょう。テキストからHTTPのURLを抜き出すために、以下の(適当に手を抜いた)正規表現を用いる場合を考えてみましょう。

6.2 固定文字列探索による高速化

```
http://([^/?#]*)?([^?#]*)(\?([^#]*))?(#(.*))?
```

　この正規表現は、少なくとも見た目には、それなりに複雑な正規表現です。既存の正規表現エンジンはマッチングを行うときに、第4章や第5章で紹介したようにバックトラックやDFAを用いたマッチングを行うのでしょうか。実はそうではないのです。

　現代の多くの正規表現エンジンでは、以下のような流れで正規表現にマッチする文字列の位置を求めます。

- ❶**キーワード抽出**：まず正規表現から**キーワード**（keyword）と呼ばれる固定文字列を抜き出し、
- ❷**フィルタリング**：高速な固定文字列探索のアルゴリズムによってキーワードの位置を特定し、
- ❸**正規表現マッチング**：キーワードの周辺について正規表現マッチング

　ここで言うキーワードとは、「正規表現にマッチする文字列が必ず含む部分文字列」のことを指します。たとえば、先ほどの正規表現`http://([^/?#]*)?([^?#]*)(\?([^#]*))?(#(.*))?`に含まれるキーワードは`http://`となります。

　キーワードを含まない文字列はそもそも絶対に正規表現にマッチしないため、わざわざDFAやVM的な正規表現マッチングを試みる必要もないという論法です。そして、おもしろいことに固定文字列探索は、正規表現マッチングよりも何倍も高速に探索を行うことができるのです。

正規表現とキーワード

　正規表現におけるキーワードとは、「その正規表現にマッチする文字列すべてが**必ず含む**部分文字列」のことを指します。たとえば、`(orange|france|ranha)`

図6.6　固定文字列abcを探索するDFA

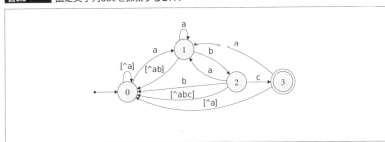

におけるキーワードはorange, france, ranhaと3つの文字列に共通に含まれるranになります。

　先ほど例に挙げたhttp://([^/?#]*)?([^?#]*)(\?([^#]*))?(#(.*))?という正規表現においては先頭のhttp://がキーワードとなります。http://以降の文字列がちゃんとしたURLになっているか判断するには正規表現マッチングが必要ですが、http://で始まる「URLっぽい文字列」を探すのは固定文字列探索で十分なのです。

　正規表現とそのキーワードについて説明を行いましたが、ところで与えられた正規表現からキーワードを抜き出す(キーワード抽出)アルゴリズムはどのようなものなのでしょうか。実は、正規表現からキーワードを抜き出すアルゴリズムはなかなかに複雑です。ここで紹介した単純な正規表現での例を見て「簡単じゃないか」と思われるかもしれませんが、より複雑な正規表現のキーワードを厳密に抽出しようとすると賢いアルゴリズムが必要となります[注9]。

DFAよりも高速な固定文字列探索アルゴリズム

　対象文字列からキーワードを探したい場合、我々人間は無意識にやっているはずですが、どのような処理(アルゴリズム)を行えば良いのでしょうか。

　まず、簡単なやり方として最も単純なブルートフォースアルゴリズム(brute-force algorithm、力任せなアルゴリズム)を紹介します。

■──ブルートフォースアルゴリズム

　ブルートフォースアルゴリズムは、キーワードを与えられた対象文字列から探すために、対象文字列の先頭から1文字ずつ右にずらしながらキーワードと比較を行っていきます。**図6.7**に対象文字列「あかさかさかす」からキーワード「さかす」をブルートフォースアルゴリズムで探索する行程を示しています。

　第4章で解説したように、DFAを用いることで文字列を先頭から読んで状態を移動することで正規表現マッチングが実現できます。検索対象の文字列がn文字あったら、探索のためにn回文字を左から順番に読んで(DFAの状態遷移の)表引きを行うわけです。そのため、図6.7の例では最大でも7文字分の表引きしか行いません。

注9　『プログラミングテクニックアドバンス』[23]では、GNU grepで実装されているキーワード抽出のアルゴリズムがソースコードを交え丁寧に説明されています。

それに比べると、ブルートフォースアルゴリズムは明らかに効率が良くありません。なぜなら、検索対象文字列の長さは7文字にもかかわらず、文字の比較(図6.7内の○×の数)を9文字分行っているからです。比較位置を1文字ずつしかシフトしないため、比較にダブりが出てしまうのです。たとえば、「あかさかさかす」の真ん中の「か」はステップ3とステップ4にて二重に比較されています。

■──── Quick searchアルゴリズム

一方、賢い固定文字列探索のアルゴリズムを使うと、場合によっては一部の文字を「比較すらせずに探索できる」ことがあります。

固定文字列探索アルゴリズムは多数存在するのですが、基本的なアイディアは「読む必要がない文字は読まずに飛ばす(スキップ)」というものです。ここでは、数あるアルゴリズムの中でも、シンプルかつ高速な **Quick search**(*Sunday* のアルゴリズム)を紹介します。

前述のブルートフォースアルゴリズムでは、キーワードとの比較が失敗すると比較位置を1文字ずつ右にシフトして比較を続けていました。Quick searchでは、キーワードとの比較が失敗した時のキーワード終端文字に対応する対象文字列の「1つ右の文字」を基準に「何文字シフトするか」を決定します。

たとえば図6.7のステップ1で比較が失敗し、ステップ2で比較位置を1文字右にシフトして再度比較を行っていますが、これは明らかに無駄です。なぜな

図6.7 ブルートフォースアルゴリズムで「あかさかさかす」から「さかす」を探索

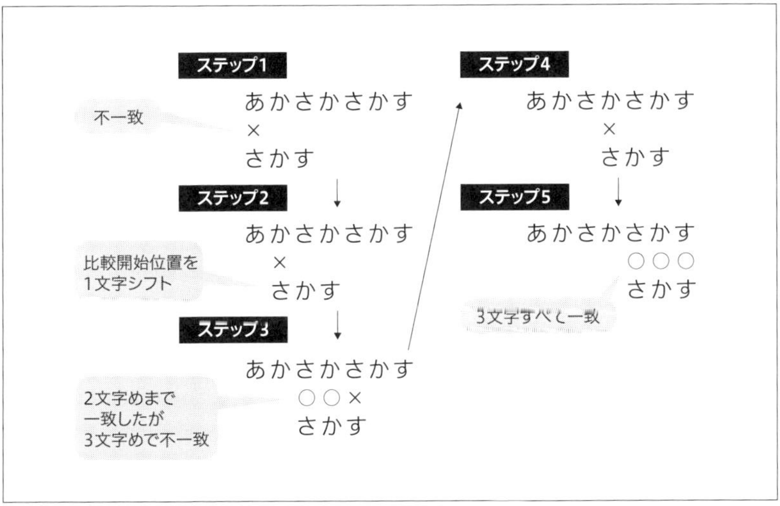

```
ステップ1                          ステップ4
不一致    あかさかさかす              あかさかさかす
          ×                          ×
          さかす                      さかす

ステップ2      ↓                  ステップ5   ↓
比較開始位置を あかさかさかす              あかさかさかす
1文字シフト    ×                          ○○○
              さかす                      さかす

ステップ3                          3文字すべて一致
              あかさかさかす
2文字めまで    ○○×
一致したが     さかす
3文字めで不一致
```

ら、「あかさ」の次の文字は「か」であり、「か」はキーワードの「さかす」の2番め
の文字であることは最初からわかっているため、対象文字列にキーワードが含
まれている場合は対象文字列の「か」と「さかす」の「か」の位置が必ず一致してい
る必要があります。しかし、ブルートフォースアルゴリズムではそのような事
情を無視して単純に1文字分しかシフトしません。そうなると「さかす」の「す」
と対象文字列の「か」が同じ位置に来るため（図6.7のステップ2）比較が失敗する
ことは目に見えています。

　一方のQuick searchでは、**図6.8**のように上記の事情を考慮してシフト長を調
整していることがわかります。ブルートフォースアルゴリズムでは5ステップ
（9回の比較）かかっていた探索が、Quick searchでは3ステップ（7回の比較）で済
んでいるのがわかります。

　Quick searchは、

❶キーワードから「何文字読み飛ばせるか」というテーブルを作る準備フェーズ

❷実際にキーワードを探索対象文字列から探索する探索フェーズ

の2段階から構成されています。実際に実装するのは非常に容易です。**リスト
6.1**はC言語で記述されたQuick searchのコードです。`preQsBc`でシフトする長
さを計算しています。

　Quick searchは、単純なアルゴリズムですが多くの場合非常に高速に動作しま
す。とくに、キーワードに含まれていない文字が対象文字列に多く含まれる場

図6.8　　Quick searchで「あかさかさかす」から「さかす」を探索

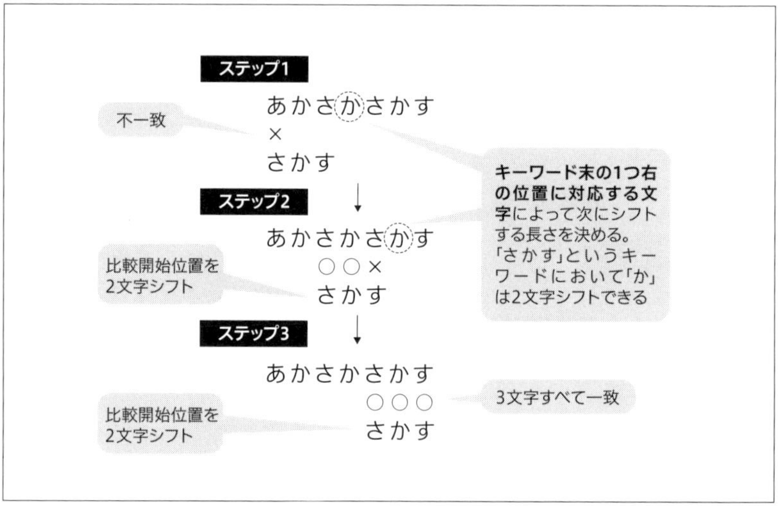

合は、ほとんどの場合「キーワード長+1」文字分のシフトが効くため、多くの文字が比較されずにスキップされていきます。図6.9では、対象文字列の長さが17文字あるにもかかわらず、探索にて比較されている文字数はたったの11文字となっています。これはすべての文字に順次アクセスしていくDFAよりも効率的です。

ブルートフォースアルゴリズムでは、長さm文字のキーワードを長さn文字の対象文字列から探索するのに最悪$m \times n$に比例した比較回数が必要になって

リスト6.1 Quick searchコード（C言語）※

```c
// シフトする長さを計算して配列qsBcに保存する関数
// xはキーワード文字列のポインタ、mはキーワード文字列の長さ
void preQsBc(char *x, int m, int qsBc[]) {
    int i;

    // シフト長の初期値はキーワード文字列の長さ+1
    for (i = 0; i < ASIZE; ++i)
        qsBc[i] = m + 1;

    // キーワード中に現れる文字に対し「何文字読み飛ばせるか」を計算
    for (i = 0; i < m; ++i)
        qsBc[x[i]] = m - i;
}


// Quick searchを行う関数
// xはキーワード文字列のポインタ
// mはキーワード文字列の長さ
// yはキーワードを探す対象文字列のポインタ
// nはキーワードを探す対象文字列の長さ
void QS(char *x, int m, char *y, int n) {
    // 配列qsBcはシフトする長さを保存するテーブル
    // ASIZEはアルファベットサイズを表す定数（256）
    int j, qsBc[ASIZE];

    // シフトする長さを計算
    preQsBc(x, m, qsBc);

    // 探索
    j = 0;
    while (j <= n - m) {
        if (memcmp(x, y + j, m) == 0)
            OUTPUT(j);
        // 前もって計算した値でシフトを行う。ここでスキップが効いてくる
        j += qsBc[y[j + m]];
    }
}
```

※ 以下より引用。 URL http://www-igm.univ-mlv.fr/~lecroq/string/node19.html

きます。Quick searchでも最悪ケースの場合は$m \times n$に比例した比較回数が必要になるのですが、実際にはキーワード長分のスキップが効いて$\frac{n}{m}$程度の比較回数で済む場合が多いです。たとえば図6.9ではステップ2からステップ3に移る時とステップ3からステップ4に移るときでそれぞれ一気に5文字分もシフトされています。これは、「り」も「の」もキーワードの「きょうと」に含まれない文字であるためです。

世の中には賢い固定文字列探索アルゴリズムが多く存在しますが、その中でもQuick searchはとくにシンプルかつ高速なアルゴリズムの一つです。

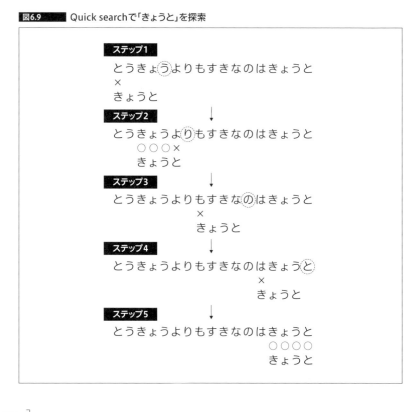

図6.9　Quick searchで「きょうと」を探索

複数文字列探索アルゴリズム

固定文字列探索は多くの場合DFAよりも高速に探索を行うことができますが、DFAとは違って使える場面が制限されてきます。

たとえば、最初に紹介したように正規表現が(orange|france|ranha)のようにキーワード(ran)を含む場合は固定文字列探索が有効ですが、(orange|france|ranha|pi)のように選択で文字列が追加された場合はもはや単一のキーワードがなくなってしまいます。単一のキーワードがなければ固定文字列探索によるフィルタリングを行うことができません(もしranでフィルタリングをかければpiという検索文字列を見逃してしまうからです)。どんな正規表現でもDFAによる探索は有効ですが、固定文字列探索では「キーワードを含む」正規表現でなければ有効でないのです。

固定文字列探索アルゴリズムの戦略はキーワードと検索対象文字列の情報からなるべくシフトする文字数を増やすというものでした。この戦略は**複数の文字列探索アルゴリズム**にも応用することができます。賢い複数文字列探索では、(orange|france|ranha|pi)のような単一のキーワードを持たない「複数の固定文字列の選択」のような探索でもQuick searchのように)スキップの恩恵を得ながら探索を進めるのです。

GNU grepも複数文字列探索によるフィルタリングで正規表現マッチングの高

[**Column**]

固定文字列探索アルゴリズムのススメ

Quick search以外の固定文字列探索にも興味のある読者はChristian CharrasとThierry Lecroqによる解説サイトを参照してみると良いでしょう[注1]。40近い固定文字列探索アルゴリズムが、擬似コードと例題、さらにわかりやすいJavaアニメーションによって解説されています。

さらに、北海道大学の喜田拓也氏(本書6.3節著者)による文字列探索の講義資料も公開されている[注2]ので、日本語で固定文字列探索のアルゴリズムを学びたい方はそちらを参照すると良いでしょう。

注1 URL http://www-igm.univ-mlv.fr/~lecroq/string/index.html
注2 URL http://ocw.hokudai.ac.jp/Course/GraduateSchool/InformationScience/InformationKnowledgeNetwork/2005/index.php?lang=ja&page=materials

速化を図っています[注10]。

　複数文字列探索のアルゴリズムは、基本的には固定文字列探索で用いていた「シフト長を増やす」という戦略を複数文字列に応用したものです。

　複数文字列探索のアルゴリズムは非常にバリエーションが多く、現在でも新しいアルゴリズムが提案/研究されています。文字列探索等の文字列に関するアルゴリズムを研究する分野は**Stringology**と呼ばれ、それ専門の国際学会も開かれています。

6.3 ビットパラレル手法によるマッチング

　本節では、ビット操作を巧みに用いて(制限された)NFAの状態遷移のシミュレーションを行う手法を紹介します。

ビットパラレル手法

　ビット操作を巧みに用いて(制限された)NFAの状態遷移のシミュレーションを行う手法は、**ビットパラレル手法**と呼ばれています。この手法は、レジスタ同士での論理演算がビット並列的に動作することを利用します。

　たとえば、0,0,0,0, 0,0,0,0, 1,1,1,1, 1,1,1,1 という16個のビット値と、同じく1,0,1,0, 1,0,1,0, 1,1,0,0, 1,1,0,0 という16個のビット値の対応する同じ位置どうしの論理積(AND演算)は、それぞれが16ビットのレジスタAXとBXに代入されているならば、「AND AX, BX」とすることで16組のビット論理積演算の結果を一度に得ることができます。

　C言語風に言えば、2つのunsigned intの変数A, Bにビット列データが代入されているときに、そのビットごとの論理積を1命令(A & B)で高速に実行できる、ということです。これを**ビット並列処理**(*bit-parallelism*、ビットパラレリズム)と言います。いわゆる**SIMD**(*Single Instruction Multiple Data*)のことです。

　このしくみをパターンマッチングに応用します。キーポイントはマッチングに用いるNFAの形にあります。

注10　GNU grepでは**Commentz-Walterのアルゴリズム**を採用しています。

固定文字列探索を行うNFA

正規表現のマッチングは、有限オートマトンを用いることで行うことができました。前節でも述べたように、固定文字列の探索は正規表現で表現することができます。固定文字列探索を行うNFAはどのような形になるでしょうか。

文字列ababcをマッチングするNFAを**図6.10**に示します。見てのとおり、一直線のシンプルな形になっています。

後の説明のために、右端がスタート（初期状態）で、左端がゴール（最終状態）になるように配置しています。なので、紙面上ではパターンの並びが左右反転していることに注意してください。

スタート地点にあるループ状の遷移関数は、すべての入力記号に対して遷移できるようになっています。これは、テキストの任意の位置をパターン比較の開始地点とするためです。正規表現のマッチングの場合と同様に、このNFAを入力テキスト上で動作させればキーワードababcの検索（固定文字列探索）を行うことができます。

固定文字列探索を行うNFAのシミュレーションをビットパラレル手法で計算する

先ほどの図6.10の一直線なNFAの状態をビット列で表現してみましょう。アクティブな状態を1、非アクティブな状態を0とします。したがって、初期状態は000001です。これを、「状態ビット列」と呼ぶことにしましょう。状態ビット列は下位（右）から上位（左）に向かって状態番号順に並べることにします。

図6.11は、このNFAにテキストababbababcを入力したときの状態遷移の様子を表しています。

最終状態がアクティブになるとき、すなわちパターンの一致が検出されるときは、状態ビット列の最上位ビットが1になることに対応します。

状態ビット列の動きを少し詳しく見ていきましょう。初期状態000001から最初のテキスト上の文字aを読み込むと、状態番号0にあるアクティブな状態が状

図6.10 文字列ababcを探索するNFA

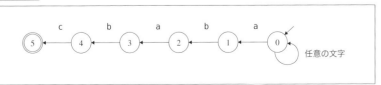

態番号1へ移ると同時に、ループによって状態番号0へも移ります。つまり、次の状態ビット列は000011となります。NFAでは非決定的な遷移を許すため、このように2ヵ所以上がアクティブになることがあります。次にテキスト上の文字bを読み込むと、状態番号1にあるアクティブな状態から状態番号2へと移ります。それと同時に状態番号0のアクティブな状態が、ループによって状態番号0に移ります。状態番号1は非アクティブな状態になるので、状態ビット列は000101となります。同様にNFAの動作を続けると、この例では、テキストの最後の文字を読んだ段階で最終状態がアクティブになり、パターンが見つかったことがわかります。

さて、この状態ビット列の動きをどうすれば簡単に計算することができるでしょうか。基本的には、1が立っているビットが順々に上位に(図6.11で言うと右から左に)移っているように見えますね。

状態ビット列を1つの変数Rに代入することを考えます。C言語で言えば、unsigned intの変数Rにビット列を格納することになります。このとき、初期状態000001を変数Rに代入して2進数としてみると、その値は1となります。ここでちょっとした工夫なのですが、図6.11をよく観察してみると、状態番号0に対応するビットは常に1であることがわかります。したがって、このビットはわざわざ保持しておかなくてもよさそうです。状態番号1以上の部分のみを変数に代入することにしましょう。すると、初期状態は$R=0$となります。

1文字入力されたときの状態ビット列の値の変化を計算したいわけですが、ま

図6.11 図6.10のNFAの動作

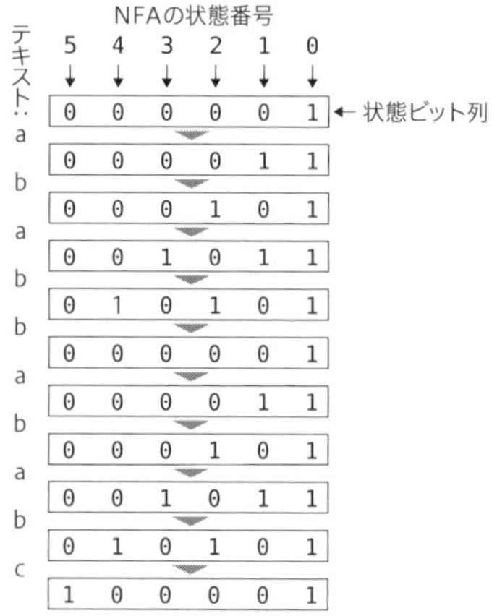

ずはRを上位に1ビットシフト（R<<1）します。これは、とりあえずNFAのアクティブな状態すべてを左に（上位方向に）1つ移す動作に対応します。おっと、状態番号0のビットを忘れてはいけませんね。シフトした後に最下位ビットに1を挿入します（R << 1 | 1）。

　このままでは正しくない遷移まで含まれてしまっています。遷移できない場所の1をそぎ落とす必要があります。そのための「マスクビット列」を用意しましょう。このマスクビット列は、パターンの文字列に対して、各記号がパターン中のどの位置に出現しているかをビット列で表現したものになります。図6.12に、パターンの文字列ababcに対するマスクビット列の配列Mを示します。たとえば、M[a]として文字aに対するマスクビット列を参照できることとしましょう。すると、M[a]は00101となります。ここでも、パターンの先頭側がビット列の下位ビット、終端側がビット列の上位ビットになっていることに注意してください。

　このマスクビット列を用いれば、状態ビット列の更新は次のようにまとめることができます。

$$R \leftarrow ((R << 1) | 1) \ \& \ M[a]$$

　この更新式は、シフト演算、論理和、論理積、配列アクセスを各1回ずつ行うだけで計算できます。言い換えると、テキストの各文字に対して定数時間でNFAの状態を更新できる、ということです。すなわち、以上の手法によって、文字列マッチングを入力テキスト長に比例する時間で実行することができるのです。

　ここで紹介したビットパラレル手法を用いたNFAのシミュレーションは、その更新式の形から「シフトアンド法」（Shift-And）とも呼ばれます[注11]。シフトアンド法の疑似コードを**リスト6.2**に示します。

注11　このほかに、「シフトオア法」といったバリエーションがあります。

図6.12　パターンababcに対するマスクビット列

	c	b	a	b	a
M[a]	0	0	1	0	1
M[b]	0	1	0	1	0
M[c]	1	0	0	0	0

リスト6.2　ビットパラレル手法によるマッチングの疑似コード

```
T = text_string;       // 検索対象文字列
P = pattern_string;// キーワード
n = length_of_text;    // 検索対象文字列の長さ
m = length_of_pattern;         // キーワードの長さ
S = character_set;  // 入力文字の集合

/* マスクビット作成 */
temp = 1;
foreach c in S do M[c] = 0;    // 0で初期化
// パターンからNFAの遷移を表すマスクビットを計算
for i = 1 to m do { M[P[i]] |= temp; temp <<= 1;}

/* マッチング */
R = 0;
accept = 1 << (m-1);           // 受理状態だけ1にしたビット列
for s = 1 to n do {
  // 「<<」(シフト)と「&」(アンド)を使ったNFAのシミュレーション
  R = ((R << 1) | 1) & M[T[s]];
  // 受理状態に遷移したら、文字列の位置を出力する
  If (R & accept) != 0 then output s;
}
```

文字クラスへの拡張 ——固定文字列探索よりも柔軟に

　前項で解説したビットパラレル手法を用いた固定文字探索は、線形時間(検索対象の文字列の長さに比例した時間)で検索を行うことができます。

　以上の結論だけ聞くと、「だったらスキップが効いてくるQuick searchを使った方が効率良く固定文字列探索できるじゃないか」と思われるかもしれません。まったくもって、そのとおりです。アプローチとしてはおもしろいですが、それだけでは使い道がありません。

　ビットパラレル手法の利点は「取り扱えるパターンの拡張性」にあります。Quick searchで検索できるパターンは固定文字列だけでした。しかし、ビットパラレル手法は**文字クラスを含むパターンの検索に拡張**することができるのです。固定文字列よりも取り扱えるパターンが柔軟なのです(**図6.13**)。

　たとえばa[bc]abcというパターンについて考えてみましょう。このパターンはababcとacabcのどちらの文字列とも一致するわけですが、このようなパターンは、Quick searchなどの固定文字列探索アルゴリズムでは対応していません。しかしながら、ビットパラレル手法を使えば、非常に簡単に解決できます。

　と言うのも、マスクビット列を適切に修正するだけで対応できます。先のa[bc]abcというパターンの場合、マスクビット列の$M[b]$と$M[c]$の2文字めに当

たるビットを両方とも1にするだけです（**図6.14**）。更新式を変更する必要はありません。ビットパラレル手法の場合は、固定固定文字列に文字クラスを加えても、同じアルゴリズム／同じ効率で探索を行うことができるのです。

さて、文字クラスが取り扱えると、？（疑問符）にも対応できるようになります。任意の1文字に一致する疑問符は、パターンを記述する際に大いに役立ちます。同様に文字クラスの否定 [^] なども取り扱えるようになります。これらは、どちらも文字クラスの一種として記述できますので、ビットパラレル手法で簡単にマッチングすることができるためです。

ここでは詳しく述べませんが、更新式に少しの変更を加えることで、長さを指定したギャップを含むパターンをビットパラレル手法でマッチングする手法も提案されています[注12]。

[注12] Gonzalo Navarro と Mathieu Raffinot の名著『Flexible Pattern Matching in Strings: Practical On-Line Search Algorithms for Texts and Biological Sequences』（Cambridge University Press、2007）に詳しく書かれています。

図6.13 表現力の高さと探索の効率

図6.14 パターンa[bc]abcに対するマスクビット列

	c	b	a	[bc]	a
$M[a]$	0	0	1	0	1
$M[b]$	0	1	0	1	0
$M[c]$	1	0	0	1	0

[Column]

SIMD命令による高速化

本章で紹介したQuick searchやビットパラレル手法は、ソフトウェアレベル、すなわちアルゴリズムを工夫することで固定文字列探索や正規表現マッチングを高速化する試みです。一方、**ハードウェアレベル**の工夫の恩恵で固定文字列探索や正規表現マッチングを高速化する方法もあります。ハードウェアレベルで効率的に実装されたSIMD命令を利用することです。

2008年に登場したIntel Nehalemマイクロアーキテクチャから搭載されたSIMD命令群**SSE 4.2**には、文字列探索のためのpcmpstr命令群が追加されています。光成滋生氏による記事[注a]で、pcmpstrの概要や利用法、具体例としてHTTPパーサの高速化事例が紹介されています。また、同じく光成氏によるスライド[注b]では、Quick searchとpcmpstr命令それぞれによる固定文字列探索の詳細な性能比較が行われています。Quick searchよりもpcmpstr命令を用いた方が高速な結果が出ており、ハードウェアレベルで実装されたSIMD命令の強力さがうかがえます。

また、2013年に登場したIntel Haswellマイクロアーキテクチャから搭載された新SIMD命令群**AVX2**には、複数の表引き命令を1命令でまとめて行えるSIMD集約命令gatherが追加されました（**図C6.1**）。gatherは非常に汎用的な命令ですが、十分に高速に動作することが期待できればAppendixで解説する**syntactic monoid**をgatherでシミュレートすることで正規表現マッチングの高速化につながる可能性があります[注c]。

注a　URL http://developer.cybozu.co.jp/tech/?p=7982
注b　URL http://www.slideshare.net/herumi/x86opti3
注c　興味のある読者は本コラム著者（新屋）のスライド「AVX2時代の正規表現マッチング」を参照されると良いでしょう。URL http://www.slideshare.net/sinya8282/avx2

図C6.1 gatherで複数の表引きを1命令で行う

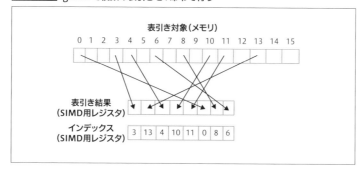

第7章

正規表現の落とし穴
バックトラック増加、マッチ、振る舞いの違い

[第7章] 正規表現の落とし穴 —— バックトラック増加、マッチ、振る舞いの違い

　正規表現は便利ですが、時にユーザは思いもよらない落とし穴にハマってしまう場合があります。DFA型エンジンには「状態数爆発」という問題がありましたが、エンジン側でうまく対応（On-the-Fly構成法）してくれるため多くの場合ユーザが意識する必要はありません。

　しかし、バックトラックをベースとしたVM型エンジンの場合にはユーザが意識しなくてはならない特有の難しさや問題、落とし穴があります。7.1節では、バックトラックを基本としたVM型エンジン特有の落とし穴である「バックトラックの増加」によって処理が遅くなる例を紹介します。さらに、正規表現を工夫することで落とし穴を回避する術も同時に解説します。落とし穴を避けるためのキーワードは「バックトラックの制御機能」です。

　さらに7.2節では正規表現マッチングにおいて問題となりやすい「マッチのオーバーラップ」について、オーバーラップとは何か、何が問題になるのか、を解説します。マッチのオーバーラップの問題は「先読み」をうまく使うことで回避することができるので、7.2節ではその術も解説します。

　7.3節では、既存の正規表現エンジンごとの微妙な動作の違いや機能/構文サポートの違い、マルチバイト文字に関わる問題など、初心者がハマりやすい点について解説していきます。

7.1 バックトラック増加によるパフォーマンスの低下とその解決策

本節ではVM型が極端に遅くなってしまう正規表現マッチングの例を紹介し、その理由がバックトラックにあることを説明し、その解決策を解説します。

[問題点]指数関数的なバックトラックの増加

DFA型の正規表現エンジンを搭載したGNU grepとVM型の正規表現エンジンを搭載したpcregrepを使って、正規表現`^(a?){30}a{30}$`に対して「aが30文字続く文字列」をa30.txtというファイルに格納してそれぞれマッチングさせてみましょう。grepファミリーで「部分マッチした行数」を返す-cオプションを用いて実験します。結果は、次のようにおもしろいことが起こります。

```
$ perl -e 'print "a"x30' > a30.txt
$ cat a30.txt
aaaaaaaaaaaaaaaaaaaaaaaaaaaaaa
$ time egrep -c '^(a?){30}a{30}$' a30.txt
1
egrep -c '(a?){30}a{30}' a30.txt  0.00s user 0.00s system 58% cpu % 0.007% total
$ time pcregrep -c '(a?){30}a{30}' a30.txt
pcregrep: pcre_exec() gave error -8 while matching this text:

aaaaaaaaaaaaaaaaaaaaaaaaaaaaaa

0
pcregrep: Error -8, -21 or -27 means that a resource limit was exceeded.
pcregrep: Check your regex for nested unlimited loops.
pcregrep -c '^(a?){30}a{30}$' a30.txt  0.07s user 0.00s system 96% cpu % 0.075 total
```

なんと、egrepでは一瞬で結果が帰ってくるのに対し、pcregrepでは「resource limit was exceeded」というエラーメッセージを出力しました。正しい結果も得られていません。

■──バックトラックベースのVM型エンジン特有の問題

なぜ、VM型のpcregrepだけがエラーに陥ったり極端に実行時間が長くなったりしてしまうのでしょうか。原因はずばり「バックトラック回数の指数関数的増加」にあります。

今回使用した正規表現`(a?){30}a{30}`は、`{30}`を展開すると**図7.1❶**の正規表現になります。`a?`は「1文字のaか、空文字列」にマッチします。そのため、VM

[235]

型の正規表現エンジンは「a?でテキストを1文字消費する」（aにマッチする）か「1文字も消費しないか」（空文字列にマッチする）という決断を30回行わなければ行けません。決断が間違っていれば、バックトラックを行えば良いのですが、組み合わせ的には2^{30} = 1073741824で**10億通り**を超えます。

　a?は可能なら「1文字消費する」という決断を優先的に行う（**欲張りな量指定子**）ため、10億通りの一番最後の「30個のa?が1文字も消費しない」という組み合わせに行き着くまでマッチングが終わらないのです。今回の例でのマッチング対象の文字列は「文字aの30回の繰り返し」なので、図7.1❷の解釈以外では正規表現と文字列はマッチしません。よって、VM型エンジンはaの決断に大量のバックトラックを行ってしまうというしくみです。

　なお、これはPCREに限ったことではなく、PerlやRuby、Python組み込みの正規表現エンジンなどのVM型特有の問題です。なお、この問題は括弧をキャプチャしない(?:a?)に置き換えても解決しません。

[解決策❶]控え目な量指定子によるサブマッチ優先度の明示

　正規表現を工夫することで、このような問題を回避可能な場合がいくつかあります。先ほどの正規表現の場合は、正規表現内の量指定子?を控え目な量指定子??に置き換えた正規表現^(a??){30}a{30}$に書き換えれば、aが30文字続く文字列に対してバックトラックはなんと1回も行われません。第1章で紹介したように、?を付加した量指定子は**控え目な量指定子**と呼ばれています。

　実際、pcregrepで再度^(a??){30}a{30}$を先ほどの文字列にマッチングさせると問題なく処理が終了します。

```
% cat a30.txt
aaaaaaaaaaaaaaaaaaaaaaaaaaaaaa
% time pcregrep -c '^(a??){30}a{30}$' a30.txt
1
pcregrep -c '^(a??){30}a{30}$' a30.txt  0.00s user 0.00s system 9% cpu 0.066 total
```

図7.1 (a?){30}a{30}がマッチする唯一の解釈

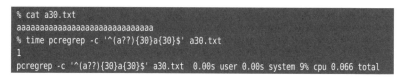

a??は、a?と同じく「1文字のaか空文字列」にマッチするのですが、「1文字も消費しない」(空文字列にマッチする)という決断を優先します。そのため、正規表現の右側にあるa{30}に検索対象文字列が優先的にマッチングが試されます。もちろんa{30}は検索対象文字列にマッチするため、ただの一度もバックトラックが行われないのです。

(a?){30}a{30}はバックトラック回数が指数関数的に増加する極端な例ですが、大事なのは「欲張り/控え目の差でバックトラックの回数に差が出る」ということです。正規表現マッチングの性能と「どうサブマッチを取得したいか」という点を考えながら量指定子を使い分けることができたならば、一歩進んだ立派な正規表現ユーザです。

[解決策❷]強欲な量指定子によるバックトラックの抑制

欲張りと控え目な量指定子を使い分ける以外にも、一部の正規表現エンジンでは**強欲な量指定子**(*possessive quantifier*)によってバックトラックの回数を削減することができます。

通常の(欲張りな)量指定子の後ろにプラス記号+を追加することで、強欲な量指定子として扱われます(**表7.1**)。強欲な量指定子をサポートしている正規表現エンジンはPerl(5.10以降)、PCRE、Ruby(1.9以降)、Java、Google RE2(バックトラック実行を行わないRE2がなぜ対応しているか、その理由は7.2節内の「最左最長と早い者勝ち——二刀流のRE2」項で解説します)などが挙げられます。PythonやECMAScript/JavaScript/C++11ではサポートされていません。

強欲な量指定子は、欲張りな量指定子よりも**欲深い**量指定子です。強欲な量指定子は欲張りな量指定子と同様に、文字列を優先的に確保しようとします。強欲な量指定子が欲張りな量指定子と違う点は、強欲な量指定子は一度マッチが確定した文字列を離さないことです。

第5章で解説したように、欲張り/控え目な量指定子はあくまで「サブマッチを長くするか、そのままか」の実行順序を変更しているだけですが、強欲な量指

表7.1 欲張りな量指定子と控え目な量指定子、強欲な量指定子

量指定子の種別	欲張り		控え目		強欲	
スター	*		*?		*+	
プラス	+		+?		++	
疑問符	?		??		?+	
範囲量指定子	{n}	{n,m}	{n}?	{n,m}?	{n}+	{n,m}+

第7章 正規表現の落とし穴 ──バックトラック増加、マッチ、振る舞いの違い

定子は、一度マッチした文字列をすべて捨てるまでバックトラックする以外には、そもそもバックトラックを行わせないのです。

たとえば、文字列aaaに対して、

- 欲張りな量指定子を用いた正規表現(.*).
- 控え目な量指定子を用いた正規表現(.*?).
- 強欲な量指定子を用いた正規表現(.*+).

をそれぞれマッチングさせた時にどのようになるか考えてみましょう。

　欲張りな量指定子の場合(**図7.2❶**)は、まず優先度の高い前半の(.*)が文字列をすべて消費します。しかし、それでは末尾の.に1文字もマッチしなくなってしまうため、欲張りな量指定子(.*)は渋々一度バックトラックを行いaを1文字手放します。その結果、末尾の.に手放されたaがマッチし、正規表現全体のマッチングが成功します。

　控え目の量指定子の場合(図7.2❷)は(前方一致の場合)バックトラックは一度も起こりません。なぜなら、前半の(.*?)は入力をまったく消費せず、末尾の.が入力文字列の先頭のaにマッチした時点で正規表現全体のマッチングが成功するからです。ちなみに、アンカーで囲んで完全一致を強制した^(.*?).$の場合は、図7.2❸のように2回バックトラックを行い、マッチが成功します。

　一方、強欲な量指定子を用いた正規表現(.*+).はaaaにはマッチしません(図7.2❹)。実際にはどんな文字列にも決してマッチしません。なぜなら前半のサブパターン(.*+)が入力文字列すべてを食い尽くして手放さないため、末尾の.には文字がまったく与えられないからです。バックトラックすら起こりません。

　なお、強欲な量指定子がどんな場面で役に立つかについて、PCREのドキュ

図7.2 欲張り/控え目/強欲な量指定子でのバックトラックの違い

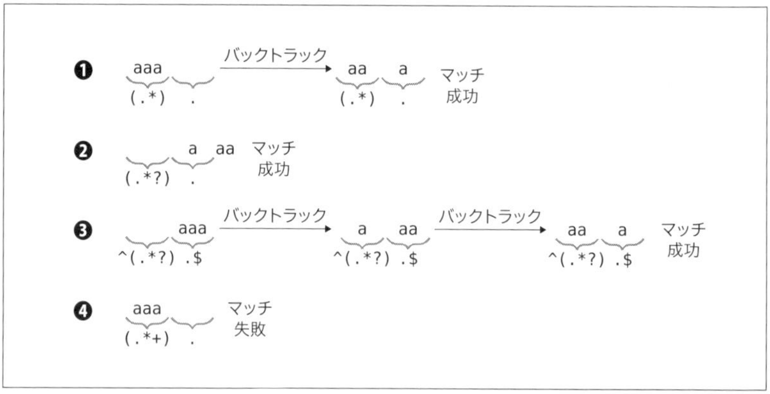

メント[注1]で紹介されている、強欲な量指定子が無駄なバックトラックを抑制できる例は参考になるでしょう。

■——**強欲な量指定子で無駄なバックトラックを抑制する**——PCREの例❶

簡単な例として\d+fooのような正規表現を考えてみましょう。プラスで量指定されている\dは「1桁の数字」([0-9])にマッチするエスケープシーケンスでした。ここで、\d+に続くfは[0-9]に絶対にマッチしないことを注意してください。fは数字ではないからです。

0123booのような文字列に対して、バックトラックベースのマッチングを素直に実行すると図7.3❶のように、\dにマッチした数字が決してfooにマッチすることはないにもかかわらずバックトラックを行います。当然、fooはbooや3booや23booにはマッチしません。最終的にこれ以上バックトラックすることができなくなり、全体のマッチングは失敗します。

一方、強欲な量指定子を用いた正規表現\d++fooの場合は図7.3❷のように、バックトラックを一度も行わずマッチングが失敗します。\d++は強欲なので一度マッチした文字列123を「手放さない」からです。

■——**強欲な量指定子で無駄なバックトラックを抑制する**——PCREの例❷

さらに効果的な例を考えてみましょう。(\D+|<\d+>)*[!?]という正規表現についてです。\Dは「1桁の数字で**ない**文字」([^0-9])にマッチします。この正規表現はenjoy?やhoge<123>fuga!など「『数字でない文字列か<>で囲まれた数字列』の繰り返し文字列で最後が『!』か『?』で終わる文字列」にマッチします。

この正規表現はバックトラック実行を考えるとなかなか厄介な正規表現です。なぜなら、量指定子*で繰り返しが指定されたサブパターン(\D+|<\d+>)の内部でも量指定子+が用いられているからです。量指定子のネストはバックトラッ

注1 man pcrepatternでも読めます。

図7.3 強欲な量指定子\d++での無駄なバックトラックの抑制

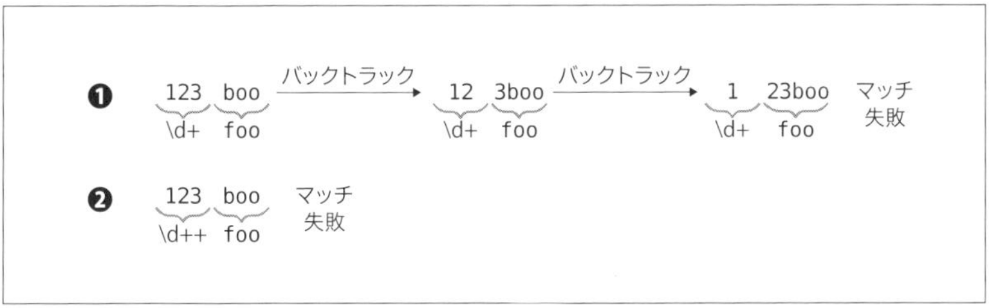

第7章 正規表現の落とし穴 ──バックトラック増加、マッチ、振る舞いの違い

クの増加の典型的な原因となります。

実際、`(\D+|<\d+>)*[!?]`に対して「aが30回続く文字列」をpcregrepでマッチングさせると以下のようにバックトラックの回数が多くて諦めてしまいます。

```
% perl -e 'print "a"x30' > a30.txt
% cat a30.txt
aaaaaaaaaaaaaaaaaaaaaaaaaaaaaa
% pcregrep -c '(\D+|<\d+>)*[!?]' a30.txt
pcregrep: pcre_exec() gave error -8 while matching this text:

aaaaaaaaaaaaaaaaaaaaaaaaaaaaaa

0
pcregrep: Error -8, -21 or -27 means that a resource limit was exceeded.
pcregrep: Check your regex for nested unlimited loops.
```

これはaaaaaaaaaaaaaaaaaaaaaaaaaaaaaaという文字列を`\D+`とその外側の`*`で**どのように区切るか**の可能性が多いためです。たとえば**図7.4 ❶❶'❶"**などが区切り方の一例です。

しかし、`\D`に対して強欲な量指定子を用いて`(\D++|<\d+>)`のように修正した正規表現では以下のように難なくマッチングが完了してしまいます。`\D++`は強欲なため図7.4 ❷の1回の区切り方を試しただけで終了してしまうからです。

```
% time pcregrep -c '(\D++|<\d+>)*[!?]' a30.txt
0
pcregrep -c '(\D++|<\d+>)*[!?]' a30.txt  0.00s user 0.00s system 37% cpu 0.007 total
```

図7.4 強欲な量指定子でさまざまな区切り方(❶〜❶")をただ1つ(❸)に限定する

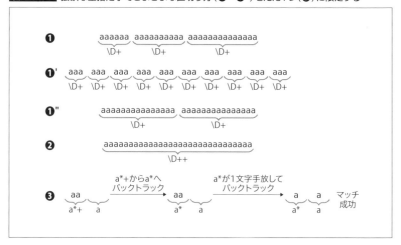

[240]

強欲化による余分なバックトラックの回避は便利ですが、正規表現の挙動を意図せず変えてしまうことがあります。たとえば強欲化した正規表現(\D++|<\d+>)*[!?] は文字列「enjoy?」には完全一致せず、「?」のみにマッチ（部分一致）します。これは元の正規表現(\D+|<\d+>)*[!?]の挙動と異なります。

なお、強欲な量指定子に一度マッチした部分文字列も、強欲な量指定子を含むサブパターンの**外へのバックトラック**では解放されます。パターン (a*+|a*) a を文字列 aa にマッチングさせた状況がそのような例です（図7.4 ❸）。

いくら強欲な量指定子とは言えど、親（のバックトラック）の言うことにまでは逆らえないのです。

自動強欲化

強欲化な量指定子を用いてバックトラックを抑制する技法は、(\D+|<\d+>)*[!?] などの一部の正規表現にとっては確かに効果的です。しかし、量指定子を強欲化に置き換えた正規表現は、元の正規表現とは一般には**異なるものになり得ます**。元の正規表現と強欲な正規表現が等しいかどうかを人間が判断するのも一般には難しい問題です。(\D+|<\d+>)*[!?] と (\D++|<\d+>)*[!?] が（サブマッチの意味なども含め）異なる正規表現であることを即座に見抜ける人は多くないでしょう。

しかし、最適化が進んだ一部の正規表現エンジンでは正規表現の意味を保ったまま自動的に強欲化してバックトラックを抑制する最適化、**自動強欲化**を実装しています。第5章で解説の中心となった正規表現エンジン鬼雲でも自動強欲化が実装されています。また、PCRE も自動強欲化を取り入れています。鬼雲や PCRE のような VM 型エンジンでは \d+foo は自動的に \d++foo として扱われるのです。

しかし、(\D+|<\d+>)*[!?] のように（後述するように）無駄に量指定子をネストさせた正規表現を書いてしまわない限りは、ユーザが強欲な量指定子を積極的に使う必要はあまりないように思えます。強欲化による正規表現の書き換えは、意図しないマッチングの変化をもたらす可能性があるので、なるべく正規表現エンジンの最適化に任せることをお勧めします。

■──── 可能な限り量指定子のネストは避ける

「なるべく量指定子をネストさせない」という簡単な方針を心に留めておくことで、強欲化を使わずとも無駄なバックトラックを回避できる場合は多いです。実際、(\D+|<\d+>)*[!?] の \D にかかる + 演算をなくして (\D|<\d+>)*[!?] に書き換えると、無駄なバックトラックは起こりません。

```
% time pcregrep -c '(\D|<\d+>)*[!?]' a30.txt
0
pcregrep -c '^(\D|<\d+>)*[!?]$' a30.txt  0.00s user 0.00s system 27% cpu % 0.013 total
```

(\D+|<\d+>)*[!?] は (\D|<\d+>)*[!?] と表現するパターンこそ同じ[注2]ですが、サブマッチの仕方が変わってしまうのでキャプチャ込みで考えると異なる正規

注2　2つの正規表現のDFAを比べれば同じであることがわかります。

[Column]

量指定子のネストに関するPython 2.x系の制限

7.1節で「量指定子のネストはバックトラック回数の増加を招く可能性がある」と説明しましたが、Python 2.x系では(a*)*というネストされた量指定子を持つ正規表現はコンパイルすら通りません。

```
% cat epsilon.py
import re
re.compile("(a*)*")
print("ok")
% python2.7 epsilon.py
Traceback (most recent call last):
  File "epsilon.py", line 2, in <module>
    re.compile("(a*)*")
  File
"/System/Library/Frameworks/Python.framework/Versions/2.7/lib/python2.7/re.py",
line 190, in compile
    return _compile(pattern, flags)
  File
"/System/Library/Frameworks/Python.framework/Versions/2.7/lib/python2.7/re.py",
line 242, in _compile
    raise error, v # invalid expression
sre_constants.error: nothing to repeat
```

これはバックトラック実行の設計仕様に関わる問題であろうと推測されますが、Python 3では修正されました。

```
% cat epsilon.py
import re
re.compile("(a*)*")
print("ok")
% python3 epsilon.py
ok
```

もちろん、(a*)*のような正規表現はPython 2.x系以外の正規表現処理系では問題なく動きます。

表現になります。なおAppendixでは、量指定子であるスター演算のネストを数学の力を使って自動的に最小化するという（魔法のような）話を解説します。

■──文字列探索による高速化の実例

さて、先ほどの正規表現(\D+|<\d+>)*[!?]を少し変形して(\D+|<\d+>)*!とする（末尾の?をなくした）とpcregrepによるマッチングは一瞬で完了します。

```
% time pcregrep -c '(\D+|<\d+>)*[!]' a30.txt
0
pcregrep '^(\D+|<\d+>)*[!]$' a30.txt  0.00s user 0.00s system 22% cpu 0.013 total
```

これは、(\D+|<\d+>)*!にマッチする文字列が!を必ず含む、つまり(\D+|<\d+>)*!のキーワードが!であるため、第6章で紹介した**固定文字列探索によるフィルタリング**が適用されるためです。aの繰り返しの文字列には当然!が現れないので、マッチングはフィルタリングの段階で候補がなく即座に終了します。

[押さえておきたい]正規表現エンジンの最適化/高速化技法

正規表現エンジンにはさまざまな最適化が盛り込まれているため、前述の「固定文字列探索による高速化の実例」項で挙げた例をはじめ「正規表現を少し修正すると遅くなった/速くなった」という状況がしばしば出てきます。そのような状況では、正規表現エンジンのしくみや最適化の技法を知っていることは原因特定の強力な武器となるでしょう。本書で取り上げた、

- 自動強欲化（第5章と本項）
- On-the-Fly構成法（4.3節）
- JITによる高速化（6.1節）
- 固定文字列探索による高速化（6.2節）
- ビットパラレル手法による高速化（6.3節）

などの正規表現エンジンの高速化/最適化技法の知識も武器となるはずです。

アトミックグループ

あともう少しだけ、バックトラックにまつわるポイントを見ておきましょう。強欲な量指定子が適用されたサブパターンにマッチした文字列は、強欲な量指定子以前のバックトラックによってすべて返還される場合以外は、バックトラックでの返還対象になりません。つまり、強欲な量指定子にマッチした文字列

は「そのまますべて強欲な量指定子に取得される」か「すべて強欲な量指定子から返却される」という意味で**アトミック**(分離不可能)なものとなります。

このサブマッチに関するアトミックな振る舞いをサブグループ単位に指定することができます。それが**アトミックグループ**(*atomic group*)です。(?>regex)のように括弧内の先頭に?>を記述することでregexという(任意の)正規表現はアトミックな(つまり強欲な)振る舞いを行います。

強欲な量指定子はすべてアトミックグループで書き換えることができます。regexという(任意の)正規表現があった場合、それに強欲な量指定子を適用した正規表現(regex)*+は(?>(regex)*)という正規表現とまったく同等です。つまり、強欲な量指定子はアトミックグループのシンタックスシュガーに過ぎないのです。

アトミックグループは量指定子以外の演算の振る舞いも強欲にします。たとえば文字列abcに対して、正規表現a(bc|b)cはもちろんマッチしますが、アトミックグループ化した正規表現a(?>bc|b)cはマッチしません。(?>bc|b)が一度マッチしたbcを手放さないからです。

[**Column**]

欲張り、控え目、強欲

本書では、以下のような呼び方を用いました。

- 欲張りな量指定子
- 控え目な量指定子
- 強欲な量指定子

これは『詳説 正規表現』[1]での呼び方と同じです。しかし、日本語でも英語でもこれら量指定子には呼び方のバリエーションがいくつか存在します。**表C7.1**に知られている呼び方をまとめてみました。

最大/最小/絶対最大という呼び方の方がシステマチックな命名ですが、欲張り/控え目/強欲という呼び方は人間味があって親しみやすい印象があります。Webで検索するときやリファレンスを参照するときなど、それぞれの呼び方のバリエーションは頭に入れておくと良いでしょう。

表C7.1 量指定子の種類と呼び方

量指定子	呼び方(〜量指定子)	呼び方(〜 quantifier)
* + ? {}	欲張りな、最大	greedy
*? +? ?? {}?	控え目な、非欲張り、最小	lazy、non-greedy、reluctant
*+ ++ ?+ {}+	強欲な、独占的な、絶対最大	possessive

バックトラックの制御機能
── 控え目/強欲な量指定子とアトミックグループのサポートの対応表

3.1節内の「正規表現エンジン間の機能/構文のサポートの違い」で、グループ化/キャプチャと拡張機能の正規表現エンジン間のサポートの違いを解説しました。

ここでは、本節で登場したバックトラックの制御機能について、第3章で取り上げた正規表現エンジンでのサポートの違いを**表7.2**にまとめました。

控え目な量指定子はすべてのVM型エンジンでサポートされていることがわかります。一方、強欲な量指定子はPerl、PCRE、Ruby、Java、PHPなどのVM型エンジンのみでサポートされています。強欲な量指定子に対応している正規表現エンジンはアトミックグループも同時にサポートしていることがわかるでしょう。

7.2
マッチについてさらに踏み込む

1.5節内では「サブマッチの優先順位」について、正規表現エンジンのしくみの理解を前提としないように解説を行いました。

一方、本章では正規表現エンジン、VM型/DFA型のしくみの知識を踏まえた上で、改めてサブマッチの優先順位について解説を行っていきます。第4章と第5章で解説したように、DFA型とVM型は根本的にマッチングのしくみが

表7.2 控え目な量指定子*? +? ?? {}?、強欲な量指定子*+ ++ ?+ {}+、アトミックグループ(?>)のサポートの対応表

バックトラック制御のための機能	控え目な量指定子	強欲な量指定子	アトミックグループ
Perl (5.10〜)、PCRE	○	○	○
Ruby (2.0.0〜、鬼雲)	○	○※	○
Python	○	×	×
JavaScript	○	×	×
Java	○	○	○
PHP (preg)	○	○	○
.NET	○	×	×
Google RE2	○	×	×
GNU grep	×	×	×

※ *+ ++ ?+はサポートしていますが、{}+はサポートしていません。

異なります。そのため実装によっては「文字列にどうマッチするか」という根本的な点で差が出てきます。本節では、この差分について解説します。

また、対象文字列に対する一括置換などの処理において問題となってくる「マッチのオーバーラップ」についても紹介し、先読み/後読みを使うことでうまく対処できるということを解説します。

最左最長のPOSIX

第2章では、GNU grepはPOSIXの正規表現規格に準拠していることを紹介しました。POSIXにおけるマッチングの規則はシンプルです。正規表現が文字列の複数箇所にマッチする場合、「最も左側から始まる最も長い部分文字列」を最終的なマッチ文字列として扱います。この振る舞いを**最左最長**(leftmost-longest)マッチングと呼びます。

GNU grepはPOSIXのERE（拡張正規表現）に準拠しているため、最左最長のマッチングを行います。

たとえば「Aで始まりBAで終わる文字列」を表すA[AB]*BAという正規表現に対してBAABBABBABという文字列をマッチさせた結果を考えてみましょう。このとき、正規表現はBAABBABBABの中でどのようにマッチするかは**図7.5**のように5つの可能性があることに注意してください。

grepでは-oオプションを付けることで、正規表現にマッチした部分文字列のみを出力してくれるのでした。

```
% echo 'BAABBABBAB' | egrep -o 'A[AB]*BA'
AABBABBA
```

結果は上記のように「最も左から始まり、最も長くマッチする部分文字列」にマッチするAABBABBAという部分文字列が出力されます。これこそが最左最長のマッチングなのです。恐らくユーザにとって最も直感的なマッチングの動作なのではないでしょうか。

図7.5 マッチする可能性のある部分文字列

```
            A[AB]*BA
BAABBABBAB
            A[AB]*BA
```

早い者勝ちのVM型

　一方、バックトラックをベースとしたVM型の正規表現エンジンのマッチングは「最左最長」とは異なってきます。ここまでの解説でバックトラック実行のイメージができているなら、どのように異なってくるかが見えてくるでしょう。
　文字列regexpに対して、(regex|regexp)という正規表現をマッチさせることを考えてみます。そもそもこの正規表現にはregexpという文字列が選択に含まれているので、文字列regexpには間違いなくマッチするはずです。POSIXの最左最長に従えば、当然regexp全体にマッチするはずです。しかし、VM型のエンジンであるPCREの場合、以下のようにregexを出力します。

```
% echo 'regexp' | pcregrep -o '(regex|regexp)'
regex
```

　バックトラック実行では正規表現の選択において「左側のサブパターンから」マッチングを試し、マッチングが成功した時点で探索を終了してしまうためです。
　これはPCREだけの振る舞いではありません。バックトラック実行をベースとするVM型エンジン特有の振る舞いです。この「バックトラック実行で最初に見つけたマッチングを採用する」という振る舞いを**早い者勝ち**（greedy）マッチングと呼びます[注3]。
　VM型の正規表現エンジンの標準である「早い者勝ち」の振る舞いは「最左最長」のようにシンプルなものではありません。「早い者勝ち」の振る舞いはバックトラック実行の振る舞いを元に定められているからです。
　正規表現エンジンが「最左最長」か「早い者勝ち」かを判定するのは簡単です。文字列regexpに対して(regex|regexp)を部分一致でマッチングさせれば良いのです。最左最長ならばregexpを、早い者勝ちならばregexを出力するはずです。

```
% echo 'regexp' | egrep -o '(regex|regexp)'
regexp
% echo 'regexp' | pcregrep -o '(regex|regexp)'
regex
```

　逆に言うと、このような簡単な例でも「最左最長」か「早い者勝ち」かでマッチングの「結果が変わってくる」ということです。エンジンの振る舞いを理解した上で、正規表現を扱う必要があります。

注3　原語「greedy matching」を素直に訳すと「欲張りマッチング」ですが、「欲張りな量指定子のマッチング」と混乱してしまうのと、「早い者勝ちマッチング」の方が直感的なため本書ではこの呼び方を採用します。

最左最長と早い者勝ち —— 二刀流のRE2

　Google RE2は、POSIXの「最左最長」のマッチングだけでなくPerlなどのVM型エンジンと同じように「早い者勝ち」のマッチングも提供しています。正規表現のコンパイル時にオプションを指定することで、2つのマッチングを切り分ける設計です[注4]。

　GNU grepは、DFA型の正規表現エンジンで最左最長の振る舞いを行います。一般にDFA型の正規表現エンジンは、この最左最長のマッチングを行うエンジンが多いです。しかし、同じくDFA型のエンジンであるRE2は最左最長も早い者勝ちにも対応しており、さらには欲張りな量指定子と控え目な量指定子の両方に対応しています。「DFA型＝最左最長」というわけではないのです。よく考えると、バックトラックの動作原理に沿った「早い者勝ち」の振る舞いや「欲張り/控え目な量指定子」を、バックトラックを行わないDFA型のエンジンがサポートできるのは不思議な話です。

　そもそもDFA型のエンジンで(性能をなるべく落とさず)キャプチャを実装するのは難しいのですが、RE2では「最左最長」に対応するだけでなく「早い者勝ち」にまで対応するという離れ業をやってのけます。RE2の作者であるRuss Coxは、DFA型のエンジンで「最左最長」と「早いもの勝ち」の両方のキャプチャに対応する賢いアルゴリズムを彼のWebページ[注5]で解説しています。このページでは「サブマッチ情報を載せたNFAをシミュレートする」や「逆向きのDFAを構築する」などの超絶技巧が解説されています。

サブマッチは上書きされる

　キャプチャに対応しているほぼすべての正規表現エンジンでは、1つのサブパターンに対して1つのサブマッチが対応します。しかし、(\w+,?)*のように、キャプチャするサブパターンが量指定子で繰り返し複数の文字列にマッチする場合は、一体どのサブマッチが保存されるのでしょうか。

　結論から言うと、次のPythonコードからわかるように、サブマッチは**上書き**されます。

```
>>> r = re.compile('(\w+,?)*')
>>> r.match('apple,banana,kiwi').groups()
('kiwi',)
```

注4　URL https://code.google.com/p/re2/wiki/CplusplusAPI
注5　URL http://swtch.com/~rsc/regexp/regexp3.html

(\w+,?)というパターンは各部分文字列「apple,」「banana,」「kiwi」のそれぞれにマッチしますが、最終的にキャプチャされるのは最後のkiwiとなります。サブマッチ情報は上書きされるため、最後のサブマッチが最終的に得られる結果となります。最初に「ほぼすべての正規表現エンジンでは～」と断りましたが、それは当然「上書きしない正規表現エンジン」もある、ということです[注6]。

マッチのオーバーラップ

マッチングについて注意すべき点はまだあります。それは「正規表現にマッチするすべての部分文字列を抽出する」といった状況での部分文字列の**オーバーラップ**(*overlap*)の扱いについてです。オーバーラップとは「重なり」のことで、たとえば「東京都」という文字列について、「東京」と「京都」は「京」の字でオーバーラップしている部分文字列となります(**図7.6**)。

文字列から正規表現にマッチする**すべての部分文字列を抽出/置換**するというケースはよくあります。grepの-oオプションが正に「全抽出」ですし、sedやPerlでは「全置換」はs/re/sub/gで実現することができました。もちろん、プログラミング言語に組み込まれているほぼすべての正規表現エンジンでも全抽出/全置換の機能が提供されています。

Pythonのreモジュールではfindallメソッドが「正規表現にマッチするすべての部分文字列を取得する」というメソッドに相当します。正規表現が複数のキャプチャを含む場合は、次の例のようにすべてのサブマッチを配列を返してくれる便利なメソッドです。

```
>>> import re
>>> r = re.compile('(\w+): (\d+)')
>>> r.findall('Alonzo: 1903, Stephen: 1909, Ken: 1943.')
[('Alonzo', '1903'), ('Stephen', '1909'), ('Ken', '1943')]
```

注6 たとえば、Perl 6やGaucheの組み込み正規表現エンジンでは、量指定子に繰り返しマッチするサブマッチをリストで保存する機能を持っています。

図7.6 「東京」と「京都」のオーバーラップ

東京都
オーバーラップ(重なり)

本項ではこのfindallを例題に用います。

「にわにわにわにわとりがいる」という文字列について[注7]、findallで「にわに」という文字列を抽出することを考えてみましょう。実行すると次のような結果となります。

```
>>> import re
>>> r = re.compile('にわに')
>>> r.findall('にわにわにわにわとりがいる')
['にわに', 'にわに']
```

実際には「にわにわにわにわとりがいる」には「にわに」は文字列に3つ含まれているのですが、マッチした文字列を全抽出するはずのfindallは2つの「にわに」しか抽出しませんでした。

これは、正規表現エンジンは一度マッチした文字列は**消費した上で**次のマッチングに進むため、実際にはマッチするはずだったオーバーラップ部分の文字列が飛ばされてしまうからです（**図7.7**）。もちろんこの問題は「にわに」に限ったことではなく、どんな正規表現においても生まれ得る問題です。マッチのオーバーラップは全列挙/全抽出において本質的な問題となります。

先読みによるオーバーラップの回避

オーバーラップする部分文字列も含めて、本当の意味で**すべての**「にわに」を抽出するにはどうすれば良いのでしょうか。先読みを使うことでこのオーバーラップを巧妙に回避することができます。

(?=(にわに)).という正規表現を考えてみましょう。これは「にわに」が直後に来る**位置**において任意の1文字にマッチする正規表現です。この正規表現を使って「にわにわにわにわとりがいる」からfindallでマッチする文字列を全抽出してみましょう。

```
>>> r = re.compile('(?=(にわに)).')
>>> r.findall('にわにわにわにわとりがいる')
['にわに', 'にわに', 'にわに']
```

なんと、3つ全部の「にわに」が抽出できてしまいました。

(?=(にわに)).という正規表現にマッチするのは実際は.にマッチする1文字だけです。そのためマッチが成功しても、1文字しか進まずに次のマッチングが行われます。また、先読みの部分で(にわに)をマッチングしているため、.は

[注7] もちろん、正しくは「にわにはにわにわとりがいる」です。

常に「にわに」の先頭の「に」にマッチします。ここで重要な点は先読みの内部でマッチした「にわに」がサブマッチとして保存されていることです。findallは先読みの内部のサブマッチを出力しているのです。先読みは「文字列を消費しないが、サブマッチを記憶する」ため、オーバーラップを回避しつつ文字列の取得に成功しているのです。

reという(任意の)正規表現に対して、(?=(re))、という先読みを含む正規表現を使うことで、オーバーラップを気にせずreの全抽出が可能になるのです。第1章で紹介した「数を3桁ごとに,(カンマ)で区切る」も先読み「文字列を消費しない」という性質をうまく用いた例なのでした。

7.3 異なる正規表現エンジン間での振る舞いの違い

　本章では、正規表現エンジンごとによってマッチングの結果が異なる「落とし穴」を紹介していきます。

　普段特定の言語でしかプログラミングをしない場合など、「ネットで公開されていたPerl用の正規表現を参考にしたら、Pythonで意図通りに動かない」といったことに悩まされることがあるでしょう。正規表現の仕様はメジャーなものでもECMAScript/JavaScript、C++11、POSIX、さらには実装としてのPerlやPythonやRubyの正規表現やPCREなど、異なる正規表現(の処理系と仕様)がいくつも存在します。ややこしいことに、同じVM型の正規表現エンジンでも細部の振る舞いやサポートが違うという状況なのです。

図7.7 オーバーラップによって飛ばされる「にわに」

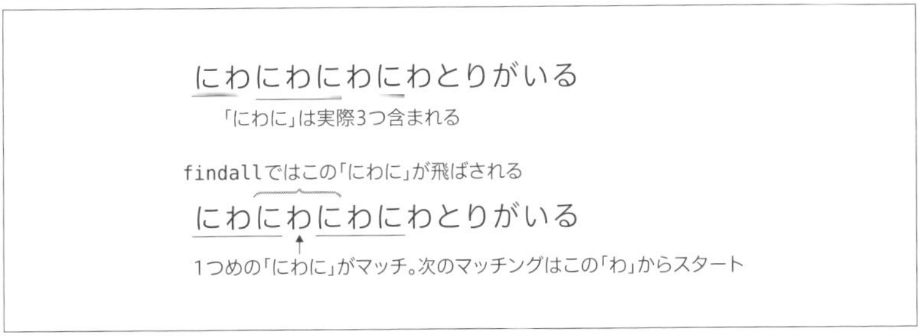

にわにわにわにわとりがいる
　「にわに」は実際3つ含まれる

findallではこの「にわに」が飛ばされる
にわにわにわにわとりがいる
　1つめの「にわに」がマッチ。次のマッチングはこの「わ」からスタート

[第7章　正規表現の落とし穴——バックトラック増加、マッチ、振る舞いの違い

文字クラスについて

　文字クラスは大変便利な機能です。複数の文字をまとめたり、-（ハイフン）で範囲を指定したり、キャレット^を先頭に書くことで否定を取ることができたりしました。

　しかし、POSIXの拡張正規表現（ERE）が対応している文字クラスと、その他の多くの正規表現エンジンが採用している文字クラスでは機能に微妙な差があります。それは文字クラスの内部で「エスケープシーケンスが有効であるか否か」の差です。たとえばPOSIXの拡張正規表現では [\d]+ という正規表現は「数字の繰り返し」ではなく、「バックスラッシュとdの繰り返し」を表すのです。POSIXの拡張正規表現において、文字クラスの中ではバックスラッシュ\は「メタ文字ではなくただの文字」として扱われるためです。

　「文字クラス内部にエスケープシーケンス」というごくありきたりな正規表現でも次のように振る舞いが変わってくるため、pcregrepとegrepを「同じgrepだ」と考えて使うと痛い目を見るでしょう。

```
% echo '12345' | egrep '[\d]+'
# マッチしない（何も出力されない）
% echo '12345' | pcregrep '[\d]+'
12345
# マッチする
```

　このような単純な正規表現でも、egrepとpcregrepでは挙動の違いが出てくるのです。

　その代わり、になるのかはわかりませんが、POSIXには**POSIX文字クラス**（*POSIX character class*）と呼ばれる特定の文字クラスの略記法があります。POSIX文字クラスでは [:...:] という構文で表され、...の部分に各POSIX文字クラスに対応する名前が入ります。たとえば数字を表す文字クラス\dはPOSIX文字クラスでは [[:digit:]] と書くことができます。**表7.3**がPOSIX文字クラスの一覧となります。

　これらPOSIX文字クラスは文字クラスのブラケット内部でのみ意味があるもので、そのまま記述するものではありません。

```
% echo '012345' | egrep '^[[:digit:]]*$'
012345
% echo 'abcdef' | egrep '^[:digit:]*$'
egrep: character class syntax is [[:space:]], not [:space:]
# ブラケットの内部に記述しないと構文エラー！
```

また、文字クラスの先頭に^を置くことで通常の文字クラスと同様に否定が取れ、[[:alnum:][:blank:]]や[[:digit:]_,.]のように他のPOSIX文字クラスや通常の文字クラスと組み合わせて使うこともできます。

```
% echo '1,234.' | egrep '^[^[:alpha:]]*$'
1,234.
# 否定との組み合わせ
% echo '1,234.' | egrep '^[[:digit:],.]*$'
1,234.
# 通常の文字クラスとの組み合わせ
```

表7.3 POSIX文字クラス一覧

POSIX文字クラス	マッチする文字	等価な正規表現
[:alnum:]	アルファベットと数字	[a-zA-Z0-9]
[:alpha:]	アルファベット	[a-zA-Z]
[:ascii:]	ASCII文字	[\x00-\x7F]
[:blank:]	スペースとタブ	[\t]
[:cntrl:]	制御文字	[\x00-\x1F\x7F]
[:digit:]	数字	[0-9] \d
[:graph:]	可視文字	[\x21-\x7E]
[:lower:]	小文字	[a-z]
[:print:]	表示可能文字	[\x20-\x7E]
[:punct:]	記号文字	[!-/:-@[-`{-~]
[:space:]	スペース(空白文字)	[\t\r\n\v\f]
[:upper:]	大文字	[A-Z]
[:xdigit:]	16進数字	[A-Fa-f0-9]

[Column]

さまざまな正規表現エンジンの検証

　本書ではPOSIX正規表現の検証にGNU grepやsedを、PCREの検証にpcregrepを用います。オンラインで複数のエンジンによるマッチング結果をテストできるサービスがあり、読者にはそれらを用いることをお勧めします。たとえば以下のサービスがあります。

- 🔗 http://regex.larsolavtorvik.com/
  PCRE (PHP) / POSIX (PHP) / JavaScriptのマッチング結果を確認できる
- 🔗 http://regex101.com/
  PCRE / JavaScript / Pythonのマッチング結果をテストできる

ややこしいことに、PerlやPCREもPOSIX文字クラスに対応していたり、挙げ句の果には [:word:](\wと同等)のようなPOSIX文字クラスにはない「POSIX文字クラス風の文字クラス構文」も存在していたり、かなり複雑な状況になっています。

■──── マルチバイト文字の文字クラスとUnicodeプロパティ

マルチバイト文字に対応した正規表現エンジンであるならば、文字クラスの要素にマルチバイト文字も用いることができます。

たとえば[零一二三四五六七八九十]は0(零)〜10(十)までの漢字にマッチしますし、[^零一二三四五六七八九十]は0〜10までの漢字**以外**にマッチします。

しかし、通常の文字クラスやその否定とは違い、マルチバイト文字を文字クラス内で範囲指定する場合は注意が必要です。マルチバイト文字における範囲指定は「文字コード」に依存するからです。

たとえば、入力文字列のエンコード方式が「Shift_JIS」の場合は「すべての漢字」を[亜-熙]という範囲指定で表現することができます。Shift_JISの文字コードの並び的に、漢字は「亜」から始まり「熙」で終わるからです[注8]。

しかし、入力文字列のUTF-8などの「Unicode」に従うエンコード方式の場合、この正規表現は「すべての漢字」を表す正規表現にはなりません。

Unicodeは膨大な数の文字を登録した文字コードであり、文字コード(コードポイント)の並びも複雑です。そのため、Unicodeにおいては文字クラスの範囲指定はUnicodeのマニュアルを参照しながら注意して書く必要があります。

Unicodeにおいて「すべての漢字」などの文字の集合を正規表現で表現したい場合は、**Unicodeプロパティ**(*Unicode property*)と呼ばれる[注9]Unicode用の機能を使うべきでしょう。

Unicodeプロパティでは\p{prop}という構文でpropとして事前に定義されている「文字の集合」を表現することができます。たとえば\p{Han}は「すべての漢字」を表すUnicodeプロパティであり、\p{Hiragana}はひらがなを表すUnicodeプロパティです。文字クラスの範囲指定を用いるよりも圧倒的にわかりやすいでしょう。Unicodeプロパティには、

- 一般プロパティ(**表7.4**)
- ブロック(**表7.5**)
- スクリプト(**表7.6**)

注8　URL http://charset.7jp.net/sjis.html
注9　Unicodeカテゴリ、Unicodeグループなどと呼ばれる場合もあります。

の3つの分類レベルがあり、残念なことに既存の正規表現エンジンのこれらUnicodeプロパティのサポートレベルはバラバラです（**表7.7**）。さらに、\p{prop}で指定できるブロック名propの命名法がエンジンごとに異なっている状況です。そのため、Unicodeプロパティのサポートの詳細については、使用する正規表現エンジンごとにマニュアルやドキュメントを参照する必要があります。

アトミックグループを先読みと後方参照で模倣する

強欲な量指定子やアトミックグループに対応している処理系はPerl、PCRE、Ruby、Javaなどがありますが、POSIX準拠の処理系やJavaScriptやPythonなどの処理系では対応していません。

しかし、先読みと後方参照に対応している処理系、したがってJavaScriptやPythonなど、では先読みと後方参照によって「アトミックグループ相当の機能を模倣」することができます。

regexという（任意の）正規表現があった場合、これをアトミックグループで囲った正規表現、

```
(?>regex)
```

表7.4 基本的なUnicode一般プロパティ

Unicode一般プロパティ	説明
\p{L}	表示可能な文字
\p{Z}	区切り文字
\p{S}	記号
\p{N}	数字
\p{P}	句読点
\p{Ll}	小文字
\p{Lu}	大文字
\p{Sc}	通貨記号

表7.5 基本的なUnicodeブロック

Unicodeブロック	説明
\p{InHiragana}	ひらがな
\p{InKatakana}	カタカナ
\p{InHalfwidthAndFullwidthForms}	半角カナ
\p{InCJKUnifiedIdeographs}	漢字

は、先読みと後方参照を使って、

```
(?=(regex))\1
```

という正規表現で代替することができます。この非常にトリッキーな書き換えは『詳説 正規表現』[1]（4.5.8.1節）にて紹介されていたものです。

　強欲な量指定子は、アトミックグループのシンタックスシュガーに過ぎないことを前節で解説しました。さらにそのアトミックグループは、先読みと後方参照によって実現可能だというのです。つまり、処理系が先読みと後方参照をサポートしていれば（効率はともかく）、実際には強欲な量指定子とアトミックグループもサポートしていることになるのです。

先読みよりもサポートの弱い後読み

　オーバーラップの回避（7.2節内の「先読みによるオーバーラップの回避」）や否定演算（1.6節内の「否定先読みで正規表現の「否定」を書く」項）やAND演算（1.6節内の「先読みで正規表現の「積」（AND）を書く」項）や前項のアトミックグループの模倣など、大活躍の「先読み」ですが、その類似機能である「後読み」について注意すべき点を解説します。

表7.6 基本的なUnicodeスクリプト

Unicodeスクリプト	説明
\p{Hiragana}	ひらがな
\p{Katakana}	カタカナ
\p{Han}	漢字
\p{Latin}	ローマ字

表7.7 Unicodeプロパティのサポートの対応表

Unicodeプロパティ	一般プロパティ	ブロック	スクリプト
Perl（5.10～）、PCRE	○	○	○
Ruby（2.0.0～、鬼雲）	○	○	○
Python	×	×	×
JavaScript	×	×	×
Java	○	○	×
PHP（preg）	×	×	×
.NET	○	○	×
Google RE2	○	×	○
GNU grep	×	×	×

後読みは先読みと同様、位置にマッチする機能(アンカー)ですが、先読みとは違いマッチングを**逆方向**に行います。その動作は第1章でも解説しました。

後読み(?<=)(否定後読み(?<!))は、PerlやPCRE、Rubyを含め、先読みをサポートしている(JavaScript以外の)ほとんどのVM型正規表現エンジンでサポートされています。残念ながらRE2やGNU grepなどのDFA型正規表現エンジンではサポートされていない現状です。さらに、後読みをサポートしているエンジンでも、先読みと違って後読みには「後読みできる長さ」について制限がある場合がほとんどです。表7.8に各処理系でのサポートのレベルをまとめました。

記述できるパターンの長さに制限がない後読み、**可変長後読み**(*variable-length lookbehind*)をサポートしているエンジンは多くありません[注10]。

空文字列の繰り返しに関するJavaScript特有の挙動

空文字列に関する微妙な挙動の違いについて、繊細かつマニアックな話題があります。()*という正規表現に「何が(サブ)マッチするか」という問題です。

()はただの括弧のペアに見えますが、「空文字列をグループ化したもの」と考えることができます。それにスター演算を適用したものは「空文字列の繰り返し」となり、それは論理的には結局「ただの空文字列」となります。空文字列がいくら続いても空文字列には違いないのですから。

では、a()*bという正規表現に対して文字列abをマッチングさせた場合、空のサブパターン()には何がサブマッチとして割り当てられるのでしょうか。筆者もそうですが、ほとんどの読者は「空文字列が割り当てられる」と思うでしょう。

実際、Perl、Ruby、Pythonでそれぞれ確認してみると、

注10 Perl 6で可変長後読みがサポートされたように、他の言語やエンジンも可変長後読みをサポートするようになれば良いのですが。

表7.8 可変長後読みのサポートレベル

サポートレベル	エンジン	記述「不可能」な例
固定長のみ	Perl、Python	(?<=look|behind) (?<=enjoy?) (?<=Goo+gle)
(長さが異なっても良い)文字列の選択まで	PCRE、Ruby(鬼雲)	(?<=enjoy?) (?<=Goo+gle)
長さに上限のあるパターンまで	Java	(?<=Goo+gle)
無制限	Perl 6、.NET	皆無

```
Perlの場合
% perl -e 'if ("ab" =~ /a()*b/ && $1 eq "") { print "match empty string" }'
match empty string
Rubyの場合
% irb
irb(main):001:0> /a()*b/.match("ab")
=> #<MatchData "ab" 1:"">
Pythonの場合
>>> re.compile('a()*b')
<_sre.SRE_Pattern object at 0x104bb7d20>
>>> r = re.compile('a()*b')
>>> r.match('ab').groups()
('',)
```

a()*bの()には空文字列がマッチします。

しかし、唯一JavaScriptでは**何にも(空文字列すらも)マッチしない**のです。

```
% node
> /a()*b/.exec('ab')
[ 'ab',
  undefined,
  index: 0,
  input: 'ab' ]
```

空文字列の繰り返しを表すサブパターン()*のサブマッチがundefined(3行め)になっています。空文字列''が割り振られていることと、undefinedなこととはまったく意味が異なります。なお、スター演算を外した場合は空文字列にマッチすることがわかります。

```
> /a()b/.exec('ab')
[ 'ab',
  '',
  index: 0,
  input: 'ab' ]
```

空文字列の繰り返しを表す()*という正規表現に対して、JavaScriptでは「括弧には何も(空文字列でさえも)マッチしない」と解釈し、PerlやPythonなどその他処理系では「空文字列にマッチする」と解釈するのです。

非常に微妙な違いですが、この違いで「見た目は同じでも異なる動作をするプログラム」がいくらでも書けてしまいます。非常に小さく目立たない、しかし深い落とし穴と言えるかもしれません[注11]。

注11 本項で扱ったJavaScriptとその他の処理系での振る舞いの違いについては、筑波大学の南出靖彦氏から教えてもらいました。

第8章

正規表現を超えて
「書かない」「読み解く」「不向きな問題を知る」

[第8章　正規表現を超えて──「書かない」「読み解く」「不向きな問題を知る」

　ここまでで、「正規表現とは何か」から始まり、正規表現の基本的な書き方、正規表現の歴史、正規表現の理論、正規表現の実装や落とし穴など、正規表現の世界を一巡りしてきました。最終章である本章のテーマは「どのように正規表現を使っていくか」です。

　8.1節では、自らの手で複雑で読みにくい正規表現を「書かない」ための方法を解説します。「ABNFからの正規表現の自動生成」やプログラム風に正規表現を記述するライブラリである「VerbalExpressions」を紹介します。

　8.2節では、すでに存在する複雑な正規表現をどのようにして「読み解くか」、そのための技法やツールを紹介します。8.2節で紹介する有限オートマトンを利用した「正規表現の可視化」は、複雑な正規表現を読み解く上で役に立つでしょう。また、正規表現から「その正規表現にマッチする文字列」を生成してくれる「fuzzing」とそのツールについても言及します。

　8.3節では、正規表現を「使うのに向いていない」問題について、理論的な話題も含めて解説していきます。本来、正規表現はプログラミング言語の構文やXMLの構文など、「再帰的な構文」を扱うのに適していません。8.3節では再帰的な構文を扱うのに適した「BNF」と「PEG」という道具を取り上げます。

8.1
正規表現を自動生成する

3.3節では読みやすい正規表現を書くための簡単なコツを紹介しました。さらに、3.4節では表現したいパターンを「妥協」することで、正規表現を読みやすく書ける例としてURIの正規表現について言及しました。

3.4節でも紹介した厳密な（しかしとても複雑な）URIの正規表現（以下のリスト8.1を参照）は、プログラムによって「自動生成」されたものです。本節では比較的先進的な話題になりますが、正規表現を自動生成する手法を取り上げます。

ABNFから正規表現を自動生成する

リスト8.1は、RFC 3986によるURIにマッチする正規表現です。この正規表

リスト8.1 RFC 3986によるURIにマッチする正規表現

```
/[a-z][-+.0-9a-z]*:(//(([-.0-9_a-z~]|%[0-9a-f][0-9a-f]|[!$&-,:;=])*@)?(\[
(([0-9a-f]{1,4}:){6}([0-9a-f]{1,4}:[0-9a-f]{1,4}|(\d|[1-9]\d|1\d{2}|2[0-4]\d|25[0-
5])\.(\d|[1-9]\d|1\d{2}|2[0-4]\d|25[0-5])\.(\d|[1-9]\d|1\d{2}|2[0-4]\d|25[0-5])\.
(\d|[1-9]\d|1\d{2}|2[0-4]\d|25[0-5]))|::([0-9a-f]{1,4}:){5}([0-9a-f]{1,4}:[0-9a-f
]{1,4}|(\d|[1-9]\d|1\d{2}|2[0-4]\d|25[0-5])\.(\d|[1-9]\d|1\d{2}|2[0-4]\d|25[0-5])
\.(\d|[1-9]\d|1\d{2}|2[0-4]\d|25[0-5])\.(\d|[1-9]\d|1\d{2}|2[0-4]\d|25[0-5]))|([0-
9a-f]{1,4})?::([0-9a-f]{1,4}:){4}([0-9a-f]{1,4}:[0-9a-f]{1,4}|(\d|[1-9]\d|1\d{2}|
2[0-4]\d|25[0-5])\.(\d|[1-9]\d|1\d{2}|2[0-4]\d|25[0-5])\.(\d|[1-9]\d|1\d{2}|2[0-4
]\d|25[0-5])\.(\d|[1-9]\d|1\d{2}|2[0-4]\d|25[0-5]))|(([0-9a-f]{1,4}:)?[0-9a-f]{1,
4})?::([0-9a-f]{1,4}:){3}([0-9a-f]{1,4}:[0-9a-f]{1,4}|(\d|[1-9]\d|1\d{2}|2[0-4]\d
|25[0-5])\.(\d|[1-9]\d|1\d{2}|2[0-4]\d|25[0-5])\.(\d|[1-9]\d|1\d{2}|2[0-4]\d|25[0-
5])\.(\d|[1-9]\d|1\d{2}|2[0-4]\d|25[0-5]))|(([0-9a-f]{1,4}:){0,2}[0-9a-f]{1,4})?:
:([0-9a-f]{1,4}:){2}([0-9a-f]{1,4}:[0-9a-f]{1,4}|(\d|[1-9]\d|1\d{2}|2[0-4]\d|25[0-
5])\.(\d|[1-9]\d|1\d{2}|2[0-4]\d|25[0-5])\.(\d|[1-9]\d|1\d{2}|2[0-4]\d|25[0-5]))\.
(\d|[1-9]\d|1\d{2}|2[0-4]\d|25[0-5]))|(([0-9a-f]{1,4}:){0,3}[0-9a-f]{1,4})?::[0-9
a-f]{1,4}:([0-9a-f]{1,4}:[0-9a-f]{1,4}|(\d|[1-9]\d|1\d{2}|2[0-4]\d|25[0-5])\.(\d|
[1-9]\d|1\d{2}|2[0-4]\d|25[0-5])\.(\d|[1-9]\d|1\d{2}|2[0-4]\d|25[0-5])\.(\d|[1-9]
\d|1\d{2}|2[0-4]\d|25[0-5]))|(([0-9a-f]{1,4}:){0,4}[0-9a-f]{1,4})?::([0-9a-f]{1,4
}:[0-9a-f]{1,4}|(\d|[1-9]\d|1\d{2}|2[0-4]\d|25[0-5])\.(\d|[1-9]\d|1\d{2}|2[0-4]\d
|25[0-5])\.(\d|[1-9]\d|1\d{2}|2[0-4]\d|25[0-5])\.(\d|[1-9]\d|1\d{2}|2[0-4]\d|25[0-
5]))|(([0-9a-f]{1,4}:){0,5}[0-9a-f]{1,4})?::[0-9a-f]{1,4}|(([0-9a-f]{1,4}:){0,6}[
0-9a-f]{1,4})?::|v[0-9a-f]+\.[!$&-.0-;=_a-z~|+)\]|(\d|[1-9]\d|1\d{2}|2[0-4]\d|25[
0-5])\.(\d|[1-9]\d|1\d{2}|2[0-4]\d|25[0-5])\.(\d|[1-9]\d|1\d{2}|2[0-4]\d|25[0-5])
\.(\d|[1-9]\d|1\d{2}|2[0-4]\d|25[0-5])|([-.0-9_a-z~]|%[0-9a-f][0-9a-f]|[!$&-,;=])
*)(:\d*)?(/([-.0-9_a-z~]|%[0-9a-f][0-9a-f]|[!$&-,:;=@])*)*|/(([-.0-9_a-z~]|%[0-9a
-f][0-9a-f]|[!$&-,:;=@])+(/([-.0-9_a-z~]|%[0-9a-f][0-9a-f]|[!$&-,:;=@])*)*)?|([-.
0-9_a-z~]|%[0-9a-f][0-9a-f]|[!$&-,:;=@])+(/([-.0-9_a-z~]|%[0-9a-f][0-9a-f]|[!$&-
,:;=@])*)*)?(\?([-.0-9_a-z~]|%[0-9a-f][0-9a-f]|[!$&-,/:;=?@])*)?(#([-.0-9_a-z~]|[
0-9a-f][0-9a-f]|[!$&-,/:;=?@])*)?/
```

現はプログラムによって自動生成されたものであって、筆者が頑張って手で書いたわけではありません。正規表現よりも高級な言語で文法を記述し、そこから正規表現を自動生成するというアプローチでリスト8.1の正規表現は生み出されたのです。

RFCに準拠するURIを認識する正規表現(リスト8.1)は元々BNFで記述されています[注1]。

ABNFによるURIの文法の定義

リスト8.2に、RFC 3986［17］で定義されているURIの厳密な文法規則を一部抜粋しました。文法は**ABNF**(*Augmented BNF*)によって記述されています。

ABNFでは「非終端記号=文法規則」のように**非終端記号**と呼ばれる「文法の部分的な名前」と後述する**文法規則**を=で繋いだ式を並べることで文法の定義を行います。一番上に定義された非終端記号を**開始記号**と呼びます。文法規則には非終端記号(ダブルクォーテーションで囲まれていない文字列)やダブルクォーテーションで囲まれた終端記号(文字列リテラル)、さらには正規表現で使える基本演算(連接/選択/繰り返し)が使えます。

たとえばリスト8.2 ❶ URI = scheme ":" hier-part ["?" query] ["#" fragment]の式はURI全体を表す文法を定義してます。

まずschemeという非終端記号で始まり、次にコロンが来て、hier-partが続き、オプショナルに?に続くqueryや#に続くfragmentという非終端記号が来る、という読み方をします。正規表現風に書くとscheme:hier-part(\?query)?(#fragment)?という感じです。

実際のURI文字列では非終端記号であるschemeの部分にはhttpやssh等のプロトコル名が対応します。リスト8.2の文法定義ではURIの文法規則内で参照されている非終端記号scheme、hier-part、query、fragmentの定義も含まれています。定義中で参照されている文法名はすべて定義されている必要があります。

ABNFにおける選択は | ではなく / で、繰り返し演算が前置記法になっています。正規表現と比べると、ABNFでは演算の構文が異なっていたり大文字小文字を区別しないなどの違いがありますが、基本的には「正規表現で記述した文法に名前を付けて組み合わせている」というだけのことです。

正規表現を「適切に部品化して名前を付け組み上げる」ことで格段にメンテナ

[注1] RFCで利用されているのは拡張BNFであるABNFです。BNFについてはp.18のコラムで簡単に紹介しました。BNFの詳しい解説は8.2節で行います。

ンス性や読みやすさは向上します。「何を書いているか理解できないほど複雑な」リスト8.1の正規表現と、「適切に部品化して名前を付け組み上げた」リスト8.2のABNFが、同じURIの文法を表していることが良い例です。

リスト8.2 RFC 3986によるURIの文法定義の一部抜粋[17]

```
Appendix A.  Collected ABNF for URI

   URI         = scheme ":" hier-part [ "?" query ] [ "#" fragment ]    # ❶

   hier-part   = "//" authority path-abempty
               / path-absolute
               / path-rootless
               / path-empty

   URI-reference = URI / relative-ref

   absolute-URI  = scheme ":" hier-part [ "?" query ]

   relative-ref  = relative-part [ "?" query ] [ "#" fragment ]

   relative-part = "//" authority path-abempty
                 / path-absolute
                 / path-noscheme
                 / path-empty

   scheme      = ALPHA *( ALPHA / DIGIT / "+" / "-" / "." )

   authority   = [ userinfo "@" ] host [ ":" port ]
   userinfo    = *( unreserved / pct-encoded / sub-delims / ":" )
   host        = IP-literal / IPv4address / reg-name
   port        = *DIGIT

   IP-literal  = "[" ( IPv6address / IPvFuture  ) "]"

   IPvFuture   = "v" 1*HEXDIG "." 1*( unreserved / sub-delims / ":" )

   IPv6address =                            6( h16 ":" ) ls32
               /                       "::" 5( h16 ":" ) ls32
               / [               h16 ] "::" 4( h16 ":" ) ls32
               / [ *1( h16 ":" ) h16 ] "::" 3( h16 ":" ) ls32
               / [ *2( h16 ":" ) h16 ] "::" 2( h16 ":" ) ls32
               / [ *3( h16 ";" ) h16 ] "::"    h16 ":"   ls32
               / [ *4( h16 ":" ) h16 ] "::"              ls32
               / [ *5( h16 ":" ) h16 ] "::"              h16
               / [ *6( h16 ":" ) h16 ] "::"
```
▶ 文法定義が続く
```
   query       = *( pchar / "/" / "?" )

   fragment    = *( pchar / "/" / "?" )
```
▶ 文法定義が続く

ABNFから正規表現へ変換するツール

　ABNFから正規表現を生成するツールはいくつかあります。本書では、前出のリスト8.2のABNFからリスト8.1の正規表現の生成に田中哲氏が公開されている「abnf」注2を用い、abnfから生成されたRuby用の正規表現を著者がPOSIX用に整形しています。

　しかし、上記abnfのWebサイトでも以下のように述べられているとおり、ABNF（やBNF）で定義された文法がいつでも正規表現に変換できるわけではありません。この興味深い事実については次節でもう少し詳しく説明します。

> Although the transformation is **impossible in general**, the library transform left- and right-recursion.
> （ABNFから正規表現への）変換は**常に可能なわけではないものの**、本ライブラリは左再帰や右再帰の変換にも対応している。

VerbalExpressions

　正規表現は文法を表現式で記述するものですが、よりプログラム的に記述する方法もあります。複雑な正規表現をよりわかりやすく記述するというモチベーションで生まれた**VerbalExpressions**注3というライブラリがその一つです。

　リスト8.3はVervalExpressionsを用いてURLをテストする例です。リスト8.3の2行めから9行めでVerExオブジェクトに定義されている文法は^(http)(s)?(\:\/\/)(www\.)?([^\ ]*)$という正規表現をVerbalExpressionsの流儀で定義したものです。VerbalExpressionsはリスト8.3の記述から上記の正規表現を自動的に生成します。

　正直なところ、少なくとも公式ページで紹介されているこのURLの正規表現の例では、VerbalExpressionsを使うよりも正規表現をそのまま書いたほうが簡潔で読みやすいと著者は感じています。とは言え、正規表現を自動的に生成するライブラリの先駆けとして、VerbalExpressionsのようなライブラリの今後の発展には期待したいものです。

注2　URL http://www.a-k-r.org/abnf/
注3　URL https://github.com/VerbalExpressions/JSVerbalExpressions

リスト8.3 　VervalExpressionsを用いてURLをテストする例※

```
 1: // Create an example of how to test for correctly formed URLs
 2: var tester = VerEx()
 3:             .startOfLine()
 4:             .then( "http" )
 5:             .maybe( "s" )
 6:             .then( "://" )
 7:             .maybe( "www." )
 8:             .anythingBut( " " )
 9:             .endOfLine();
10:
11: // Create an example URL
12: var testMe = "https://www.google.com";
13:
14: // Use RegExp object's native test() function
15: if( tester.test( testMe ) ) alert( "We have a correct URL "); // This
16:   output will fire
17: else alert( "The URL is incorrect" );
18:
19: console.log( tester );
20: // Ouputs the actual expression used: /^(http)(s)?(\:\/\/)(www\.)?([^\ ]*)$/
```

※ VerbalExpressionsのプロジェクトページより引用。

8.2 複雑な正規表現を読み解く

　実際問題、正規表現を簡潔に読みやすく書くと言っても限界はあります。また、複雑な正規表現を自分で書いてしまわないためにABNFやその他の形式で記述するとは言っても、他の人が書いた「すでにある複雑な正規表現」に遭遇してしまう可能性は避けられません。

　本章ではすでに存在する複雑な正規表現、たとえば「社内で長年使われている秘伝のタレ的存在の正規表現」「プログラムによって自動生成されたキメラのような正規表現」などに対して、読み解くための技法やツールを紹介します。

オートマトンで可視化

　第4章では、正規表現で記述できる文法は有限オートマトンで受理できるものとまったく同じということを解説しました。grepやRE2などのDFA型のエンジンは、正規表現からDFAに変換してマッチング処理を行うわけです。どんな正規表現にもそれに対応するDFAが存在するわけなのですが、それを利用して、

第8章 正規表現を超えて——「書かない」「読み解く」「不向きな問題を知る」

正規表現をオートマトンに変換して「視覚的に理解する」という方法があります。

DFAによって構文の情報が視覚的に読み取れる例を出してみましょう。「ちょっと草植えときますね型言語」[注4] **Grass**[注5] というw,v,Wの3種類の文字だけでプログラムを記述する奇妙なプログラミング言語の構文を紹介します。

Grassの構文はBNFで**図8.1**の上のように定義されています。図8.1のBNFの下には対応するDFAを載せてみました。

Grassの構文に対応したBNFとDFAではそれぞれ直感的に得られる情報が異なります。BNFを読むとprog(プログラム全体)やapp(*application*、関数適用)、abs(*abstraction*、関数定義)などの文法のメタな構造を把握することができます。一方、DFAの方はGrassの(構文的に正しい)プログラムが、

- wで始まる
- Wでは終わらない
- Wの直後にvが来ることはない

などの具体的な情報を、簡単に視覚的に把握することができます。

ところで、実は、Grassの構文に対応する正規表現は、

```
w([vw]*(W+w)*)*
```

注4　語尾にwを付けて愉快な心情を表現する技法を「草を生やす」と呼ぶことは1章でも紹介しました。
注5　URL http://www.blue.sky.or.jp/grass/doc_ja.html

図8.1 BNFで定義されたGrassの構文とそれに対応するDFA

```
app  ::= W+ w+
abs  ::= w+ app*
prog ::= abs | prog v abs | prog v app*
```

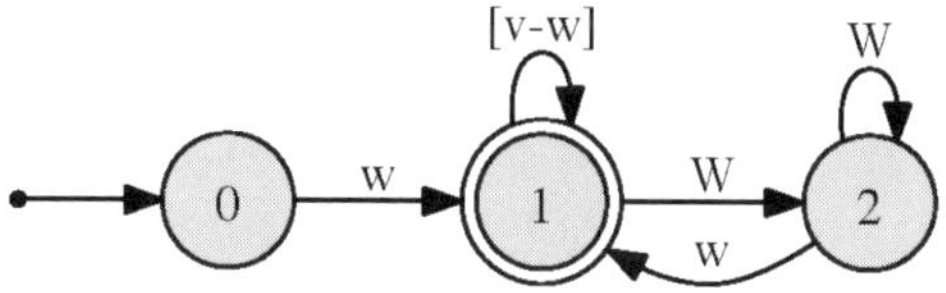

```
              [v-w]              W
               ↻                 ↻
    →( 0 )─w─→( 1 )──W──→( 2 )
                   ←──w──
```

というシンプルな正規表現で書けてしまいます。この正規表現は図8.1のBNF
をABNFに書き直し、前節で紹介したabnfを用いて正規表現に変換、その後筆
者が簡単な形に簡約したものです。

　正規表現をプログラムによって自動的に最も短い形にすること（**最小化**）は本
当は可能なのですが、そのためのツールが十分に揃っていないため、筆者が手
作業で簡約を行いました。正規表現の最小化に興味がある読者はコラムを参照
してください。

可視化ツール

　正規表現をオートマトンに変換してくれるツールはいくつかありますが、オ
ンライン上で手軽に見やすいNFAを生成してくれる**Regexper**[注6]がとくにお勧
めです。正規表現のグループ化（括弧で括られたサブパターン）の対応や文字ク
ラスを読みやすく整形してくれます。図8.2では、先ほどのGrassの例と同じパ
ターンw([vw]*(W+w)*)*を表示しています。

注6　URL http://www.regexper.com/

[Column]

最小の正規表現

　正規表現は「良い性質」を持つということを何度も強調してきました。さらに、
正規表現には一番短い（最小の）正規表現を自動的に構築するアルゴリズムが存在
する、という良い性質もあります。

　正規表現最小化のアルゴリズムは残念ながら一般に計算が大変な問題[注a]です。
研究の世界では最小化に対する近似アルゴリズムの検討もいくつか行われていま
すが、まだまだ我々正規表現ユーザが気軽に使えるようなレベルの最小化ソフト
ウェアは、（少なくとも著者の知る限りは）現段階では存在しません。

　とは言え、正規表現の最小化が「完全に自動的に」できるということは驚くべき
事実です。「ソースコードを入力すると、その記述されたプログラムとまったく同
じ動きをする『最小の』ソースコードを『自動的に』出力する」なんて夢のようなソ
フトウェアはもちろん存在しませんが、「ソースコード」を「正規表現」に置き換えた
場合には実現してしまうのです。

注a　計算理論的にはPSPACE完全と呼ばれる、計算の大変な問題であることが知られています[24]。

また、Graphviz[注7]は有名なグラフ描画ツールであり、Graphvizをバックボーンに用いているオートマトンの可視化ツールもいろいろあります。たとえば筆者は原稿執筆時にはオートマトンを拙作RANS[注8]を用いて正規表現をグラフ記述言語(Dot言語)に変換しGraphvizで描画していました。RANSとGraphvizのコマンドラインツール(dotなど)がインストールされた環境では以下のようなコマンドで正規表現からオートマトン(**最小の**DFA)を描画することができます。すると、前出の図8.1の下のように可視化できます。

```
rans 'w([vw]*(W+w)*)*' --dfa | dot -Tpdf -o grass.pdf
```

RFCに準拠したURIに対応するDFA

もう1つ、オートマトンを可視化することによって複雑な正規表現を理解しやすくする例を見てみましょう。RFCで定義されたURI(URLより一般の識別子)の文法です。

URIの文法仕様は1998年にRFC 2396[25]で初めて定義され、その7年後の2005年にRFC 3986[17]でIPv6対応などの大幅な変更を加えて再定義されました(リスト8.1も合わせて参照)。いわば現行のURIの文法仕様はバージョン2なわけです。

注7 🔗 http://www.graphviz.org/
注8 🔗 http://sinya8282.github.io/RANS/

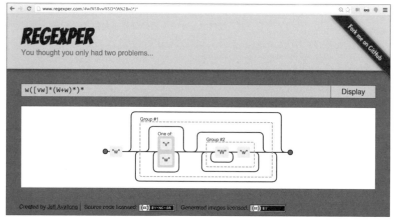

図8.2 RegexperでGrassの文法を表す正規表現を可視化(NFA)

リスト8.4にRFC 2396に記述されたURIのABNFによる定義、**リスト8.5**にそれと等価な正規表現を載せてみました。
　リスト8.5の正規表現は、前節で紹介したように、ABNFで定義された文法からabnfを用いて変換して整形しました。BNFによる定義と正規表現による定義のどちらを見ても、RFC 2396とRFC 3986のそれぞれのURIの文法はどちらも複雑に見えます。では、オートマトン（最小DFA）にしても複雑なのでしょうか。
　図8.3のオートマトンがリスト8.5に対応する最小DFAです。驚くべきことに、ABNFによる定義や正規表現による定義が長く複雑であるのに対し、最小DFAはたったの12状態しかないのです。この程度の大きさだと人間でも視覚的

リスト8.4　RFC 2396によるURIの文法定義の抜粋[25]

```
URI-reference  = [ absoluteURI | relativeURI ] [ "#" fragment ]
absoluteURI    = scheme ":" ( hier_part | opaque_part )
relativeURI    = ( net_path | abs_path | rel_path ) [ "?" query ]

hier_part      = ( net_path | abs_path ) [ "?" query ]
opaque_part    = uric_no_slash *uric

uric_no_slash  = unreserved | escaped | ";" | "?" | ":" | "@" |
                 "&" | "=" | "+" | "$" | ","

net_path       = "//" authority [ abs_path ]
abs_path       = "/" path_segments
rel_path       = rel_segment [ abs_path ]

rel_segment    = 1*( unreserved | escaped |
                 ";" | "@" | "&" | "=" | "+" | "$" | "," )

scheme         = alpha *( alpha | digit | "+" | "-" | "." )

authority      = server | reg_name

reg_name       = 1*( unreserved | escaped | "$" | "," |
                 ";" | ":" | "@" | "&" | "=" | "+" )

server         = [ [ userinfo "@" ] hostport ]
userinfo       = *( unreserved | escaped |
                 ";" | ":" | "&" | "=" | "+" | "$" | "," )

hostport       = host [ ":" port ]
host           = hostname | IPv4address
hostname       = *( domainlabel "." ) toplabel [ "." ]
domainlabel    = alphanum | alphanum *( alphanum | "-" ) alphanum
toplabel       = alpha | alpha *( alphanum | "-" ) alphanum
IPv4address    = 1*digit "." 1*digit "." 1*digit "." 1*digit
port           = *digit
...
```

第8章 正規表現を超えて ——「書かない」「読み解く」「不向きな問題を知る」

に情報を把握しやすいでしょう。

RFC 3986で定義された文法に対応する最小DFAはどうなるかと言うと、180状態と（12状態のRFC 2396と比べると）とても大きなDFAになってしまい、図を載せることができませんでした。RFC 3986に対応する最小DFAは筆者のブログ[18]やRANSのプロジェクトページ注9で観ることができます。7年の期間を経たアップデートによって、URIの文法は15倍（DFAの状態数が12→180）も複雑になってしまったのです。オートマトン（最小DFA）の状態数によって正規表現の複雑さを計るという手法は、研究界隈では**状態複雑性**（*state complexity*）として古くから定式化されています。

正規表現から「マッチする文字列」を生成する

オートマトンによる可視化ほど強力な手法とは言えないかもしれませんが、複雑な正規表現から「マッチする文字列」を生成することで「こういう文字列を受理する」という情報を引き出すアプローチもあります。

正規表現から「マッチする文字列」を生成してくれるツールはほとんど存在しない現状ですが、Microsoftが**SDL Regex Fuzzer**注10というツールを公開してい

注9　URL http://sinya8282.github.io/RANS/
注10　URL http://www.microsoft.com/en-us/download/details.aspx?id=20095

リスト8.5 RFC 2396によるURIにマッチする正規表現[18]

```
([a-z][-+.0-9a-z]*:((//((((%[0-9a-f][0-9a-f]|[!$&-.0-;=_a-z~])*@)?(((([0-9a-z]|[0-
9a-z][-0-9a-z]*[0-9a-z])\.)*([a-z]|[a-z][-0-9a-z]*[0-9a-z])\.?|\d+\.\d+\.\d+\.\d+
)(:\d*)?)?|(%[0-9a-f][0-9a-f]|[!$&-.0-;=@_a-z~])+)(/(%[0-9a-f][0-9a-f]|[!$&-.0-:=
@_a-z~])*(;(%[0-9a-f][0-9a-f]|[!$&-.0-:=@_a-z~])*)*(/(%[0-9a-f][0-9a-f]|[!$&-.0-:
=@_a-z~])*(;(%[0-9a-f][0-9a-f]|[!$&-.0-:=@_a-z~])*)*)?|/(%[0-9a-f][0-9a-f]|[!$&
-.0-:=@_a-z~])*(;(%[0-9a-f][0-9a-f]|[!$&-.0-:=@_a-z~])*)*(/(%[0-9a-f][0-9a-f]|[!$
&-.0-:=@_a-z~])*(;(%[0-9a-f][0-9a-f]|[!$&-.0-:=@_a-z~])*)*)*)(\?([!$&-;=?@_a-z~]|
%[0-9a-f][0-9a-f])*)?|(%[0-9a-f][0-9a-f]|[!$&-.0-;=?@_a-z~])(%[0-9a-f][0-9a-f]|[!
9a-f][0-9a-f])*)*)|(//((((%[0-9a-f][0-9a-f]|[!$&-.0-;=_a-z~])*@)?(((([0-9a-z]|[0-9a-
z][-0-9a-z]*[0-9a-z])\.)*([a-z]|[a-z][-0-9a-z]*[0-9a-z])\.?|\d+\.\d+\.\d+\.\d+)(:
\d*)?)?|(%[0-9a-f][0-9a-f]|[!$&-.0-;=@_a-z~])+)(/(%[0-9a-f][0-9a-f]|[!$&-.0-:=@_a
-z~])*(;(%[0-9a-f][0-9a-f]|[!$&-.0-:=@_a-z~])*)*(/(%[0-9a-f][0-9a-f]|[!$&-.0-:=@_
a-z~])*(;(%[0-9a-f][0-9a-f]|[!$&-.0-:=@_a-z~])*)*)?|/(%[0-9a-f][0-9a-f]|[!$&-.0
-:=@_a-z~])*(;(%[0-9a-f][0-9a-f]|[!$&-.0-:=@_a-z~])*)*(/(%[0-9a-f][0-9a-f]|[!$&-.
0-:=@_a-z~])*(;(%[0-9a-f][0-9a-f]|[!$&-.0-:=@_a-z~])*)*)*|(%[0-9a-f][0-9a-f]|[!$&
-.0-9;=@_a-z~])+(/(%[0-9a-f][0-9a-f]|[!$&-.0-:=@_a-z~])*(;(%[0-9a-f][0-9a-f]|[!$&
-.0-:=@_a-z~])*)*(/(%[0-9a-f][0-9a-f]|[!$&-.0-:=@_a-z~])*(;(%[0-9a-f][0-9a-f]|[!$
&-.0-:=@_a-z~])*)*)?)?)(\?([!$&-;=?@_a-z~]|%[0-9a-f][0-9a-f])*)?)?(#([!$&-;=?@_a-
z~]|%[0-9a-f][0-9a-f])*)?
```

図8.3 RFC 2396によるURIを受理する最小DFA

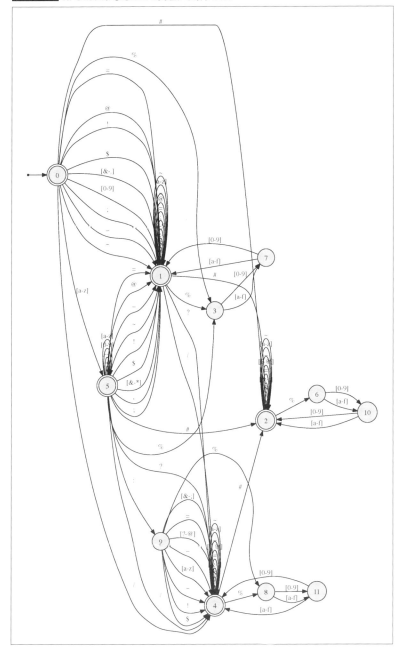

ます[注11]。SDL Regex Fuzzerは元々脆弱性をチェックするために開発/公開されているツールで、与えられた正規表現から「マッチする文字列」をランダムに生成してくれます。正規表現がどのように脆弱性チェックに繋がるのかはコラムを御覧ください。

注11　前述したRANSも、正規表現にマッチする文字列を順番を指定して生成する機能を持っています。

[Column]

ファジング ——正規表現で脆弱性チェック？

ファジング（fuzzing）とは、ソフトウェアの脆弱性を検出する検査手法です。実際にMicrosoftなどの大手企業がソフトウェアの開発ライフサイクルに導入し、脆弱性検出に効果を上げているという報告があります。ファジングでは**ファズ**と呼ばれる「問題を引き起こしそうなデータ」をソフトウェアに大量に流し込み、その応答や挙動を監視して脆弱性を検出するというアプローチを取ります（**図C8.1**）。

もちろん、「問題を引き起こしそうなデータをどう生成するか」や「どのように監視して脆弱性を検出するか」の部分については、さまざまな方法が考えられます。とくに、ファズの生成については脆弱性チェックの対象によって適切な方法を考える必要があります。Microsoftが公開しているSDL Regex Fuzzerはファズのパターンを正規表現で記述して生成する方法を採用しており、それによって柔軟に「問題を引き起こしそうなデータ」の生成規則を定義することが可能となっています。

ファジングに関する日本語の資料としては@tokoroten氏による入門スライド[注a]や情報処理推進機構（IPA）による解説スライド『ファジング活用の手引き』[注b]を参照されると良いでしょう。どちらの資料でもMicrosoftの事例が紹介されています。

注a　URL http://www.slideshare.net/TokorotenNakayama/fuzzing-pyfes
注b　URL https://www.ipa.go.jp/security/vuln/fuzzing/contents.html

図C8.1　ファジングによる脆弱性検出のイメージ

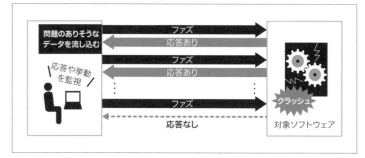

8.3 構文解析の世界
──正規表現よりも表現力の高い文法を使う

正規表現は便利な道具ですが、用いるのに向かない問題もあります。たとえ(再帰的な構文を含む)構文解析などがそれに当たります。本節では構文解析に適した、正規表現よりも強力な道具としてBNFとPEGを紹介します。

正規表現と構文解析

正規表現は便利ですが、表現したいパターンや構文によっては正規表現よりも表現力の高い**文法**(grammar)を使うべき場合もあります。たとえば、「自作プログラミング言語のパーサ」などをすべて正規表現で書こうとするのは狂気の沙汰です注12。

> Some people, when confronted with a problem, think "I know, I'll use regular expressions." Now they have two problems.
> ある人々は問題に直面すると、「そうか、正規表現を使うんだ」と考える。こうして彼らは2つの問題を抱えることになる。
> ──Jamie Zawinski

正規表現を使うべきでない問題に対して正規表現で頑張ろうとすると、往々にしてJamieの格言のような状況にハマってしまいます。

本節ではいわゆる**構文解析**(parsing)の話がメインとなります。正規表現よりも表現力の高い文法の記述言語としてBNFとPEGを解説し、JavaScriptのPEGライブラリであるPEG.jsで実際に四則演算の構文解析器(**パーサ**、パーサー、パーザ)を実装する例を紹介します。

構文解析の歴史は深く、アルゴリズムの世界は深遠です。構文解析のための構文記述言語は実にいろいろなものが存在しますが、本書はあくまで正規表現の本であるため対象をBNFとPEGに絞り、ごく軽く文法を紹介します。構文解析について、より詳しくは構文解析の記述が充実している『言語実装パターン──コンパイラ技術によるテキスト処理から言語実装まで』[26]や『コンパイラ--原理・技法・ツール』[27]などの書籍が参考になるでしょう。

注12 Grassのように単純な構文なら簡単にできてしまうのですが。

第8章 正規表現を超えて ——「書かない」「読み解く」「不向きな問題を知る」

基本三演算では表現できない再帰的な構文

　第1章や第3章でも何度か触れてきましたが、純粋な(基本三演算のみを用いた)正規表現では「括弧の対応」のような再帰的な構文は表現することができません(その厳密な解説はAppendixで行います)。そのため、括弧の対応が必要とされる構文も、純粋な正規表現では書けません。

- ほとんどのすべてのプログラミング言語
- 括弧を用いる数式
- XMLやJSONなどのデータ記述言語

■── **BNFとCFG** ──「四則演算の構文は再帰的な構文」を例に

　構文的に正しい数式(四則演算)というものをボトムアップに考えてみましょう。四則演算が使える数式の構文を自然言語(日本語)で書いてみると、**リスト8.6**のようになりました。つまり、ここではリスト8.6のルールで最終的に数式と呼べるものだけが、構文的に正しい数式と考えることにしましょう。

　リスト8.6の四則演算の構文をよく見てみると、数式の定義の中に項が使われ、項の定義の中に因子が使われ、その項の定義の中では数式が使われています。このような構文を再帰的な構文と呼ぶことを第1章では説明しました。

　再帰的な構文は**BNF**(*Backus-Naur Form*)と呼ばれる構文記述言語で自然に定義することができます。試しに四則演算の構文をBNFで定義してみると**リスト8.7**のようになります。\d+や[+-]などは正規表現の構文を使っています。なお、このように正規表現を使っているBNFを**EBNF**(*Extended BNF*)と呼ぶ場合もあります。

　リスト8.7の文法定義において、exprが数式、termが項、factorが因子を表

リスト8.6 自然言語による四則演算の構文の定義

- 1つの数も数式ですし、構文的に正しい数式を括弧で囲んだものも正しい数式である。これらの形の数式を**因子**(*factor*)と呼ぶことにする
- 項同士を掛け算(*)割り算(/)で繋いだものも正しい数式である。1つの因子や、2つ以上の因子を*/で繋いだものを**項**(*term*)と呼ぶことにする
- 項を足し算(+)引き算(-)で繋いだものも正しい数式である。1つの項や、2つ以上の項を+-で繋いだものを**数式**(*expression*)と呼ぶことにする

リスト8.7 BNFによる四則演算の構文の定義

```
expr   ::= term ([+-] term)*
term   ::= factor ([*/] factor)*
factor ::= \d+ | \( expr \)
```

現しています(シンプルにするためにスペースや改行や負の数は無視しています)。よく見てみると、リスト8.7のBNFによる定義は、リスト8.6の自然言語による定義をそのままBNFに「直訳」したものであることがわかります。

　文字列がどのように解析されるかは、exprという数式を表す文法から文字列がどのように定義に従って導出されるかを考えます。導出とは文法定義に従って開始記号をどんどん展開していく操作です。たとえばexpr = term = factor = 3と定義に従いexprから(文字列として)3を導出することができるため、3は数式となります。

　リスト8.7のBNFに従って11+(14*1988)がどう導出されるかを見てみましょう。開始記号であるexprから文法定義に従って11+(14*1988)という文字列を導出します。まず、11+(14*1988)という数式は+が1つしかないのでexpr ::= term ([+-] term)*という規則に従いexpr = term+termと導出されます。+の両辺はどちらもfactorに対応するのでexpr = term+term = factor+factorとなります。

　文字列の左辺の11という数字はfactorの規則である\d+のみにマッチするので、expr = term+term = factor+factor = 11+factorと導出できます。

　一方、右辺の(14*1988)は\(expr \)という規則に対応しますので、expr = term+term = factor+factor = 11+(expr)となります。

　残りのexprも同様に導出することで、最終的に、

```
expr = term+term = factor+factor = 11+(expr) = 11+(14*1988)
```

という結果が得られました。ここでは導出の結果を式で表しましたが、**図8.4**

図8.4　11 + (14*1988)のパースツリー

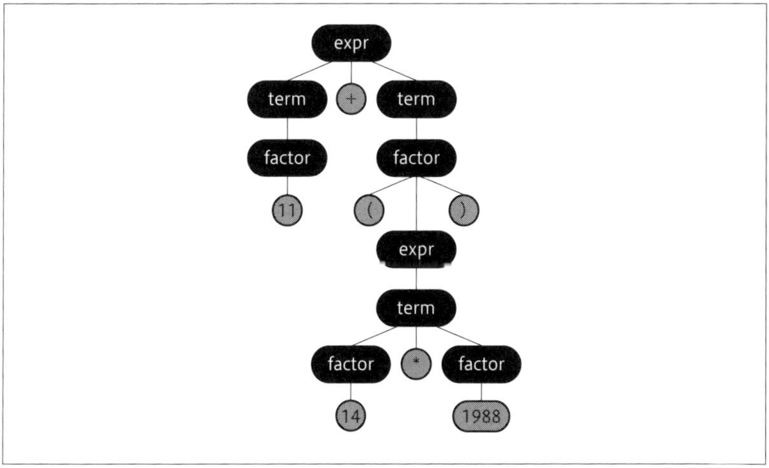

のようなパースツリーによる表示もよく用いられます。BNFにおいては「開始記号から導出できる」と「構文に従っている」ことは同じことなのです。

BNFはある「再帰的な構文を表現できる構文記述言語」であり、プログラミング言語**ALGOL**の文法定義のためにJohn Warner BackusとPeter Naurが導入した記述言語です[注13]。

BNFはプログラミング言語の文法定義の記述言語として非常に広く普及しています。ほとんどのプログラミング言語でBNFをサポートしているライブラリが使えますし、また、BNFを拡張した記述言語も多数存在します。たとえば、前節のURIの文法でも紹介したように、RFCでは文法定義のためにABNFが用いられています。

BNFによって記述できる言語のクラスを**CFL**(*Context-Free Language*、**文脈自由言語**[注14])と、文脈自由言語に対応した文法を**CFG**(*Context-Free Grammar*、**文脈自由文法**)と呼びます。

■──── 文脈自由言語＝正規言語＋括弧の対応

再帰機能を使うと、Perlの正規表現では(角)括弧の対応が(<(?R)>)*という風に書けます[注15]。Appendixで紹介しますが、括弧の対応が取れた**Dyck言語**(ダイク)は正規表現では表現できないため、再帰機能は本来の正規表現を逸脱する機能です。

実際に四則演算も再帰を使った正規表現で(\d+|\((?R)\))([-+*/](\d+|\((?R)\)))*と書くことができます。しかし、四則演算程度の簡単な構文でも、読みやすさや修正のしやすさという理由でBNFで記述するほうが良いでしょう。

数式やプログラミング言語の構文等など、文脈自由文法は正規表現よりも多くの構文を表現することができます。では、文脈自由文法はどのぐらい正規表現よりも強力なのでしょうか。理論的にはスッキリした答えがあります。Chomsky-Schützenbergerの定理[28]と呼ばれる定理が、大雑把に言って、文脈自由文法が正規表現にDyck言語を表現できる能力を追加した文法であると特徴付けています。つまり、ざっくりに言ってしまうと「括弧の対応が取れるか取れないか」が文脈自由文法と正規表現の本質的な唯一の違いなのです。

注13　彼らはこれらの功績でチューリング賞を受賞しています。
注14　一般に、xxx-freeという英単語は「xxxを含まない/ない」や「xxxに依存しない」という意味を持ちます(身近な例だと「免税」を表すduty-freeや「砂糖を含まない」を表すsugar-freeなど)。context-freeは「文脈に依存しない」という意味を持ちます。
注15　詳しくはA.1節内の「再帰は非正規」を参照。

PEG

構文記述言語として近年普及しているのが**PEG**（*parsing expression grammar*、**解析表現文法**）です。PEGもBNFと同様にプログラミング言語の構文の定義などに用いることができますが、PEGはBNFに比べて、

- バックトラックの動作が仕様として決まっている
- 線形時間の構文解析アルゴリズムがある

[Column]

文脈自由言語とChomskyの階層

文脈自由文法は元々言語学の分野でNoam Chomskyが1956年に導入[29]しました。彼は、

- 正規言語
- 文脈自由言語
- **文脈依存言語**(*context-sensitive language*)
- **帰納的可算言語**(*recursively enumerable language*)

という4つの言語を形式的に定義できる枠組みである**生成文法**(*generative grammar*)というしくみを考案しました。

生成文法で定義できるこれら4つの言語は**階層**(*hierarchy*)を成す、つまりリストの上(正規言語)から下に(帰納的可算言語)に行くほど言語としての表現力が強くなっていくことが知られています。すべての正規言語は文脈自由言語でもあり、すべての文脈自由言語は文脈依存言語でもあり、すべての文脈依存言語は帰納的可算言語でもあるのです（逆は成り立ちません）。この4つの言語から成る階層は**Chomsky階層**(*Chomsky hierarchy*、**図C8.2**)と呼ばれ、今日では形式言語理論の基礎を形成しています。

図C8.2 Chomsky階層(4つの言語の階層)

- 構文定義に曖昧さがない
- CFG（BNF）では書けないような構文を記述できる

などの特徴を持っています。

　紙幅の都合でPEGについて動作をきちんと解説するのは難しいので、本書では手短に「PEGで四則演算を定義するにはどうするか」という例を紹介することにしましょう[注16]。

PEGによる四則演算パーサ

　ここでは、PEGによる四則演算パーサの実例から、PEGの基本的な利用方法を確認します。PEGでは規則において、複数の表現の中から選択したい場合、CFGと異なり/を用います。たとえば、以下のようになります。

```
primary = integer / '(' _ expr _ ')'
```

　これは「選択」、すなわち並んでいる順番に解析を試行し、最初に成功した表現を採用するという意味です。表現の採用に優先度が付いているため、構文定義において曖昧性がありません。たとえば上の場合、もしもintegerと'(' _ expr _ ')'の両方で解析の可能な文字列を入力として受け取ったとしても必ず先に並んでいるintegerが採用されます。

　リスト8.8は四則演算をPEGによって表現した例です。_ = ' '*のように、*によって0回以上の繰り返しを表現することができます。これによって_はスペース（空白）を表現しています。同様に+によって1回以上の繰り返しを表現でき、これはintegerのdigitが1つ以上存在することを保証します。

　例ではadditiveを次のように表現し、足し算、引き算の式を表現しています。

```
additive
   = multiplicative _ [+-] _ additive
   / multiplicative
```

　また、これは*を用いて以下のように表現することも可能です。

```
additive
   = multiplicative (_ [+-] _ additive)*
```

注16　PEGについて踏み込みたい読者はたとえば@kmizu氏によるPEGの入門記事『PEG基礎文法最速マスター』が参考になるでしょう。 URL http://kmizu.hatenablog.com/entry/20100203/1265183754

また、以下のようにすることで、exprに対する括弧の対応を要求する規則を記述することが可能になっています。

```
primary
    = ...
    / '(' _ expr _ ')'
```

リスト8.9はJavaScriptのPEGライブラリであるPEG.jsを用いた完全な四則演算パーサです。PEG.jsを用いてJavaScriptでアクションを記述することで、四則演算をパースし、計算結果の数値を返します。このときアクションで木構造を作ることで、抽象構文木を作成するといったことを行うことも可能です。

強力さの代償

正規表現は「1行でパターンを記述できる」手軽な式であるため、コマンドラインツールやスクリプト言語のワンライナー実行と相性が良く、またほぼすべての言語処理系で正規表現をサポートしていてプログラミングにおいても重宝されています。しかし、プログラミング言語やデータ記述言語等、高度な構文解析が必要になる場面ではCFGやPEGなどの記述言語を使うべきでしょう。現実問題、正規表現の表現力を超える構文を解析したいケースなどは山のように

リスト8.8 四則演算のPEGによる表現

```
start = _ expr _

_ = ' '*
integer = digits:[0-9]+

expr = additive

additive
    = multiplicative _ [+-] _ additive
    / multiplicative

multiplicative
    = prefix _ [*/] _ multiplicative
    / prefix

prefix
    = [+-]* _ prefix
    / primary

primary
    = integer
    / '(' _ expr _ ')'
```

あります。そのためには強力なパーサ(パーザ)を実現する必要があるのです。

さて皆様、パーザ書いておられますか？
「プログラミング言語なんて作らないし」とか、「BNFとかわからん」とか思っている方もいらっしゃるかもしれませんが、パーザというのはプログラムにおいて必ず登場するものなのです。というのも、あらゆるコンソールプログラムは標準入力からの入力をパーズして、標準出力に結果を返しますし、あらゆるネットワークプログラムは、ソケットからのストリームデ

リスト8.9 PEG.jsによる四則演算パーサ

```
start
    = _ expr:expr _ {
        return expr;
    }

_ = ' '*   // whitespace.

expr = additive

additive
    = lhs:multiplicative _ op:[+-] _ rhs:additive {
        return (op === '+') ? lhs + rhs : lhs - rhs;
    }
    / multiplicative

multiplicative
    = lhs:prefix _ op:[*/] _ rhs:multiplicative {
        return (op === '*') ? lhs * rhs : lhs / rhs;
    }
    / prefix

prefix
    = op:[+-] _ value:prefix {
        return (op === '-') ? -value : value;
    }
    / primary

primary
    = integer
    / '(' _ expr:expr _ ')' {
        return expr;
    }

integer
    = digits:[0-9]+ {
        return parseInt(digits.join(''), 10);
    }
```

ータをパーズしてレスポンスを返すわけです。行ごとに読むとか、JSON にするとか、正規表現を使うとか、そういうのは単にパージングを簡単にするとか、既存のものを使うとかの選択を行なっているに過ぎません。

——田中英行 注17

　解析したい構文、解きたい問題に合わせて適切に道具を選ぶ必要があります。後方参照や再帰を用いた正規表現や長くて複雑な正規表現を書く以外にも、CFGやPEGという選択肢もあるということを認識できたでしょうか。

　一方、強力さというものには得てして代償が生じるものです。本書でここまで紹介してきた正規表現が持っている、

- メモリを一切消費せず線形時間でマッチングが可能（第4章）
- 2つの異なる正規表現の等価判定が可能（4.4節）
- 有限オートマトンによる可視化が可能（8.2節）
- 自動最小化が可能（p.267のコラム「最小の正規表現」を参照）

などの実践的/理論的に「良い性質」は、CFGやPEG程度に表現力を持った記述言語に拡張するとことごとく失われてしまうのです。

　たとえば構文解析にかかる時間はどうでしょうか。「与えられた文字列が文法にマッチするか」だけを知りたい場合、正規表現であればオートマトンを構築することで入力長に比例した（線形時間の）マッチングを行うことができます。入力文字列に依存する記憶領域もいりません。しかし、CFGやPEGの場合は線形時間マッチングが不可能だったり、入力長に依存した記憶領域が必要になります（次ページのコラム「CFGとPEGの構文解析計算量」を参照）。

注17　「Peggy：新しい時代のパーザジェネレータ」 URL http://tanakh.jp/posts/2011-12-19-peggy-nextgen-parser-generator.html

[Column]

CFGとPEGの構文解析計算量

　CFGの構文解析アルゴリズムとしては、解析対象文字列の長さの3乗程度の計算時間（計算量）で解析を行える**CYKアルゴリズム**（*Cocke-Younger-Kasami algorithm*）などがよく知られています。CFGに対する既存の最速のアルゴリズムはブール代数要素の行列乗算を用いる**Valiantsアルゴリズム**ですが、その計算量は行列乗算の計算量に依存しておりここで詳しく述べることはできません。

　一方のPEGについては、Bryan Fordが2002年に自身の修士論文[31]にて線形時間の構文解析アルゴリズムである**Packrat parsing**を提案しています。このアルゴリズムの発表によってプログラマなど研究分野以外の人々のPEGに注目が集まった印象があります。

　ここで言う構文解析の効率はあくまで「一般的理論的な計算時間」（計算量）であり、ツールとして実践的に使う場合とは乖離があります。たとえばPackrat parsingでは解析対象文字列の長さに比例したメモリ領域を必要とする場合があるため、「オートマトンと同程度に高速」というわけではありませんし、CFGの解析においては入力長に比例した解析時間で構文解析が終わる場合も多くあります。

　第3章では「与えられた2つの正規表現が等しいかどうか」（等価判定）を判定するアルゴリズムがあることを解説しました。しかし、CFGやPEGでは等価判定を行うアルゴリズムが存在しない（判定不能である）ことが知られています。それどころか、CFGにおいては「与えられたCFGがすべての文字列にマッチするか」（正規表現 .* と等しいか、*universality problem*）が、PEGにおいては「与えられたPEGにはどんな文字列もマッチしないか」（*emptiness problem*）がそれぞれ判定不能です[30] [33]。正規表現だと問題なく計算できることが、CFGやPEGでは計算できないのです！

　さらに、p.267のコラム「最小の正規表現」では正規表現が自動的に最小化できることを解説しましたが、CFGやPEGでは最小化も不可能です。これらの事実は正規表現に比べてCFGやPEGが「コンピュータにとって扱いにくいもの」「（変形や最小化等が）自動化しにくいもの」であることを意味しています。正規表現はCFGやPEGに比べると抜群にコンピュータにとって扱いやすいものなのです[注a]。

注a　A.2節では「数学の力を使った」正規表現のある種の「自動最適化」の話題を取り扱います。

Appendix

A.1 正規と非正規の壁 ——正規表現の数学的背景

A.2 正規性の魅力 ——正規言語の「より高度な数学的背景」

A.3 参考文献

A.1
正規と非正規の壁 —— 正規表現の数学的背景

　本書の第3章では「純粋な正規表現とは何か」ということを説明しました。しかし、本書でも何度か述べているように、プログラマが使う現代の正規表現は純粋な正規表現から逸脱している部分もあります。

　本節では、「何が逸脱してるのか」さらには「どんなものが純粋理論的な正規表現では表現できないのか」という基本的な疑問に答えます。

　まず「否定」と「先読み」が純粋な正規表現の範囲を超えていないことを解説し、その次に正規言語かどうかの判定に使えるポンピング補題と Myhill-Nerode の定理を紹介します。ポンピング補題や Myhill-Nerode の定理を使えば「再帰」や「後方参照」が純粋な正規表現の範囲を超えていることが示せるのですが、本節ではその証明も見ていきます。

　ポンピング補題や Myhill-Nerode の定理は、初めて学ぶ人にとってはなかなかに難しく感じるかもしれませんが、一度理解できると末長く役立つ知識になります。本節はそのようなプログラマの皆さんにも理解してもらえるよう丁寧かつ具体的な説明を心懸けました。それでは、じっくりと見ていくことにしましょう。

否定は正規

　正規表現に対する**否定演算**というものを考えてみましょう。正規表現 r に対して、その否定 $\bar{r}$ は元の正規表現に「マッチしない文字列にマッチする」という演算です。形式的に表すと以下のようになります。

$$L(\bar{r}) = \overline{L(r)}$$

　要は元の正規表現の受理文字列集合の**補集合**を表現する演算ということですね（$\bar{S}$ は集合 S の補集合を表すことを思い出してください）。そのため否定演算は補集合演算とも呼ばれます。

　問題は、この「否定演算は正規か」ということです。言い換えると「基本三演算だけで否定演算を実装できるか」となります。また別の言い方をすると、連接、選択、Kleene 閉包（繰り返し）に加えて「否定を追加しても正規表現の表現力は変わらないか」という問いになります。

　具体例を見てみましょう。たとえば、バイナリ文字 $\Sigma = \{0, 1\}$ 上の正規表現

0^*は「0の0回以上の繰り返し」を表現しています。その受理文字列集合とその補集合に注目してみましょう。

$$L(0^*) = \{\varepsilon, 0, 00, 000, 0000, 00000, 000000, 0000000, \cdots\},$$
$$\overline{L(0^*)} = \{1, 01, 10, 11, 001, 010, 100, 011, 101, 110, 111, \cdots\}$$

この補集合言語$\overline{L(0^*)}$を表現する正規表現を書いてみましょう。勘の良い方なら気付くかもしれませんが、0^*は「0だけから成る文字列」を表しているためその否定は「1を少なくとも1つ含む文字列」を表すはずです。つまり0^*の否定$\overline{0^*}$は正規表現$(0 \mid 1)^* 1 (0 \mid 1)^*$と等価なのです。

否定演算が純粋な正規表現の能力を超えていないことを示すには、否定を含むどのような正規表現にも、同じ言語を表す「基本三演算のみ」を使った正規表現が存在することを示す必要があります。一体どうすればそんなことが示せるのでしょうか。実は、示すための道具はすでに本書で解説済みなのです。**DFA**を使えば、正規表現の否定が正規であることを簡単に示せます。

まずオートマトンと正規表現の関係についておさらいしましょう。4.1節で紹介したKleeneの定理(定理4.1)より「正規表現で表現できる」と「DFAで認識できる」というのは等価な概念なのでした。よって「任意のDFAに対して、そのDFAが認識する言語の補集合を認識するDFAが作れるか」、すなわち「否定のDFAを作れるか」という問題を解けば否定演算の正規性が示されるわけです。

と言っても、否定のDFAを作るのは簡単です。**受理状態集合を補集合に置き換えれば良いのです**。つまり、DFA $\mathcal{A} = \langle Q, \Sigma, \delta, q_0, F \rangle$に対してその否定のDFA $\overline{\mathcal{A}}$は$\overline{\mathcal{A}} = \langle Q, \Sigma, \delta, q_0, \overline{F} \rangle$で定義されます。

簡単過ぎて納得がいかないでしょうか。しかし、思い出してみてください、DFA $\mathcal{A} = \langle Q, \Sigma, \delta, q_0, F \rangle$において、$\mathcal{A}$が文字列$w$を受理するとは「初期状態$q_0$から文字列$w$を読んで受理状態に遷移する」ということでした。逆に言えば$\mathcal{A}$が文字列wを受理**しない**とは「初期状態q_0から文字列wを読んで受理状態に遷移**しない**」ということになります。否定とは「元のDFAが認識しない文字列を認識するDFA」を作ることなので、$q \notin F$となるようなすべてのqが含まれる集合、すなわちFの補集合$\overline{F}$を受理状態集合とすれば良いのです(**図A.1**)。

具体的には以下の手順で、否定の正規表現$\overline{r}$を基本三演算だけを使った純粋な正規表現r'に変換することができます。正規表現→オートマトンの構成アルゴリズムは第4章で解説したとおりです。その逆向き、オートマトン→正規表

現の構成アルゴリズムは残念ながら本書では扱っていません[注1]。

❶ 正規表現rが与えられる
❷ rからDFA $\mathcal{A}$を構成する（正規表現→オートマトンのアルゴリズム）
❸ $\mathcal{A}$の否定のDFA $\overline{\mathcal{A}}$を構成する（本項で説明した方法）
❹ $\overline{\mathcal{A}}$を正規表現r'に変換する（オートマトン→正規表現のアルゴリズム）
❺ オートマトン→正規表現のアルゴリズムのしくみからr'は基本三演算のみで構成される。さらにステップ3より$L(r') = \overline{L(r)}$、つまりr'はrの否定の正規表現となる

先読みは正規

第1章や第7章では、先読み演算がいろいろな問題を簡単にしてくれる便利な機能であることを強調してきました。しかし、先読みは「正規表現の表現力を大幅に上げている」ように思えるかもしれませんが、先読みは正規表現の表現力を**超えていません**。つまり先読みは正規であり、先読みを含むどのような正規表現も先読みを使わない純粋な正規表現に変換できるのです。

先読みが正規であることは**ブーリアンオートマトン**（*boolean automaton*）を使うことで示すことができます[33]が、ここでその証明を扱うにはやや高度過ぎるため残念ながら割愛します。興味のある読者は文献[33]を参照してください。

「先読みは正規」という事実は実用的に重要な性質です。先読みを使えばいろいろなものが簡単に表現できるにもかかわらず、正規表現のさまざまな「良い性

注1　興味のある方は拙作のスライド『正規表現入門　星の高さを求めて』が参考になるでしょう。**URL** http://www.slideshare.net/sinya8282/ss-32629428

図A.1　偶数個のbを認識するDFAとその否定、奇数個のbを認識するDFA

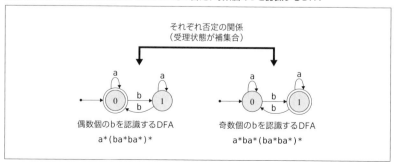

質」を壊さないからです。さらに、否定演算が正規という先ほどの結論から「否定先読みも正規」という事実が導かれます。

正規言語のポンピング補題

　ここまで否定と先読みが正規であることを説明してきました。これからは再帰と後方参照が正規でないことを証明していきます。

　ある演算Xが正規でないことを示すためには、演算Xを使った正規表現で正規じゃない言語「**非正規言語**」が表現できてしまうことを示せばOKです。しかし、そもそも「言語Lが非正規」という類の問題はどのようにして証明すれば良いのでしょうか。Lが非正規であることを示すためには「Lを表現する正規表現もLを認識するDFAも**存在しない**」ことを示せば良いのですが、でも、そんなことどうやって示すのでしょうか。一般に「○○は存在しない」という類の証明は難しいものなのです。

　本節では「ある言語Lが正規言語でない」ということを示すのに便利なテクニックである**ポンピング補題**（pumping lemma）[注2]について解説を行います。ポンピング補題は「言語Lが正規であることの」（**必要条件**）、つまり「すべての正規言語が満たすべきある性質」について述べた補題です。まずは「必要条件」という言葉についてきちんと説明しましょう。

■── 必要条件と十分条件

　ある命題Aと命題Bについて、

$$A が成り立つならば、B も成り立つ$$

というAとBを使った新しい命題を、

$$A \Rightarrow B$$

と書くことにします。⇒はそのまま「ならば」と呼びます。

　$A \Rightarrow B$となる場合、

- AはBの十分条件
- BはAの必要条件

[注2] 反復補題とも呼ばれます。

と呼びます。「Bが成り立ってるかはAを確認すれば**十分**」ですし、「Aが成り立つためにはBが成り立ってることが**必要**」ということですね。

ここで、$A \Rightarrow B$と$B \Rightarrow A$が同時に成り立つ場合、

$$A \Leftrightarrow B$$

と両方向の矢印を一つの記号⇔でまとめて書くことにしましょう。つまり$A \Leftrightarrow B$とは「Aが成り立つならばBも成り立ち、Bが成り立つならばAも成り立つ」ということを表す記号です。$A \Leftrightarrow B$が成り立つということは、AとBはお互い「必要であり十分」な関係にあるため、

- AはBの必要十分条件、または、BはAの必要十分条件
- AとBは等価な命題

などと呼びます。

たとえば4.1節で紹介したKleeneの定理（命題4.1）では「Lは正規表現で表現できる」と「Lはオートマトンで認識できる」が同じ概念であることを述べた定理であるため、記号を使うと、

$$L\text{は正規表現で表現できる} \Leftrightarrow L\text{はオートマトンで認識できる}$$

と簡潔に書くことができます。「正規表現で表現できる」と「オートマトンで認識できる」は等価な性質であり、Kleeneの定理は正規言語の必要十分条件を述べたものだと言えます。一方、本項で紹介するポンピング補題は正規言語の必要条件となります。

■ 言語が無限集合であるということ

ポンピング補題の前に、まず、言語に関する性質の紹介から始めましょう。Σ上の言語Lが無限集合、つまりLは無限に多くの文字列を含んでいる状況について考えてみます。そのとき、言語Lは、

$$\text{任意に長い文字列を含む} \tag{A.1}$$

という性質を持つことを示すのがここでの目標です。つまり、Lが無限集合ならどんなに大きな数nに対しても、Lはnよりも長い文字列を含むということを示したいのです。

なぜいきなりこんなことを考えるのか戸惑われるかもしれませんが、後でこの性質がポンピング補題の説明に必要になってくるのです。それでは、性質(A.1)を背理法で証明しましょう。性質(A.1)が成り立たない場合、つまりLがある長

さk以上に長い文字列を含んでいない場合、言語Lは「長さk未満のすべての文字列の集合」の部分集合になります。これを式で表すと以下のようになります（Σ^nはΣ上の「長さnのすべての文字列の集合」です）。

$$L \subseteq \bigcup_{n=0}^{k-1} \Sigma^n$$

上式の右辺は明らかに有限集合です。なぜなら、どんな大きいnでも「長さnのすべての文字列の集合Σ^n」は$|\Sigma|^n$個の文字列しか含みませんし、有限集合の有限個の和は当然有限集合になるからです。すると、有限集合の部分集合であるLも必然的に有限集合ということになります。これは「言語Lが無限集合」という前提に矛盾します。よって無限の文字列を含む言語は性質A.1を持つことが示されました。

性質A.1を論理式を使って形式的に書いてみると**命題A.1** となります。

命題A.1　　命題

無限の文字列を含む言語Lについて次の式（**論理式**）が成り立つ。

$$\forall n \in \mathbb{N}, \exists w \in L\ [|w| > n]$$

論理式の読み方は以下のとおりです。

- $\forall n \in \mathbb{N}$が「任意の自然数nについて」を
- $\exists w \in L$が「Lに属するwが存在し」を
- $[|w| > n]$が「wの長さはnより大きい」を

それぞれ意味しています。性質A.1と同じことを言っていますね。

■── **ポンピング補題の内容とその証明**

命題A.1とオートマトンの性質を使うことで、正規言語が満たすべきおもしろい性質が浮き上がってきます。それが、ここで説明するポンピング補題です。

無限個の文字列を含む正規言語Lと、それを認識するDFA $\mathcal{A}$について考えます。命題A.1よりLは任意に長い文字列を含むため、$\mathcal{A}$も任意に長い文字列を受理することになります。$\mathcal{A}$の状態数をnと置いた時に、長さn以上の受理文字列$w \in L$について$\mathcal{A}$が計算を行う様子を観察してみましょう。wの長さを$|w| = m$とすると仮定より$m \geq n$です。wのi番めの文字をσ_iで表すことにします（$w = \sigma_1 \sigma_2 \cdots \sigma_m$）。さらに、$w$は$L$に属するため前提より$\mathcal{A}$によって受理されます。よ

って $\mathcal{A}$ の初期状態 q_0 と受理状態 $q_m \in F$ が存在して、**A.2**式のような状態遷移を行うはずです。

$$q_0 \xrightarrow{\sigma_1} q_1 \xrightarrow{\sigma_2} \cdots \xrightarrow{\sigma_{m-1}} q_{m-1} \xrightarrow{\sigma_m} q_m \qquad \text{**A.2**}$$

さて、**A.2**式の状態遷移には、2回以上出現している状態が必ず存在します。なぜなら、状態数 n に対して $m \geq n$ 回の状態遷移を行っているため、**A.2**式には q_0 から q_m まで $m+1 > n$ 個の状態が出現しているからです。「n 人で n より多い $m+1$ 個の苺を分けたら、2個以上食べれるラッキーな人が何人かいる」という論法です[注3]。この「2回以上出現している状態」を q' と置くことにします。すると**A.2**式の遷移は

$$q_0 \xrightarrow{\sigma_1} q_1 \xrightarrow{\sigma_2} \cdots \xrightarrow{\sigma_i} q' \xrightarrow{\sigma_{i+1}} \cdots \xrightarrow{\sigma_j} q' \xrightarrow{\sigma_{j+1}} \cdots \xrightarrow{\sigma_{m-1}} q_{m-1} \xrightarrow{\sigma_m} q_m \qquad \text{**A.3**}$$

と適当なインデックス $i, j\ (i < j)$ を用いて表すことができるはずです。なぜなら、q' は2回以上現れているからです。ここで、

- $x = \sigma_1 \cdots \sigma_i$ は w の最初から i 番めまでの接頭辞
- $y = \sigma_{i+1} \cdots \sigma_j$ は w の $i+1$ 番めから j 番めまでの部分文字列
- $z = \sigma_{j+1} \cdots \sigma_m$ は w の $j+1$ 番めから最後までの接尾辞

という3つの w の部分文字列を考えてみましょう。定義から明らかに $w = xyz$ となることがわかります。つまり x, y, z は w を**分割**した文字列です。**A.3**式の遷移をこの x, y, z を使って表すと次のようになります。

$$q_0 \xrightarrow{x} q' \xrightarrow{y} q' \xrightarrow{z} q_m \qquad \text{**A.4**}$$

つまり、「2回以上現れる状態」である q' は文字列 y によって**ループ**しているのです。$\mathcal{A}$ の状態数と受理文字列 w の長さに注目することで元の**A.2**式の状態遷移から**A.4**式のループ構造を発見することができました(図**A.2**)。

ここまで来ればポンピング補題までもう一息です。**A.4**式を眺めてみましょう。xz という文字列で状態遷移を行ったらどうなるでしょうか。**A.4**式から次式が成り立つことがわかります。

$$q_0 \xrightarrow{x} q' \xrightarrow{z} q_m$$

さらに、$xyyz$ ではどうかと言うと、次のようになりますね。

[注3] このような原理を「鳩の巣原理」と呼びます。

$$q_0 \xrightarrow{x} q' \xrightarrow{y} q' \xrightarrow{y} q' \xrightarrow{z} q_m$$

これらを一般化すると任意のiに対してxy^izで初期状態q_0から受理状態q_mに遷移することが言えます。

$$q_0 \xrightarrow{x} q' \underbrace{\xrightarrow{y} q' \xrightarrow{y} \cdots \xrightarrow{y} q'}_{i \text{ 回のループ}} \xrightarrow{z} q_m$$

つまりxy^izはxyzと同じく正規言語Lに含まれるのです(図A.2)。

この正規言語のループ構造を形式的に述べたものが**補題A.1**のポンピング補題となります。

補題A.1　ポンピング補題

任意の正規言語Lについて、言語Lのみに依存する**反復長**$\ell > 0$が存在し、$|w| \geq \ell$となるすべての$w \in L$について以下の条件が成り立つ。

❶ $|y| > 0$かつ$|xy| \leq \ell$となる、次の条件を❷満たすwの分割$w = xyz$が存在する

❷ すべての$i \geq 0$について$xy^iz \in L$が成り立つ

ポンピング補題で存在が保証されている反復長ℓは、実質的に「言語Lを認識するDFAの大きさ」を表しています。言語Lを認識するDFAならば何でも良く、別に最小DFAである必要はありません。その意味では、反復長ℓは「言語Lを認識するDFAの最小状態数**以上の数**」ならば問題ないのです。

ポンピング補題の形式的な内容(**ステートメント**)はなかなかに複雑なものです。論理式には変数がL, ℓ, w, x, y, z, iとなんと7つも出てきます。恐らく読者が

図A.2　オートマトンのループ構造

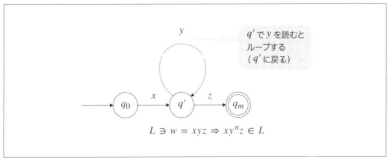

何の説明もなく補題A.1を目の当たりにしたら頭の中で「？」が踊ることでしょう。一方、このステートメントの内容自体は「文字列が十分長ければDFAの計算はループを含む」「ループを何周しても計算結果は変わらない」という、直感的なものです。

■── 正規言語Lが有限集合の場合

補題A.1は「無限の文字列を含む正規言語」ではなく「任意の正規言語」に言及するものであることに注意してください。ループ構造は言語Lが無限集合である場合のものですが、ポンピング補題は有限集合である言語にも成り立つのです。

なぜなら、反復長ℓに「Lに属する最も長い文字列の長さ+1」を選んでやれば、補題のそもそもの対象である「$|w| \geq \ell$ となる $w \in L$」が存在しないためです。

そもそも、言語Lが有限集合の場合はLは常に正規言語です。第1章でも解説したように、Lが有限であればLに属する文字列を選択ですべて並べて「Lを表現する正規表現」を具体的に作ることができるからです。「言語が正規であるか非正規であるか」という議論は無限集合の言語に対して行うものなのです。

Myhill-Nerodeの定理

Kleeneの定理は正規言語を「正規表現で表現できる」と「オートマトンで受理できる」の表現式/機械の2つの方向から特徴付けた定理です。本項で紹介する

[Column]

便利で人気のあるポンピング補題

ポンピング補題は便利かつ人気のある補題で、形式言語理論や計算理論の定番的な入門書ではまず間違いなく取り扱っています[21][30]。さらにはここで紹介した(正規言語の必要条件を述べた)ポンピング補題以外にもさまざまな亜種があります(たとえば文献[34]や『Computation Engineering : Applied Automata Theory and Logic』[35]ではそれぞれ4種類のポンピング補題が解説されています)。中には「必要十分なポンピング補題」もあります[34][38]。

ポンピング補題は、正規言語だけでなく形式言語理論全体においても象徴的な補題として扱われる場合もあります。Harrisonの書籍[36]は「ポンプで遊ぶ2匹のレミング」が表紙を飾る形式言語理論の名著です。大学の計算理論/形式言語理論の講義などにおいても、ポンピング補題は一つのマイルストーンとして試験問題によく使われています。

A.1 正規と非正規の壁——正規表現の数学的背景

「Myhill-Nerode(マイヒル ネローデ)の定理」は正規言語をより代数的に特徴付けた定理と言えます。

つまり Myhill-Nerode の定理は Kleene の定理と同様に正規言語の**必要十分条件**を提示する定理であり、**必要条件**を提示しているポンピング補題よりも精確な道具となります。

■── 同値関係

Myhill-Nerode の定理を紹介するために、まず同値関係という概念に触れるところから始めましょう。「同じ」という概念は日常生活にもありふれています。たとえば「名前が同じ」や「職種が同じ」や「好きなプログラミング言語の系統が同じ」などなど、身近なものでも挙げればキリがありません。そこら中にある「同じ」という概念ですが、この「同じ」という概念は**抽象化**することができます。

たとえば、「AさんとBさんは同じ」で「BさんとCさんは同じ」という状況なら、当然「AさんとCさんも同じ」と言えるべきでしょう(「同じ」が「名前が同じ」のことだろうが「職種が同じ」のことだろうがそうなります)。さらに、「AさんとBさんが同じ」という状況なら「BさんとAさんが同じ」も当然成り立つはずです。だって、後者はただ言う順番を入れ替えただけですから。もう一つ、普通はこんなこと言いませんが、「AさんとAさんは同じ」は必ず成り立つはずです。同一人物なのですから、どんな「同じ」だろうが同じに決まっているのです。

ここで説明した「同じ」の抽象的な3つの性質を形式的に記述してみましょう。「集合 S の要素である a と b が同じ」というのを $a \approx b$ と書くことにします。この $\approx$ こそ「同じ」という概念を記号化したものであり、集合 S 上の**同値関係**と呼びます。数式でお馴染みの=(イコール)ももちろん(値の)同値関係です。1つめの普遍的な性質は「$a \approx b$ かつ $b \approx c$ ならば $a \approx c$」です。「かつ」は $\wedge$ で、「ならば」は $\Rightarrow$ で記すと以下のように書けます。

$$(a \approx b) \wedge (b \approx c) \Rightarrow a \approx c$$

この性質を同値関係における**推移律**と呼びます。2つめの性質 $a \approx b \Rightarrow b \approx a$ は**対象律**、3つめの性質 $a \approx a$ は**反射律**と呼びます。この3つの性質を満たしているものを「同じ」という概念として扱おう、というのが同値関係の立場なのです。

■── 同値関係で割ったもの

同値関係を使うと「同じものはまとめて扱う」という操作が自然に考えられます。たとえば、自然数の集合 $\mathbb{N} = \{0, 1, 2, 3, 4, 5, \cdots\}$ について、$\approx_3$ を「3で割った余りが同じならば同じ」と定義します。すると $\approx_3$ は同値関係となることがわか

Appendix

ります。自然数の集合ℕは無限集合なのですが、$\approx_3$ という同値関係においては「3で割った余りが0」か「3で割った余りが1」または「3で割った余りが2」の3パターンしかありません。$\approx_3$ という同値関係から見ると2だろうが5だろうが7だろうが同じものなのです。ここで、「3で割ると余りがmとなるものの集合」を$[m]$と書くことにしましょう。この「同じものの集合」$[m]$を**同値類**と呼びます。つまり$\approx_3$の場合は以下の3つの同値類が存在することになります。

- $[0] = \{0, 3, 6, 9, 12, \cdots\} = \{n \in \mathbb{N} \mid n \,\%\, 3 = 0\}$
- $[1] = \{1, 4, 7, 10, 13, \cdots\} = \{n \in \mathbb{N} \mid n \,\%\, 3 = 1\}$
- $[2] = \{2, 5, 8, 11, 14, \cdots\} = \{n \in \mathbb{N} \mid n \,\%\, 3 = 2\}$

なお、%は「余りを取る演算」です。大抵のプログラミング言語でも使えますね。すると無限集合だったSは$\approx_3$によって $\{[0], [1], [2]\}$ という3つの同値類から成る有限集合と見ることができます。これを集合ℕの$\approx_3$による**商集合**$\mathbb{N}/\approx_3$ = $\{[0],[1],[2]\}$ と言い、この商集合を作る操作を「$\approx_3$でℕを割る」などと呼びます。

ここではℕの$\approx_3$による同値類と商集合の例を見ました。しかし、同値関係というものはいろいろあります。同値関係の数だけ商集合が定義できるのです。次に説明する右同値類も同値類の一つです。

■── 右同値類

正規言語の理論においても同値関係というのは重要な概念です。文字列集合Σ^*の**言語**Lにおける右同値関係$\approx_L$を、「文字列の右に任意の文字列を追加した結果が『Lに属するかどうか』が同じなら同じ」と定義しましょう。形式的には以下のように書けます。

$$x \approx_L y \Leftrightarrow \forall z \in \Sigma^* \ [xz \in L \Leftrightarrow yz \in L]$$

この同値関係$\approx_L$における同値類を**右同値類**と呼びます。

たとえば、$\Sigma = \{a, b\}$ 上の正規言語 $L = L(a^*(ba^*ba^*)^*)$ においては、

- $[\varepsilon] = \{\varepsilon, a, aa, bb, aaa, abb, bab, bba, \cdots\}$
- $[b] = \{b, ab, ba, aab, aba, baa, bbb, aaab, \cdots\}$

の2つの右同値類のみが存在します。「偶数個のbを含む文字列」と「奇数個のbを含む文字列」の2つですね。

さらに、この右同値関係という概念はDFAの状態にも適用することができます。「任意の文字列について「遷移先が受理状態かどうか」が同じなら同じ」、すなわち、形式的に書くとDFAの状態qとpについて、

$$q \approx_L p \Leftrightarrow \forall w \in \Sigma^* \ [\delta(q, w) \in F \Leftrightarrow \delta(p, w) \in F]$$

と定義される同値関係$\approx_L$を「DFAの右同値関係」と呼びます。

「文字列の右に文字列を追加する」と「状態から文字列を読み込む」という両操作は、右同値関係という概念で統一的に扱えるのです。

■── Myhill-Nerodeの定理の内容

同値関係が与えられると「とりあえず商集合を考えてみよう」と考えるのは、自然な発想です。Myhill-Nerodeの定理は、言語Lにおける右同値関係$\approx_L$で作った商集合の有限性で言語の正規性を特徴付ける美しい定理です(**定理A.1**)。

定理A.1   Myhill-Nerodeの定理

Σ上の言語Lとその右同値関係$\approx_L$について、次の2つの命題は等価である。

- Lは正規言語である
- $\Sigma^*/\approx_L$は有限集合である

さらに言うと$\Sigma^*/\approx_L$の要素、すなわち$\approx_L$における同値類、をオートマトンの状態として見なすと、実はそれは「DFAとなる」のです。つまり、以下のようにオートマトンを定義することで、正規言語Lを認識するDFAを構成することができるのです。

$$\mathscr{A}_L = \langle \ \Sigma^*/\approx_L, \Sigma, \delta, [\varepsilon], F \rangle,$$
$$\delta([w], \sigma) = [w\sigma],$$
$$F = \{[w] \in \Sigma^*/\approx_L \mid w \in L\}$$

ここで$[w]$はwの$\approx_L$による同値類を表しています[注4]。たとえば図A.3の上のDFAは、$L = L(a^*(ba^*ba^*)^*)$の右同値類を状態としたオートマトンです。

■── 最小DFAの一意性

Myhill-Nerodeの定理の裏側には重要な事実が隠されています。どんな正規言語Lであろうと、上で定義した「同値類から作ったDFA」$\mathscr{A}_L$は「最小DFAとなる」

注4　実際にはここで定義した「言語Lの右同値類を状態と見なしたオートマトン」がきちんとLを認識するDFAとなることを確認する必要があります。きちんと証明を読みたい読者は[37]などを参照してみてください。

のです(**命題 A.2**)。同値関係という概念は DFA にも適用可能な概念です。つまり最小 DFA は右同値関係の視点から見て「無駄のないコンパクトな」オートマトンなのです。

命題 A.2　最小 DFA の命題

任意の DFA $\mathcal{A}$ とその受理言語 $L = L(\mathcal{A})$ の右同値関係 $\approx_L$ に対して、次の 2 つの命題は等価である。

- $\mathcal{A}$ は最小 DFA
- $\mathcal{A}$ の状態集合は $\approx_L$ で重複した状態を持たない。つまり、$p \approx_L q$ となる相異なる 2 つの状態 p, q が存在しない

正規言語 $L = L(a^*(ba^*ba^*)^*)$ で考えてみましょう。L は「偶数個の b を含む文字列を含む言語」という正規言語で、例として本書でたびたび出てきていますね。前出の図 A.3 には L を認識する 2 状態の最小 DFA (上)と 3 状態の最小でない 2 つの DFA (下)が描かれています。上の最小 DFA は重複した状態を持ちません。一方、下の 2 つの DFA はどちらも状態 1 と状態 2 が $1 \approx_L 2$ となるため、重複した状態を持っていることになります。命題 A.2 を逆に言うと、「右同値類が重複している DFA は最小ではない」と言うことです。

以上の議論を精密化[19]することで、

図A.3　$L(a^*(ba^*ba^*)^*)$ を認識する最小 DFA (図上) と最小でない DFA (図下)

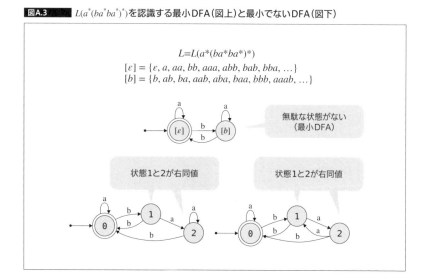

❶ $\Sigma^*/\approx_L$ から最小DFAが作れる
❷ 最小DFAから $\Sigma^*/\approx_L$ が作れる

の2つを証明することになり、それを持ってMyhill-Nerodeの定理が完成するのです。嬉しいことに「商集合 $\Sigma^*/\approx_L$ は言語 L によって一意に定まる」ので、**最小DFAの一意性**も同時に示したことになるのです。

再帰は非正規

さて、ここまで説明してきたポンピング補題とMyhill-Nerodeの定理を使って、いよいよ「再帰」が非正規であることを示しましょう。再帰機能を使うことで、たとえば再帰の力が本質的に必要な「括弧の対応」などを取ることができます。前述のとおり、括弧の対応が取れた言語は形式言語理論では**Dyck言語**と呼びます。

再帰を使った正規表現\(((?R))*\)は括弧の対応を取る正規表現です(PCREのマニュアルにも登場しています)。実際、

```
$ echo '(((((((((())))))))))' | pcregrep -o '\(((?R))*\)'
(((((((((())))))))))
# 括弧の対応がとれているので全部マッチ
$ echo '(())()(()))' | pcregrep -o '\(((?R))*\)'
(())()(())
# 同じく括弧の対応がとれているので全部マッチ
$ echo '))((' | pcregrep -o '\(((?R))*\)'
# 括弧の対応が取れていないのでマッチなし
$ echo '(()' | pcregrep -o '\(((?R))*\)'
()
# 最初の開き括弧は対応が取れていないのでマッチしない
```

のように、\(((?R))*\)にマッチする部分文字列は必ず括弧の対応がとれていることがわかります。

この「再帰機能が使える正規表現」は「正規でない」ということがこれまでに紹介したポンピング補題、またはMyhill-Nerodeの定理を駆使することで示すことができます。「Dyck言語が正規言語でない」ことを示せば、再帰機能が正規でないことを示したことになるという論法です。

■——ポンピング補題による証明

ポンピング補題(補題A.1)は「正規言語ならば満たす性質」を述べています。なので、「Dyck言語は性質を満たさない」ことを示します。ポンピング補題より、

Dyck言語が正規であるならば、ある反復長ℓが存在して、すべての長さℓ以上のDyck言語に属する文字列wに対して、wの分割$w = xyz$ ($|y| > 0$, $|xy| \leq \ell$)が存在して任意のnに対して$xy^n z$もDyck言語に属するはずです（ややこしくて長い性質ですが、単にyによるループの存在を保証しているだけでしたね）。

しかし、長さ2ℓの「括弧がℓ回ネスト」した次の文字列wについて考えてみましょう。

$$w = (\underbrace{(((((\cdots (((((}_{\ell\text{個の閉じ括弧}} \quad \underbrace{))))))\cdots))))))}_{\ell\text{個の閉じ括弧}}$$

この文字列wは、括弧の対応が取れているためもちろんDyck言語に属します。しかも長さが2ℓであるため、ポンピング補題によるwの分割$w = xyz$が存在するはずです。しかし、$|xy| \leq \ell$という制約より、文字列xとyは「開き括弧だけの文字列」となります。なぜならwの最初のℓ文字はすべて開き括弧だからです。

するとyは長さが1以上という制約があるため、w全体からyを抜き取った文字列xzは「開き括弧が$|y|$個**足りない**文字列」

$$xz = \underbrace{((((((\cdots (((((}_{|x|\text{個の開き括弧}} \underbrace{}_{|y|\text{個の開き括弧が足りない}} \underbrace{))))))\cdots)))))}_{|z|\text{個の閉じ括弧}} \notin \text{Dyck 言語}$$

に、2以上のnに対して$xy^n z$は「開き括弧が$(n-1)|y|$個**多い**文字列」、

$$xy^n z = \underbrace{((((((\cdots (((((}_{|x|\text{個の開き括弧}} \underbrace{((\cdots ((}_{n|y|\text{個の開き括弧}} \underbrace{))))))\cdots)))))}_{|z|\text{個の閉じ括弧}} \underbrace{}_{(n-1)|y|\text{個の閉じ括弧が足りない}} \notin \text{Dyck 言語}$$

になってしまい、明らかに括弧の対応が崩れてしまいます。

つまり$xy^n z$ ($n \neq 0$)はもはやDyck言語の文字列ではないのです。これはポンピング補題による「正規言語の必要条件」に違反します。そのため、Dyck言語は正規言語でありません。

■── Myhill-Nerodeの定理による証明

定理A.1のMyhill-Nerodeの定理もまた「正規言語ならば満たす性質」を述べています。なのでポンピング補題の証明と同様に「Dyck言語は性質を満たさない」ことを示せば良いわけです。

Myhill-Nerodeの定理から、Dyck言語が正規であるならばその右同値類は有限であるはずです。しかし、異なる自然数$n, m, n \neq m$について「開き括弧がn個続いた文字列」$(^{n}と「開き括弧が$m$個続いた文字列」$(^{m}を考えてみましょう。このとき、$(^{n}と$(^{m}は右同値関係的には明らかに「同じでない」文字列です。なぜなら、$(^{n}

の右側に $)^n$ をくっつけると $(^n)^n$ と括弧の対応が取れた文字列になりますが、$(^m$ の右側に $)^n$ をくっつけても $n \neq m$ のため $(^m)^n$ は括弧の対応が取れていない文字列になります。そのため $(^n$ と $(^m$ は「右同値ではない」文字列となります。

$$\underbrace{(((\cdots (((}_{n \text{ 個の開き括弧}} \not\approx_L \underbrace{(((\cdots (((}_{m \text{ 個の開き括弧}}$$

そのため、開き括弧だけを考えても自然数の数だけ異なる右同値類が存在することになります。となると Dyck 言語の右同値類は無限に存在することとなり、これは Myhill-Nerode の定理に反します。よって Dyck 言語は正規言語ではありません。

後方参照は非正規

後方参照も再帰機能と同様に正規ではありません。ここでは後方参照の非正規性を「1 と自分自身以外に正の約数を持たない 2 以上の自然数」、**素数** (*prime number*) を用いて証明しましょう。

文字が a しかない状況 $\Sigma = \{a\}$ について、「a が素数個並んだ文字列の集合」を**素数言語**と呼ぶことにしましょう。つまりは次の L_p を素数言語と呼ぶわけです。

$$L_p = \{ a^p \mid p \text{ は素数} \}$$

さらに、素数言語の補集合 $\overline{L_p}$ を**非素数言語**と呼ぶことにします。実は、後方参照を用いた正規表現 a?|(aa+)\1+ は非素数言語を表現しています。

左側の a? が ε と a を表現していることは明らかですが、右側の (aa+)(\1)+ は何を表しているのでしょうか。なんと (aa+)(\1)+ は**非素数 (合成数) 個並んだ** a を表現しているのです。なぜなら (aa+) が長さ 2 以上の文字列 a^n ($n \geq 2$) にマッチし、\1+ が a^n の 1 回以上の繰り返しとなるため、全体にマッチする文字列は $(a^n)^m$ という形 ($m \geq 2$) になり、その長さが $n > 1$ を約数に持つからです。

たとえば、a が 9 個並んだ文字列については以下のような対応でマッチします。もちろん $9 = 3 \times 3$ は素数ではありません。

$$\underbrace{aaa}_{(0+)} \underbrace{aaa}_{\backslash 1} \underbrace{aaa}_{\backslash 1}$$

もし素数言語が正規言語ならば、正規言語の補集合もまた正規言語なため (本節内の「否定は正規」項を参照)、非素数言語も正規言語となるはずです。しかし、次で示すように素数言語は正規言語ではないのです。そのため、「非素数言語を表現できる後方参照は正規でない」という結論が導かれるのです。

Appendix

■ ポンピング補題による証明

ポンピング補題（補題A.1）より、素数言語が正規であるならばある反復長 ℓ が存在して、すべての長さ ℓ 以上の素数言語に属する文字列 w に対して、w の分割 $w = xyz$ ($|y| > 0$, $|xy| \leq \ell$) が存在して任意の n に対し xy^nz も素数言語に属するはずです。

しかし、ℓ より大きいある素数 p について、a が p 個並んだ文字列 a^p を考えてみましょう。ここで素数 p は ℓ より大きい素数ならば何でもかまいません（ℓ を超える最小の素数でもOKです）。素数は無限に存在するので、必ずそのような p は存在します。ポンピング補題より、$a^p = xyz$ となる分割が存在するはずです。しかし、$xy^{p+1}z$ という文字列について次式が成り立ちます。

$$|xy^{p+1}z| = |x| + |y^{p+1}| + |z|$$
$$= |x| + (p+1)|y| + |z|$$
$$= |xyz| + p|y| = p(|y| + 1)$$

このように文字列の長さが p で割りきれてしまうので、$xy^{p+1}z$ は素数言語には属しません。よって、ポンピング補題による正規言語の必要条件を満たさないため、素数言語は正規言語でないことがわかります。

■ Myhill-Nerodeの定理による証明

自然数 n に対して、「n を超える最小の素数」を $\mathrm{suc}(n)$、「n 未満の最大の素数」を $\mathrm{pre}(n)$ で表すことにします。たとえば $\mathrm{suc}(5) = 7$、$\mathrm{suc}(13) = 17$ ですし $\mathrm{pre}(3) = 2$、$\mathrm{pre}(8) = 7$ です。

ここで、帰納的に定義される次の数列 p_n について考えてみましょう。

$$p_1 = 2$$
$$p_n = \mathrm{pre}((\mathrm{suc}(p_{n-1}) - p_{n-1} + 2)! + 2) \quad \text{A.5}$$

「$n!$」は「n の**階乗**」（*factorial*）と呼び、

$$n! = n \times (n-1) \times (n-2) \times \cdots \times 2 \times 1$$

と定義される単項演算です。**A.5**式の定義は少々ややこしいですが、最初の4つを挙げると**表A.1**となります。

実はこの素数列 p_n は「無限個の異なる右同値類」を構成する素数列です。すなわち、相異なる任意の $i, j \in \mathbb{N}$, $i \neq j$ について $a^{p_i} \not\approx_L a^{p_j}$ が成り立ちます。なぜな

ら、p_n という素数列は「次の素数との差」がどんどん大きくなっていく素数列だからです。表A.1を見るとわかるように、「次の素数との差」は p_1 で1、p_2 で4、p_3 で8、p_4 で22となっています。

そのため、$a^{p_l} a = aaa \in L$ となりますが、任意の $i > 1$ について $a^{p_i} a \notin L$ が成り立ちます。このようにして異なる i, j について $a^{p_i} \not\approx_L a^{p_j}$ が示せるのです。そのため、無限の右同値類が存在することになり、Myhill-Nerodeの定理より素数言語は正規でないことが示せます。

A.5 式で定義された素数列 p_n について、n が大きくなるごとに次の素数との差がどんどん大きくなるカラクリは**階乗の性質**にあります。実は任意の2以上の数 n について、$n!+2 \sim n!+n$ までの $n-1$ 個の数は素数ではないということが証明できます。なぜなら、$n!+2$ は以下のように2で割り切れるためです。

$$n! + 2 = (n \times (n-1) \times \cdots \times 2 \times 1) + 2$$
$$= 2 (n \times (n-1) \times \cdots \times 1 + 1)$$
$$= 2 (n!/2 + 1)$$

同様に $2 \leq m \leq n$ となる m について $n!+m$ は**素数ではない**(m で割り切れる)ことがわかります。

このように階乗を使うことで「2つの連続する素数の間隔は任意に広げる」ことができるため、**A.5**式のような形で「次の素数との差」がどんどん大きくなっていく素数列を構成することができるのです[注5]。

ポンピング補題 vs. Myhill-Nerodeの定理

「Dyck言語の非正規性」と「素数言語の非正規性」の2つの例について、ポンピング補題とMyhill-Nerodeの定理による2通りの証明をそれぞれ解説しました。

注5　ちなみに、ある自然数 n に対して $n! \pm 1$ で表せる素数を**階乗素数**と呼びます。

表A.1 素数列 p_n の最初の4項

項	値	次の素数(suc)	次の素数との差
p_1	2	3	1
p_2	7	11	4
p_3	719	727	8
p_4	3628789	3628811	22

Appendix

　素数言語の非正規性については、恐らくほとんどの読者は「ポンピング補題の方が簡単だった」と思われたかもしれません。ポンピング補題と Myhill-Nerode の定理のステートメントを並べてみましょう。

ポンピング補題

　任意の正規言語 L について、言語 L のみに依存する**反復長** $\ell > 0$ が存在し、$|w| \geq \ell$ となるすべての $w \in L$ について以下の条件が成り立つ。

- ❶ $|y| > 0$ かつ $|xy| \leq \ell$ となる、次の条件❷を満たす w の分割 $w = xyz$ が存在する
- ❷ すべての $i \geq 0$ について $xy^i z \in L$ が成り立つ

Myhill-Nerode の定理

　Σ 上の言語 L とその右同値関係 $\approx_L$ について、次の2つの命題は等価である。

- L は正規言語である
- $\Sigma^* / \approx_L$ は有限集合である

　上記のように、補題/定理自体のステートメントは Myhill-Nerode の定理の方がシンプルです。しかし、非正規言語が非正規であることの「証明のしやすさ」については、ポンピング補題の方が使い勝手が良い場合が多いはずです。

　2つの定理の決定的な違いは、「ポンピング補題は正規言語の必要条件」を述べているのに対し、「Myhill-Nerode の定理は正規言語の必要十分条件」を述べていることでしょう。つまり、**Myhill-Nerode の定理のほうがより厳しい条件**を述べているのです。素数言語が非正規であることの証明において、Myhill-Nerode の定理の証明の方がより素数（言語）の性質を考慮する必要があったのはそのためです。

　Dyck 言語程度に簡単な問題ならポンピング補題を使うよりも Myhill-Nerode の定理を使って証明したほうが（ステートメントがシンプルなため）楽ですが、素数言語程度の難しさを持つ問題は Myhill-Nerode の定理よりもポンピング補題を使う方が楽ということです。

A.2
正規性の魅力 ── 正規言語の「より高度な数学的背景」

　前節で、正規と非正規の間の壁(正規言語の限界)があることを見ました。しかしこれは必ずしも、正規言語のデメリットを示すものではありません。むしろ正規性という言語の制約によって、それ以上の言語クラスでは得難いメリットが得られるのです。本節では、「正規性」という制約が、理論と応用の観点からどのようなメリットをもたらすのかに焦点を当てて、正規言語の「より高度な数学的背景」に踏み入って解説しています。

　一般に「より高度な数学」という言葉に対する反応は、期待と拒絶の二通りに分かれます。しかし数学に対する拒絶の本質的な原因は、数学の過度の抽象性が、どうしてそんな数学を学ぶ必要があるのかを見えにくくしていることにあります。そのため本節では、正規言語の理論的研究の中で生まれた数学の諸概念が、どうして必要なのか／どんな実際的問題を解くのに使えるのかに焦点を当てて解説しています。

　ただし、本節は、前節で扱った正規言語の理論的話題よりもさらに進んだ話題を扱って行きます。そのためどうしても「出てくる用語や記号が謎！」「やっぱり数学は！」となるかもしれませんが、隅から隅まで理解していく必要はまったくありません。むしろ本節では、「正規表現を日頃使っているけど、こういった理論的背景があるんだなぁ」と感じてもらうことが目的です。以下で見て行くような正規言語の高度な理論は一般にはほとんど知られていませんが、実は現在でも活発に発展しつつある研究テーマであり、しかも理論計算機科学の中でも最も深淵な理論の一つとして知られています。本節は、そんな「計算機科学の根底にある理論」を少し垣間見てみたくなったときに眺めてみてください[注6]。

▍[はじめに]正規言語の短所と長所

　正規言語は、DFAで受理できる言語であると同時に、「純粋な」正規表現(連接/選択/繰り返しのみ使う正規表現)によって記述できる言語でもありました。一方、本書籍の対象である、より一般的な正規表現は、この意味での「純粋な」正規表現を(後方参照などの演算を加えて)拡張したものです。そのため、前節

注6　本稿では、可能な限り抽象性を避けるため、非形式的／直感的な解説に留めています。より数学的に踏み込んだ内容に興味がある方は、本節著者(浦本)による正規言語理論の概説記事[39]を参考にしてみてください。

で見たように一般的な正規表現は、純粋な正規表現では表せない言語（Dyck言語など）も表せるようになっています。この点で見ると、純粋な正規表現の表現力は限定的と言わざるを得ません。

さらにChomsky階層で見ても、純粋な正規表現が表せる言語クラス、つまり正規言語のクラスは、その他の言語クラス（文脈自由言語、文脈依存言語、帰納的可算言語）の中で最も単純な階層を成しています。多くのプログラミング言語の構文が文脈自由言語レベル以上の文法規則で定義されているという事実を見ても、正規言語のクラスはとくに制約のキツイ言語クラスと見なければいけません。

これらの事実のみを眺めていると、正規言語という単純な言語クラスに特別に興味を持つ必要性はないように見えます。後方参照もできないし、プログラミング言語の文法を記述するにも弱いのです。そのくせ、情報系の多くの形式言語の基礎課程では、DFAや正規言語、正規表現に関する事項を学ぶことから始まるのが一般的です。それでは、正規言語や「純粋な」正規表現について学ぶのは、もはや、それ以上の言語クラス（文脈自由言語など）を学ぶための肩ならしに過ぎないのでしょうか。

いえいえ、正規性の短所でなく長所に目をやると、必ずしもそうとは言い切れません。正規言語のクラスがとくに単純な言語クラスであるのは事実ですが、実はその反面、その他の言語クラスを圧倒するほど優れた性質を持っているのです。それは、以下の2点です。

❶ 正規言語の組み合わせ的構造に係る各種の決定問題（最適化問題など）が決定可能である（機械的にアルゴリズムで解ける）こと
❷ そして、そのアルゴリズムを確立するための方法論が理論的/数学的にも体系化されつつあること

この2点は、理論上のみならず応用上も決して無視できない正規言語の長所です。とくに最適化問題を決定するための方法論が確立しつつあるというのは、より構造が複雑な言語クラスでは、原理的に達成が不可能/あるいは極めて困難な性質ですから、正規言語の上記2つの長所は大変貴重です。つまり、「正規性」という言語の制約は、表現力を落とすことを代償として、決定可能な問題の範囲を広げるためのものだとも言えるのです。

正規言語の「理論」への出発点 ── 最適化問題の視点から

正規言語に関する「理論」にはいくつかの種類があり、その方向性も目的も様々です。その中でも本節ではとくに**正規言語のvariety theory**と呼ばれる理論に

ついて紹介します。と言うのはこの理論が、前節も取り扱われているような「正規表現の最適化問題」に対して厳密な数学に基づく一種の方法論を提供してくれるからです。正規言語の variety theory には、正規言語の組み合わせ的構造を知る上で欠かせない数学上の諸概念が登場します。そのため正規言語の variety theory を正規表現の最適化問題との関連で知ることは、それら抽象的な数学概念がどのような動機で導入されたのかを最短コースで学ぶ方法の一つになるのです。

■── 正規表現の最適化に係る基本作業

正規表現の最適化とは、狭義には、正規表現の処理速度を速くすることを言います。この種の問題は、第7章でも詳細に議論されているように、デリケートな問題です。実際、ほとんど違いがないような2つの等価な正規表現でも、その処理速度が環境によって大きく左右されることがあるのです。そのため、環境や目的に応じて「最適な」正規表現を書くことは、計算コストの観点から無視できない課題となります。

しかし一般にどのような正規表現が実際に「最適」であるかは、正規表現を処理する環境や目的によって変わるため、正規表現に最適化を施す際の基本となる作業は、「コーディングした正規表現を、「特定の仕様」を満たす別の(しかし等価な)正規表現に書き換える」作業となります。そして可能ならば、そのような書き換えを自動的に行えるかを考えるのが、正規表現の最適化問題なのです。

■── 正規表現からメタ文字を削除する

より話を具体的にするために、「コーディングした正規表現から、可能であれば特定のメタ文字を削除する」問題を考えてみましょう。上の言葉で言い換えると、この問題は「コーディングした正規表現を、「特定のメタ文字は含まない」という仕様を満たす正規表現に書き換える」問題に他なりません。また、この問題は、後述する正規言語の variety theory の発端となった問題で、正規言語の構造の研究にとって重要なのです。

■── メタ文字の役割と計算コスト

そもそも正規表現のメタ文字とは、たとえば選択を表す|や繰り返しを表す*など、通常の文字(a, b, cなど)とは異なり、正規表現の中で特殊な役割を担う記号のことでした。第7章では、正規表現を少し書き換えることでも、環境に応じて処理効率が大きく変え得ることを見ました。しかしそれ以上に、特定のメタ文字を削除するような書き換えは、正規表現の根本的な構造を変えてしまうため、その処理効率の向上に大きく寄与し得ます。

とくに繰り返しを意味する*の削除はとりわけ重要です。と言うのも、*は、任意有限回の繰り返し文字列にマッチさせるメタ文字であり、抽象性が高く便利である分、計算コストにも負担となる場合があるからです。このことを見るために、たとえばバイナリアルファベット[注7] $\Sigma = \{0,1\}$ 上の次の正規表現を考えてみましょう。

$$(1 | 01 | 10)^*$$

この正規表現はもちろん、1か01か10の任意回数の繰り返し文字列にマッチする正規表現です。たとえば、11001や1101011は、この正規表現にマッチする文字列です。一方、10100や110001などにはマッチしません。この正規表現は、見てのとおり、*を含む正規表現ですが、この正規表現をエンジンで処理する際に、バックトラックによってマッチングの時間が長くかかってしまうケースがあります。たとえばnを自然数とした時、次のバイナリ列は、正規表現$(1 | 01 | 10)^*$にマッチします。

$$101010 \cdots 101001 = (10)^n 01$$

ここで$(10)^n$は、10をn回並べた文字列です。実は、このバイナリ列が正規表現$(1 | 01 | 10)^*$にマッチすることをエンジンが確認するために、素直にバックトラック実行を行うとnに関してn^2程度の実行時間がかかることがわかります。

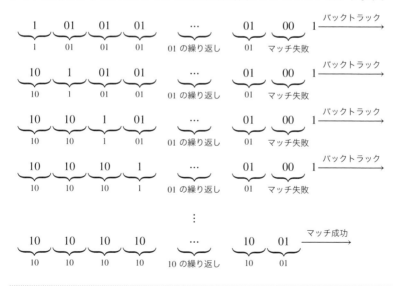

[注7] バイナリアルファベットとは、0と1から成るアルファベット$\{0,1\}$のことを言います。

(1|01|10)* という正規表現ではまず1を、次に01を、最後に10という優先順位でマッチを試みるため、上のようなバックトラックの実行過程を導きます。注目すべきは「最終的にマッチに成功するためには01のマッチを含まない」という点と、バックトラックのたびに「01の繰り返しでマッチを試す位置が2文字ずつ右にずれていく」点です。マッチを成功させるためにn回のバックトラックが必要ですが、そのたびに文字列の大部分(nに比例した部分文字列)を「01の繰り返し」としてマッチさせ最後の最後に「01の繰り返しではダメ」という結果がでるため、このマッチングではn^2程度マッチを試す必要があるのです。

論より証拠、Pythonのtimeitモジュールでマッチングの時間を計測してみましょう。まず以下のコードをmatching.pyというファイルに保存します。

```
import re

r = re.compile('^(1|01|10)*$')
def f(n):
    t = '10'*n + '01'
    return r.match(t)
```

そして、以下のコードを実行することで$(10)^{100}01$に対して(1|01|10)によるマッチング(完全一致)の時間を計測できます。

```
import timeit
timeit.timeit('matching.f(100)', 'import matching', number=1)
```

実際に実行してみると、

```
>>> import timeit
>>> timeit.timeit('matching.f(100)', 'import matching', number=1)
0.0007140636444091797
>>> timeit.timeit('matching.f(1000)', 'import matching', number=1)
0.03538203239440918
>>> timeit.timeit('matching.f(10000)', 'import matching', number=1)
3.3955729007720947
>>> timeit.timeit('matching.f(100000)', 'import matching', number=1)
370.6318120956421
```

という結果となりました。文字列の長さを10倍していくたびに実行時間は綺麗に$10^2 = 100$倍に、つまり上述したとおり文字列の長さに対して2乗の実行時間がかかっていることがわかります。とくに文字列を$(10)^{100000}01$とした場合は、たかが200KB程度のデータに過ぎないにもかかわらず、マッチングに400秒近く時間がかかっています。

7.1節内の「可能な限り量指定子のネストは避ける」項で解説したように、*のネストはバックトラックの増加の原因となりえます。この例では*の使用によって、指数的ではないにせよ、2乗程度の実行時間が必要になってしまうとい

うことでした。

　正規表現から特定のメタ文字を削除する問題は、上述のような理由で、「ネックとなり得るメタ文字」をあらかじめ排除したいと思った場合に興味のある問題となります。以下で見るように、一見して($*$のような)メタ文字を使わないと表せそうにない正規言語も、実はそのメタ文字を使わずに済む場合があり、その決定問題を解決する方法論があります。

■──**繰り返しの$*$を削除して、正規表現の形を根本から変えてみる**

　繰り返しを表わすメタ文字$*$は正規表現の表現力を支える強力な要素ですが、一方でその強力さが故、バックトラックの(時には指数的な)増加を招き、パターンマッチの処理効率を低下させるネックとなってしまう可能性があります。そのため、$*$の削除はもしそれが可能ならば、正規表現マッチングの処理効率向上に大きく寄与する場合があります。

　このことを最も簡単な具体例で見るため、今度はたとえばバイナリアルファベット$\Sigma = \{0, 1\}$上の、以下の正規表現を考えてみます。

$$(1 \mid 01)^*　\quad\text{A.6}$$

　この正規表現ももちろん、$(1 \mid 01 \mid 10)^*$の場合と同様に、1か01という文字列の任意順列の繰り返しであるような文字列をマッチします。たとえば011や1011にはマッチしますが、逆に10010や10にはマッチしません。この正規表現も、やはり見てのとおり$*$を使って書かれていますが、実は$*$を使わない正規表現に置き換えることができます。また、そうすることで処理効率を上げられる良い例にもなっているのです。

　注目すべきは、この$(1 \mid 01)^*$という正規表現が実は、

$$.^*0 \mid .^*00.^*$$

という「0で終わるか、0が2回連続で現れるバイナリ文字列」を表現する正規表現の**否定**となっている点です。前節で導入した正規表現の否定演算(上線)を使うと、$(1 \mid 01)^*$という正規表現は、

$$\overline{.^*0 \mid .^*00.^*}$$

と同じ正規言語を表す正規表現なのです。さらに、第3章で導入した「どんな文字列にもマッチしない正規表現」を表す$\varnothing$を使うと上の正規表現は

$$\overline{\varnothing\,0 \mid \varnothing\,00\,\varnothing} \quad\text{A.7}$$

と書き換えることができます。「どんな文字列にもマッチしない正規表現」∅は、「どんな文字列にもマッチする正規表現」.*の否定に他ならないからです。

　元の正規表現**A.6**は「*を含まない」正規表現**A.7**とまったく同じ、等価な正規表現なのです。つまり、正規表現**A.6**は実は「0で終わらず、0が2回連続で現れないバイナリ文字列」を表現しているのです。

　急に$(1|01)^*$と$\overline{\varnothing 0|\ \overline{\varnothing}00\overline{\varnothing}}$が等価であると言われてもすぐにはわからないかもしれませんが、それでも大丈夫です。むしろこの例で言いたいことは、「（処理効率のネックとなり得る）*を含まない」という一定の制約を満たす正規表現であって、かつ元の正規表現$(1|01)^*$と等価なものを見つけてくるのはそんなに自明ではないということです。

　$(1|01)^*$から*を削除して新しく作った正規表現には、元の正規表現と比べて、等価でありながら処理効率との関連でアドバンテージが2つあります。1つは、「0で終わらず、0が2回連続で現れない」という性質は、文字列を頭から順に読んで行けば判定できる性質であるため、文字列の長さに関して線形時間でマッチできるということです。もう1つは、「1, 01の任意順列となる」という性質に比べ、「0で終わらず、0が2回連続で現れない」という性質の判定は、全体でなく局所的に文字列を見れば良いため、並列化がしやすいということです。

　一般に、等価な正規表現であって形の異なるものを見つけてくる問題は、別の言い方をすれば、「結果は変えないように（＝等価性を保ちながら）パターンマッチの戦略を変える（＝形を変える）こと」に相当します。とくに*などの特定のメタ文字を削除することは、そのマッチ戦略を根本から変えることを意味しているため、困難である代わりに、処理効率が大幅に変わり得るのです。

■── 自動的に正規表現を最適化するには

　「1と01の繰り返しをマッチする」正規表現を思いつくまま書くと、おそらく**A.6**のような正規表現を書くことが多いのではないでしょうか。その方が人にとって素朴に思いつく正規表現であるため、スムーズにコーディングができます。

　一方で、処理効率の点で考えると正規表現**A.7**にアドバンテージがあるというのもまた事実でした。ここでの例では正規表現**A.6**をじっと眺めて、線形時間でマッチできる等価な正規表現**A.7**に人力で書き換えましたが、一つ一つの正規表現に対して逐一、こういった書き換えができるかどうかを考えていたらキリがないし、マッチの処理効率が良くなるにしてもコーディングの効率はグッと悪くなります。さらに、この例の$(1|01)^*$ならまだしも、もっと複雑な正規表現が実は*を使わなくて済む場合もあり、そうなるともはや人の手には負えません。

　たとえば、実は、上で最初に挙げた正規表現$(1|10|01)^*$は、*を使わない正

Appendix

規表現で代用できます。つまり、1、01 および 10 の任意順列の繰り返しであるような文字列集合は、*を含まない他の正規表現がマッチする文字列集合と一致するのです。実際、**リストA.1**の正規表現は$(1 | 01 | 10)^*$と等価です。一目でわかるでしょうか。

リストA.1の正規表現はあまりにも長過ぎるため、正規表現 r の否定を !r で表しています[注8]。つまりリストA.1の正規表現においては!∅1は.*1、つまり「1で終わる文字列」を表しています。

リストA.1 $(1 | 01 | 10)^*$と等価な、*を一切使わず否定(!)と空集合を表す∅を使った正規表現

```
∅||!(!(1!∅)|!(!∅1)|!∅(00|11)!∅)|!(!(0!∅)|!(!∅1)|!∅(00|11)!∅)|!(!(1!∅)|!(!∅0)|!∅(0
0|11)!∅)|!(!(!(!(1!∅)|!(!∅1)|!∅(00|11)!∅)1!∅)|!(!∅1!(!(1!∅)|!(!∅1)|!∅(00|11)!∅))|
!∅(0!(!(0!∅)|!(!∅0)|!∅(00|11)!∅)0)!∅)|!(!(!(!(0!∅)|!(!∅1)|!∅(00|11)!∅)1|!(!(1!∅)
|!(!∅0)|!∅(00|11)!∅)0)!∅)|!(!∅1!(!(1!∅)|!(!∅1)|!∅(00|11)!∅))|!∅(0!(!(0!∅)|!(!∅0)|
!∅(00|11)!∅)0)!∅)|!(!(!(!(1!∅)|!(!∅1)|!∅(00|11)!∅)1!∅)|!(!(0!(!(0!∅)|!(!∅1)|!∅(0
0|11)!∅)|1!(!(1!∅)|!(!∅0)|!∅(00|11)!∅))!∅)|!∅(0!(!(0!∅)|!(!∅1)|!∅(00|11)!∅)0)!∅)|(
!((!(!(0!∅)|!(!∅1)|!∅(00|11)!∅)1|!(!(1!∅)|!(!∅0)|!∅(00|11)!∅)0)!∅)|!∅(0!(!(0!∅)
|!(!∅1)|!∅(00|11)!∅)|1!(!(1!∅)|!(!∅0)|!∅(00|11)!∅)))|!∅(0!(!(0!∅)|!(!∅0)|!∅(00|11
)!∅)0)!∅
```

$(1 | 01 | 10)^*$からリストA.1への書き換えは、とてもじゃないけど人間の目測でできるレベルではありません。そしてこのレベルの（構造を大幅に変えてしまうような）書き換えは、現時点の正規表現エンジンがサポートしている最適化のレベルを大きく逸脱してしまっています。

しかし、もしも仮に、目測でできる書き換え以上に（メタ文字を削除するようなレベルで）正規表現を自動的に書き換えるしくみができたら、それは価値のある技術になります。実際、人の手によるコーディングの段階では$(1 | 01)^*$のような直感に従った正規表現をサラリと書き、その後、エンジンにとって処理しやすい何らかの制約（*を含まないなど）を満たす等価な正規表現に変換することで、コーディングの時間もエンジンでの処理の時間も節約できます。

■── より高度な正規言語理論へ

実は正規表現が、*を使わない正規表現で置き換えられるかという問題は**決定可能**である（機械的にわかる）ことが知られています。それだけでなくさらに、思いつきで書き下した正規表現が繰り返しの*を使わずに済むなら、*を消去した（最適化された）正規表現を「自動的に生成できる」ことも知られています。たとえば、上記の$(1 | 01)^*$はもはや人力で正規表現A.7に書き換える必要はないのです。

[注8] 上線で否定を表してしまうと、ネストが多くて大変なことになってしまうからです。

「書き下した正規表現の中から*を消去した、等価な正規表現を(存在すれば)自動生成できる」

これだけ聞くともしかしたら、特殊で瑣末な問題の、各論的な解決に過ぎないように聞こえるかもしれません。実際、最適化の方法は必ずしも*の消去だけではなく、エンジンの特性ごとにさまざまなアプローチがあり得ます。

しかし、この「*の削除」問題の解決は数学的にも技術的にも決して簡単ではないのみならず、正規言語の複雑さの解析や最適化の研究の端緒を開いたものだという点で極めて重要でした。この問題はより厳密に言うと、「与えられた正規言語が(*を使わず)連接/選択/否定の演算のみから成る正規表現で表せるか」の決定可能な特徴付けを与える問題で、そのような制約のある正規表現で書ける言語を業界では**star-free言語**と呼びます。数学史的には、この問題は1965年のMarcel-Paul Schützenbergerの論文[40]で初めて解決され、彼の論文はその後の正規言語の研究に多大な影響を与えています。と言うのも、後述するように、Schützenbergerが切り開いた最適化の方法論は、決して各論的なものではなく、実は「理論的な体系化」が可能であるからです。彼の示した方法論は、ここで挙げたような一つの問題のみならず「その他多くの類似の最適化問題に応用可能」であることが今ではわかっています。その論文はたった5ページの論文ではありましたが、そのコンパクトな論文は、実に多くの重要なアイディアを含んでいたのでした。

▍正規言語の理論へ ——正規言語のsyntactic monoid

Schützenbergerが切り開いた方法論とは端的に言えば、正規表現の最適化問題を、「正規言語のsyntactic monoid に関する**代数的な問題**」に帰着させるものです。今日、Schützenbergerが開発したこの方法論は「正規言語のvariety theory」という理論として体系化されており、その理論は、正規表現の最適化問題に対して一定の方法論を与えてくれます。

さっそく、「正規言語のsyntactic monoid」なる聞き慣れない概念が出てきました。この用語に限らず正規言語の「理論」と聞くと、うんざりする読者もいるかもしれません。実際、我々純粋数学を専門とし純粋数学の専門書や論文を読む人間でさえ、数多く現れる数学概念の抽象さに辟易することもあります。

しかし、その原因は、単純に「その概念が何に使えるのか」「その概念を知ることで、自分にどういったメリットがあるのか」が数学そのものからは必ずしも見えてこないことにあるでしょう。たとえば、高校数学で習う「行列」が苦手だ

ったという人にとって、「行列の行列式」の意味や、それを計算する意義について説明するのは難しく感じるかもしれません[注9]。苦手な原因の多くは、行列式を計算する意義がわからないのに機械的に計算しているケースが多いようです。

これからとくに焦点を当てて概観していく「正規言語のsyntactic monoid」という概念は、（行列と同等かそれ以上に）抽象度の高い/歴とした数学概念ですが、正規言語の構造を理解する上で、大変重要な役割を果たす概念です。中でも正規表現の最適化問題を解決するためのアプローチに使うことができるという事実は、本書のテーマからしても特筆すべき点です。

■ 正規言語のsyntactic monoid ── その作り方

正規言語 $L \subseteq \Sigma^*$ に対して、一定の方法で L のsyntactic monoidというものを作ることができます。正規言語のsyntactic monoidとは、ざっくり言えば掛け算の「九九の表」のようなものです。九九の表を見ればどんな整数の掛け算もできるようになったように、正規言語のsyntactic monoidを見れば元の正規言語の構造がわかるのです。アルゴリズムの観点から大事なことは、その表が有限の大きさであるということです。一般に正規言語は無限の文字列の集合ですが、その構造についての情報はsyntactic monoidという有限の表の中に書かれているのです。

■ 正規言語からsyntactic monoidを作る

正規言語のsyntactic monoidの厳密な数学的定義は抽象的です。そのため実際に正規言語のsyntactic monoidが「どのように役立つか」を知るには、厳密な定義を見るより正規言語のsyntactic monoidの具体的な計算方法を見るのがベターです。以下では具体的な正規言語を例にとって、そのsyntactic monoidの計算アルゴリズムを見ていきます。

たとえば、バイナリアルファベット上の以下の正規言語[注10]を考えます。

$$L = (1 \mid 01)^*$$

この言語もやはり前節で見たように、1と01が任意順列の繰り返しになっているようなバイナリ列から成ります。そしてこの正規言語を認識する最小オー

[注9] たとえば行列式を計算することで、その行列を係数に持つ連立1次方程式に、解が一意に存在するかがわかります。この事実を使うと、連立1次方程式に解が一意に存在するかどうかを判定するアルゴリズムが得られます。一般に（正規表現の最適化問題を含め）「〜が存在するか」を判定する問題は、その決定が素朴には困難です。その点で見ると「行列式の計算が、連立1次方程式の解の存在を判定するアプローチになる」という事実は、行列式の計算の一つの意義と言えるでしょう。これから見ていくように正規言語のsyntactic monoidも、同様の用途で活用されます。

[注10] 正規表現とそれが表す正規言語を同一視しています。

トマトンは、図A.4であることがすぐにわかります。

■──**第1段階**

これから、正規言語Lのsyntactic monoidを作る一つの手順を与えようとしていますが、その行程でまず「各文字列が各状態をどの状態に移すか」の表を作る必要があります。このオートマトンでは文字0を読むと、状態Aは状態Bに、状態Bは状態Cに、そして状態Cは状態Cに移ります。このことを、表形式で以下のように書くことにしましょう。

	A	B	C
0	B	C	C

つまり表の最上段には、オートマトンの状態を並べ、そのすぐ下には文字0とそれを読み込んだときにそれぞれの状態が移る状態を並べるのです。他にも文字1や文字列00など文字列の長さの短い方から辞書式順序で、各状態の遷移先を行に追加して行きます。

	A	B	C
ε	A	B	C
0	B	C	C
1	A	A	C
00	C	C	C
01	A	C	C
10	B	B	C
11	A	A	C
⋮	⋮	⋮	⋮

ここで、文字列11の行と文字列1の行が共に、「A A C」となり等しいことに

図A.4 $(1\ 01)^*$に対応する最小オートマトン

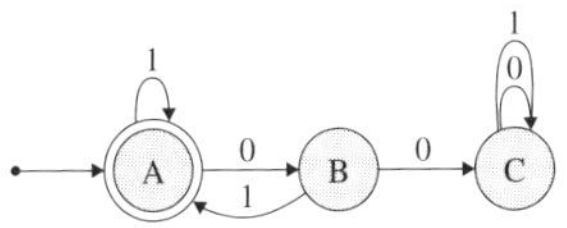

注意してください。これは「最小オートマトンのどの状態からスタートしても、11を読み込んだときの結果と1を読み込んだときの結果が等しい」ことを示しています。このことを、等式の形式で次のように書きます。

$$1 \equiv_L 11$$

何だか意味深な記号で「何のこっちゃ」と思うかもしれませんが、単なる記号です。今はあくまで、この表記は「Lの最小オートマトンの遷移を表す上の表のなかで、11の行と1の行が一致している」ことを表すために使うものだと思っていてください。

さて、この他にも行の追加を続けて行くと、以下の表が得られます。

	A	B	C
⋮	⋮	⋮	⋮
000	C	C	C
001	C	C	C
010	B	C	C
011	A	C	C
100	C	C	C
101	A	A	C
110	B	B	C
111	A	A	C
⋮	⋮	⋮	⋮

　この段階で、長さ3の文字列を読み込んだときの遷移まで追加してみましたが、そのどれも「長さ2以下の文字列の遷移と一致する」ことが見て取れるでしょうか。たとえば、ここで追加された行（「ＣＣＣ」や「ＡＣＣ」など）はそれ以前（00の行と01の行など）にすでに現れています。ここで例として扱っている正規言語に限らず一般に、正規言語の最小オートマトンの遷移表を作っていくと、**ある長さ以上の長さの文字列は、それよりも短い文字列と同じ遷移を定める**ことがわかります。

　正規言語から、それを認識する最小オートマトンの遷移表を作る行程では、空文字列εから始めて長さ/辞書式順序で各文字列の定める遷移を表にしていきます。そして、ある長さの段でそれ以上新しい遷移が加わらないことがわかれば、その時点で表の作成を停止させます。この行程を例の正規言語に適用すると、最終的に得られる遷移表はA.8のようになるはずです。

	A	B	C
ε	A	B	C
0	B	C	C
1	A	A	C
00	C	C	C
01	A	C	C
10	B	B	C

A.8

　作り方からもわかると思いますが、この表は、最小オートマトンで文字列を読み込んだときのあり得る状態遷移を列挙した表ですね。どんな長さの文字列でも、上のいずれかの遷移を定めます。オートマトンのサイズが有限なので、その表も有限サイズで収まるのです。実際、もし元のオートマトンの状態数が n であれば、各々の状態が遷移し得る状態の個数は n なので、状態遷移の表の大きさは高々 n^n 以下です。上の例のオートマトンは状態数が3ですから、あり得る状態遷移表のサイズの上限は $3^3=9$ ですが、実際に上の計算で作った状態遷移表を見ると大きさは6<9となり、上限9よりコンパクトに収まっています。

■—— 第2段階

　さて、**A.8** の最小オートマトンの遷移表が得られたところで、次はいよいよ正規言語の syntactic monoid を作って行きます。上の行程では、正規言語 L の最小オートマトンでのあり得る遷移は、文字列 $\varepsilon, 0, 1, 00, 01, 10$ の遷移で尽くされることを見ました。以下では、これら6つの文字列を $\equiv_L$ に関する**代表元**（*representative*）と呼びます[注11]。端的に言えば、正規言語 L の syntactic monoid とは、「 $\equiv_L$ に関する代表元（ $\varepsilon, 0, 1, 00, 01, 10$ のこと）を並べた文字列が、どの代表元に（ $\equiv_L$ に関して）等しくなるかをまとめた表」のことです。

　たとえば、代表元1と01を並べた文字列はもちろん101ですが、これは長さ3の文字列なので、それ自体は代表元にはなっていません。しかしながら上で述べたように、101は、いずれかの代表元と $\equiv_L$ に関して等しくなっているはずです。実際、上で計算した遷移表を見ると、101は1に等しくなります。

$$101 \equiv_L 1$$

注11　というのも、これらの文字列が、その他すべての文字列が定める遷移を代表しているからです。たとえば、10010 が定める遷移は 00 の遷移と等しいし、101101 の定める遷移は 1 の遷移と等しいことがわかります。つまり、$10010 \equiv_L 00$ および $101101 \equiv_L 1$ ということですね。

このことを表現するために、以下のように書きましょう。

	ε	0	1	00	01	10
1					1	

つまり、1と01を並べた文字列101が代表元1に等しい場合、1の行と01の列が交差する空欄に1を記すのです。他にもたとえば $110 \equiv_L 10$ や $100 \equiv_L 00$、$11 \equiv_L 1$ などなどがわかりますが、これを参考にして残りの空欄を埋めていきます。

	ε	0	1	00	01	10
1	1	10	1	00	1	10

さらに、1以外の代表元に対しても同じようにして、それぞれの行を加えていくと、次の6×6の表が得られるはずです。

	ε	0	1	00	01	10
ε	ε	0	1	00	01	10
0	0	00	01	00	00	0
1	1	10	1	00	1	10
00	00	00	00	00	00	00
01	01	0	01	00	01	0
10	10	00	1	00	00	10

A.9

A.9 の表を、正規言語 L の syntactic monoid の**積表**(*multiplication table*)と言います。あるいは、この積表自身を syntactic monoid とも言います。一般的に正規言語の syntactic monoid とは、その言語に関する代表元 $w_0, w_1, \cdots, w_n$ をインデックスに持つ以下の形をした表になります。

	w_0	w_1	$\cdots$	w_j	$\cdots$	w_n
w_0						
w_1						
$\vdots$				$\vdots$		
w_i			$\cdots$	w_{ij}	$\cdots$	
$\vdots$				$\vdots$		
w_n						

A.10

この w_{ij} の欄には、w_i と w_j を並べた文字列 $w_i w_j$ が $w_i w_j \equiv_L w_k$ と成るような w_k を見つけてきて w_k を書き込んでいます[注12]。一見したところ、この表がどのようにありがたいかわからないかもしれません。でも、この表(syntactic monoid)は、**正規言語に関する最大限の情報を含んでいて**[注13]その情報を見ることで正規表現の最適化問題に生かすことができるのです。

■── ここで少し用語の統一

次節で syntactic monoid がどのように使われるのかについて見ていきますが、その前に、syntactic monoid に関連する用語に触れて置く必要があります。どうしても数学の用語ですので少し抽象的になりますが、これらの理論的な用語は、アルゴリズムの記述を簡明にする上で役立ちます。それ以上にここで触れる用語は、正規言語に関わる数学で基本的な概念であるため、順を追って概観してみましょう。

■── 積(multiplication)

上では正規言語 $L=(1 \mid 01)^*$ の syntactic monoid の積表(A.9)の作り方を紹介しましたが、その中で、6つの文字列 $\varepsilon, 0, 1, 00, 01, 10$ がその他の文字列を代表する特別な元(代表元)として得られました。これらの文字列を特別に扱う必要があるため、以下ではその集合を $M(L)$ と書くことにします[注14]。

注12 上の例では $1\,01 \equiv_L 1$ だったので、代表元 1 の行と代表元 01 の列の交差する欄に代表元 1 を書き込んだのでした。

注13 実際、この表を使って文字列のパターンマッチをすることもできます。この事実とモノイドの結合律に着目して、本書著者(新屋)が自身の論文[41]において、「モノイドを使って、パターンマッチを効率良く**並列処理できる**」ということを示しています。また、その内容を一般向けにわかりやすく解説したスライドは以下で見られます。 🔗 http://www.slideshare.net/sinya8282/avx

注14 A.10 の表の場合で言えば、$M(L)=\{w_0, w_1, \cdots, w_n\}$ となります。インデックスに現れる文字列を集めてたものが $M(L)$ です。

$$M(L)=\{\varepsilon, 0, 1, 00, 01, 10\}$$

積表は、$M(L)$の元をインデックスに持ち、各セルの中にまた$M(L)$の元が書き込まれている表でした。この積表を見ると、たとえば0の行と01の列の交差するセルには00が入っていますが、このことを以下では、

$$\underbrace{0}_{\text{行の要素}} \cdot \underbrace{01}_{\text{列の要素}} = \underbrace{00}_{\text{交差するセルの要素}}$$

と書くことにして「00は、0と01の**積**である」と言います。その他にもたとえば、

$$1 \cdot 01 = 1$$
$$10 \cdot 10 = 10$$
$$01 \cdot 0 = 0$$

などがわかるはずです[注15]。

■──── monoid（モノイド）

$M(L)=\{\varepsilon,0,1,00,01,10\}$の元（たとえば0や01など）は、2つの積を取ることで$M(L)$の元を得ることができます。たとえば$0 \in M(L)$と$01 \in M(L)$の積を取ると、$0 \cdot 01 = 01 \in M(L)$であることが、積表を見ればわかりました。この積については、とくに以下の**monoidの公理**を満たします。

任意の$x, y, z \in M(L)$について、

- **結合律：**　　$(x \cdot y) \cdot z = x \cdot (y \cdot z)$
- **単位の存在：**　$\exists\ e \in M(L).\ ((e \cdot x = x) \wedge (x \cdot e = x))$

たとえば結合律では、$x=0, y=1, z=00$として、$(x \cdot y) \cdot z$と$x \cdot (y \cdot z)$をそれぞれ（積表を見ながら）計算すると、

$$(0 \cdot 1) \cdot 00 = 01 \cdot 00 = 00$$
$$0 \cdot (1 \cdot 00) = 0 \cdot 00 = 00$$

注15　**A.9**の表を、「syntactic monoidの積表」と呼んだのは、それが$M(L)$の元の積が何になるかの情報を記載しているものだからです。正規言語Lのsyntactic monoidとは、正確に言うと$M(L)$とこの積表の組のことです。

となり、確かに共に00で一致します。他の $x, y, z \in M(L)$ でも同様です。また ε は $M(L)$ の元ですが、任意の $x \in M(L)$ に対して、$\varepsilon \cdot x = x = x \cdot \varepsilon$ が成り立つことも、積表を見ればわかります。

一般に、集合 M であって、上記の2つの性質を満たす写像 $\cdot : M \times M \ni (x, y) \mapsto x \cdot y \in M$ を持つものを、**monoid**(モノイド)と言います。上で確認したのは、正規言語 $L=(0|01)^*$ から作られる $M(L)$ は、monoid の一種であるということです。とくに $M(L)$ は正規言語 $L=(0|01)^*$ にとって特別な monoid であるため、単に「L の monoid」ではなく「syntactic monoid」と呼ばれるのです。

正規言語の数学を知る上で、(syntactic) monoid の概念はなくてはならない重要な概念です。ぱっと見では monoid という概念が、それ自身どのようにありがたいのかは理解しがたいかもしれません。しかし、このように抽象的な言葉を用意しておくことで、正規言語の中にどのようなパターンで文字列が現れるかを判定する(抽象的な)アルゴリズムを記述するのに大変役立つのです。monoid に限らず数学の概念は多かれ少なかれ抽象的なものです。そういった抽象概念にぶち当たって困惑してしまったときは、何よりもまず「それが何に使われるのか」「どうしてそんな概念を導入する必要があるのか」に特別に注意するのが、その概念を理解する最短ルートです。そうやって初めて抽象概念の役割に気づくことができます。

正規言語の syntactic monoid の使い方

上では正規言語 $L=(1|01)^*$ を例にとって、syntactic monoid $M(L)$ およびその元の間の積の計算方法を見ました。「それが何の役に立つのか」と思ったかもしれませんが、一言で言えば、正規言語から syntactic monoid を計算する最大のメリットは、

「正規表現の最適化問題を、それが定義する正規言語 L の syntactic monoid $M(L)$ の代数的問題に帰着させることができる」[注16]

という点にあります。ここで「代数的問題」とは、「syntactic monoid が一定の等式[注17]を満たすかどうか判定する問題」のことを指します。たとえば、上で計算

[注16] もちろん何でもかんでも、という訳ではありません。「どの場合に syntactic monoid が応用できるか」も、数学者はすでに知っています(後述)。
[注17] 数学的には、「副有限等式」(*profinite equation*)と呼ばれるものです。本稿では、過度な高度化を避けるため、そのなかでもとくに初等的なもののみ扱っています。

した正規言語$L=(0|\ 01)^*$の syntactic monoid $M(L) = \{\varepsilon,0,1,00,01,10\}$ の積表を見ると、「01と1の積は01である」ことや「10の積を何回とっても10のまま変わらない」ことなどが確認できます。

$$01 \cdot 1 = 01$$
$$10 \cdot 10 \cdots 10 = 10$$

このように、syntactic monoid $M(L)$ の元（01や1）とそれらの間の積（01・1など）の間の等式は、$M(L)$ の積表を見れば簡単に確認できるものですが、ある種の正規表現の最適化問題は、syntactic monoid の元の間の等式を確認するだけで解決できてしまうものがあるのです。

これだけ聞いても、今はあまりピンと来ないかもしれませんが大丈夫です。大事なのは、最適化という、一般にはどのようにアプローチしていいかよくわからない問題に対して、「等式が成り立つかを確かめれば良い」という一つの計算可能なアプローチが生まれることです。このアプローチに、正規言語の syntactic monoid が必要という訳なのです。

Syntactic monoidを実際に使ってみる

それでは実際に、具体的な例を通して正規言語の syntactic monoid が、正規表現の最適化問題に果たす役割を見てみましょう。とくに以下では、これまでの例を使って、正規言語の syntactic monoid を計算することで「正規表現から * を削除できるか」、そして「可能ならば * を使わない等価な正規表現を生成せよ」という最適化問題が、syntactic monoid の代数的問題（元の間の等式を確かめる問題）に言い換えられる様子を見てみることにします。

❶正規表現から*を削除できるか確かめるアルゴリズム

もちろん、原理的に * を使わずには表現できない正規言語は存在します。たとえば正規言語$(111\ |\ 10)^*$は、実は * を使わないと表現できません。この正規言語は、（正規表現による表示上は）一見して正規言語$(1\ |\ 01)^*$に似ているにもかかわらず、* を削除できないのです。原理的に不可能なものに対して、（ * を削除するという）最適化を施そうと頑張っても、できないものはできないのです。

そのため、*削除の計算を始める前にまず、コーディングした正規表現から * を削除できるかどうかを、あらかじめ確認する行程が必要です。どのようにして「$(111\ |\ 10)^*$から * を削除できない」と結論付ければいいでしょうか。逆に、ど

のようにして「$(1 | 01)^*$からは$*$を削除できる」と判断すればいいでしょうか。

上述したように、syntactic monoidの役割は、これらの問題を「syntactic monoidに関する代数的問題」に帰着させることでした。結論から言えば、「正規表現pから$*$が削除できるか」を確認するには、実はその正規表現が表す正規言語Lのsyntactic monoid $M(L)$のすべての元xが、以下の等式を満たすかを確認すれば良いのです。Nを$M(L)$の元の個数とすると、

$$x^{N!} = x^{N!+1} \qquad \text{A.11}$$

ここで、$N!$はNの階乗$N \cdot (N-1) \cdots 2 \cdot 1$を表します。たとえば正規表現$(1 | 01)^*$が表す正規言語のsyntactic monoid $M(L) = \{\varepsilon, 0, 1, 00, 01, 10\}$の元の個数$N$は6ですが、$M(L)$の積表を見ると確かに、

$$\varepsilon^{6!} = \varepsilon^{6!+1} \qquad (00)^{6!} = (00)^{6!+1}$$
$$0^{6!} = 0^{6!+1} \qquad (01)^{6!} = (01)^{6!+1}$$
$$1^{6!} = 1^{6!+1} \qquad (10)^{6!} = (10)^{6!+1}$$

が成立していることが確認できます。これらの等式が成り立つことだけから、$(1 | 01)^*$という正規言語が実は$*$を使わずに書けるということがわかるのです。

何とも不思議で、すぐには納得できないかもしれません。「正規表現から$*$を削除できること」と、「それが表す正規言語のsyntactic monoidの任意の元xが、$x^{N!} = x^{N!+1}$という等式を満たすこと」との間に、どうして関係があるなんて想像できるでしょうか。しかし、これはまぎれもなく数学的に証明された事実で、その最初の証明を与えたのが形式言語理論と代数学の権威Schützenbergerでした。

前節でも正規表現$(1 | 01 | 10)^*$が$*$を使わない正規表現に置き換えられると天下り式に言いましたが、一見しただけではわからないその事実も、$(1 | 01 | 10)^*$が表す正規言語のsyntactic monoidを計算して、A.11の等式を確かめればすぐにわかるのです。

■—— ❷ $*$を使わない、等価な正規表現を生成するアルゴリズム

コーディングした正規表現が、上記のsyntactic monoidを使った方法で「$*$を含まない正規表現に書き換えられる」とわかったとします。すると次に問題となるのは、実際に$*$を含まない、元の正規表現と等価な正規表現を作り出すことです。

■—— Schützenbergerの定理と、アルゴリズムとしての証明

ところで皆さんは、数学の定理の証明を読むことはありますか。一部からは

Appendix

「とんでもない！」という返事が聞こえてきそうです。確かに、事実だけ知れば、実用上はそれで十分だと言うのも一理あります。しかし一方で、役立ちそうな定理はその主張だけでなく、証明を合わせて読むことにも実際的なメリットがあります。というのは、その証明が暗示的に、問題の解を生成するアルゴリズムを与えている場合があるからです[注18]。

「正規表現から*を消去できるか」という問題が、その「syntactic monoidが等式 $x^{N!} = x^{N!+1}$ を満たすか」という問題に翻訳できることを最初に証明したのは、Schützenbergerで、それは1965年のことでした。彼自身は明示的にはアルゴリズムを与えた訳ではありませんが、その証明のなかに本質的にアルゴリズムが現れています。

前節筆者(新屋)が、そのアルゴリズムを実装してくれました[注19]。そのアルゴリズムはとくにPerrinの証明を参考にしているようです。Perrinの証明は、元のSchützenbergerによる証明を幾分簡略化したものですが、この証明の際には、Perrinはsyntactic monoidの構造を詳細に解析しており、syntactic monoidが「正規表現から*を削除する」アルゴリズムの中でどのように利用されるかも彼の証明を見ればわかるようになっています。本書籍の範疇を大きく逸脱してしまうためここではその厳密な証明に立ち入ることはできませんが、同URLで「正規表現から*を削除する」アルゴリズムのソースコードを見ることができます[注20]。リストA.1の巨大で複雑な正規表現も上記のプログラムによって生成したものです。

[まとめ]正規言語のsyntactic monoidの使い方
――より高いところから俯瞰してみる

正規言語のsyntactic monoidは、その正規言語に関して必要十分な情報を含んでいます。一般には、正規言語を実装/表記する方法として、

- 有限オートマトン
- 正規表現

が広く知られていますが、数学的に言えば(syntactic)モノイドの積表も正規言

注18 とくに、定理の証明が帰納法を使っている場合はそうだと言えます。数学者は必ずしも「実際に計算すること」に興味がある訳ではなく「存在すること」を示せば十分と考えていることが多いため、実は役立つのに隠れてしまっているアルゴリズムがあるのです。ただしその場合、計算効率を考慮していないため、効率が悪い場合もあります。

注19 **URL** https://github.com/sinya8282/recon/blob/master/recon.hpp

注20 コード中のstarfree_expressionという関数が、*を削除した正規表現を生成するアルゴリズムを実装したものです。

語を表記/実装する役割を果たします。

その中でもとくに、正規言語のsyntactic monoidの顕著な特徴と言えるのが、前節までに見て来た性質です。つまり、正規表現の最適化問題という「正規言語にまつわる組み合わせ的問題」を、「syntactic monoidに関する代数的問題」に帰着できるという性質です。誤解のないように言い添えておくと、正規言語に関する組み合わせ的問題は、「それを受理する(最小)オートマトンの**幾何学的**問題」に帰着することももちろんできます[注21]。正規言語を受理するオートマトンは有限なので、その幾何学的性質も多くの場合、確かに決定可能ではあります。

しかしそれでも正規言語のsyntactic monoidが有利な点は、上述した「代数的問題」が、元の間の等式という決まった形式で一律に表現できるという点です。このような形式的な表現があるという点は、アルゴリズムを実装する上で決して無視できないメリットと言えるでしょう。

■── Syntactic monoidを使った方法の適用範囲

本付録では可能な限り具体性を保つために、「*を削除する」という最適化問題に集中して、syntactic monoidの使い方を紹介してきました。しかし、最適化問題に対してsyntactic monoidが応用できる事例はそれだけに留まりません。もっと言えば、どの種の問題に対してなら応用可能かということまですでにわかっているのです。

このことを理解するために、まずはお馴染みの具体例で見てみましょう。前節では、「正規表現が実は、*を使わない正規表現と取り替えられるか」という最適化問題が、「その正規表現が表す正規言語のsyntactic monoidが等式$x^{N!} = x^{N!+1}$を満たすか」という代数的問題に言い換えられることを紹介しました。この言い換えのお陰で、「正規表現から不要な*を削除する」という最適化を実行する(syntactic monoidを使った)アルゴリズムが存在することもわかったのでした。

ここで注意して欲しいのは「*を使わずに書ける正規言語は、ブール代数を成す」という事実です。もう少し簡単な言葉で言えば、

- 空言語$\emptyset$は、*を使わずに書ける
- もし正規言語$L, R \subset A^*$が*を使わずに書ける場合、その和$L \cup R$と補言語$\overline{L}$(そしてもちろん、その共通部分$L \cap R$)も*を使わずに書ける

[注21] たとえば、「最小オートマトンの状態に順序を入れることができて、遷移がその順序を保つか」を判定する幾何学的問題(オートマトンのグラフとしての構造に関する問題)に帰着する場合など。

Appendix

ということです。これは「*を使わずに書ける言語」の定義からも明らかで簡単に確かめられる性質ですが、さらに、

- もし正規言語 $L \subseteq A^*$ が*を使わずに書けて $a \in A$ ならば、$a^{-1}L$ および La^{-1} もまた*を使わずに書ける

ということもわかります。ここで、$a^{-1}L = \{u \in A^* \mid au \in L\}$ かつ $La^{-1} = \{u \in A^* \mid ua \in L\}$ であり、それぞれ L の $a \in A$ による**右微分および左微分**と呼ばれる言語です。

実は、より一般の正規表現の最適化問題に対しても、syntactic monoid を使った方法が適用できることが知られています。正規表現の最適化問題とは「コーディングした正規表現を、「特定の仕様」(*を含まないなど)を満たす正規表現に書き換えること」と言いましたが、もしその「仕様」を満たす正規表現の集合 P がある程度の表現力を持つ時には、同様の syntactic monoid を使った手法が適用できるのです。具体的に言うと、以下のとおりです。

❶ 空言語 $\emptyset$ は、P の元で表せる

❷ 正規言語 $L, R \subseteq A^*$ が P の元で表せるなら、その和 $L \cup R$ と補言語 $\overline{L}$ も P の元で表せる

❸ もし正規言語 $L \subseteq A^*$ が P の元で表わせて $a \in A$ ならば、$a^{-1}L$ および La^{-1} もまた P の元で表せる

たとえばこれまで見てきた「*を削除する問題」での例は、P として「*を含まない正規表現」の集合をとった場合に他なりません。この場合に限らず、一般に正規表現の集合 P が上記の性質を満たせば、「与えられた正規表現 p は、P の元と等価か」という最適化問題を、p が表す正規言語の syntactic monoid に関する代数的問題(syntactic monoid の元の間に、一定の等式が成立するかを確かめる問題)に帰着させられることが知られているのです。

■──この方法に伴うコスト

これまで正規言語の syntactic monoid を使う最適化の方法の強みを強調してきましたが、同時にそれを利用するためのコストも紹介しないとフェアではありません。syntactic monoid を計算して得られるものは確かに大きな効果があるものではありますが、しかし決してタダで手に入るわけではないのも確かです。

まず syntactic monoid を計算する計算量と、それを使って最適化された正規表現を生成する計算量は決して小さいものではありません。最適化された正規表現の処理効率が、元のものと比べて大幅に改善されるとしても、それを生成す

る段階で大きな計算量が必要になってしまいます。したがって、syntactic monoid を計算して最適化に利用する方法が有意義になるのは、その最適化の事前処理に伴う計算量をかけても「おつり」が来るとわかっている場合に限ります。

次に無視できないのは、数学屋さんにとってのコストです。Schützenbergerは、「正規言語が*を使わずに書ける」ことと、「その正規言語のsyntactic monoidが副有限等式 $x^{N!} = x^{N!+1}$ を満たすこと」が同値であると証明しましたが、その証明は決して簡単なものではありません。syntactic monoid の計算を経由した「正規表現から不要な*を削除する」という最適化には、Schützenbergerの定理が根本的な役割を果たしているので、まずはその定理を証明しなくてはいけません。一般的に言っても、正規表現の最適化にsyntactic monoidを応用するためには、そもそもモノイドの構造に関する**数学的な難問**を乗り越えなくてはいけないのです。

■── じゃあ、なぜsyntactic monoidか？

syntactic monoid を使う方法は、計算コストがかかり数学的にも困難を伴うものであるのは事実です。ただ、それでもやはり正規表現の最適化にとってこれ以上とないほどの強力で洗練された方法であることもまた事実なのです。とくに注目すべき点は、syntactic monoid を経由した方法には、確固とした数学的基盤が存在していることです。

一般に、正規表現にせよ、もっと複雑なプログラムにせよ、「最適化」というキーワードに関わる技術は、アドホックなアイディアに依存している傾向にあります。もちろん、それだからこそ、やりがいがあり楽しいハックなのも確かですが、しかし一方で、その場凌ぎ的な要素があり普遍性に欠けるということもまた確かです。それに対して、上述してきたsyntactic monoidを使った正規表現の最適化は、(ある程度) 数学的に体系化されていると言う点で顕著だと言えます。この事実は、理論に支えられた確かな技術を築く上で最も重要な要素の一つです。

正規言語の構造を巡る研究には、その他の計算機科学の分野には見られないほどの豊かな数学が現れます。有限オートマトンが認識する言語であり、正規表現で表記できる言語である正規言語は、そのsyntactic monoidと深い関係にあります。本節では、その関係を生かした最適化の方法を紹介してきましたが、その背後には、一般にはあまり知られていない数学の沃野が広がっているのです。

[エピローグ]背後にある数学「双対性」

正規言語が持つ良い性質の背後には、ある数学の原理が潜んでいます。それが、タイトルにも銘打ってある**双対性**です。双対性とは、数学のあらゆる分野で現れる重要なキーワードです。前節までで見てきた、正規言語のsyntactic monoidを使った正規表現の最適化手法も、数学的にいうと実は、正規言語とsyntactic monoidの間の双対性に支えられた手法なのです。

■──双対性って？

双対性という言葉には決まった定義はありませんが、数学では概して「2つのものが互いに対になって密接に関係していること」を指す言葉として広く用いられるものです。

たとえば、**線形計画法**(*linear programming*)では、双対定理と呼ばれる定理群があります。これは一般に、ある難しい最適化問題の最適解が、別の最適化問題の最適解と一致することを主張する定理です。この一致を根拠として、元の問題の最適解を得るための効率的なアルゴリズムを得ることができる場合があります。

他にも双対性がその原理となっているものに、**フーリエ変換**があります。一言でザックリ言えばフーリエ変換とは、連続な(周期)関数を数値の離散的分布に変換する方法です(**図A.5**)。

工学的にはたとえば、音声認識や画像処理などの技術に生かされています。元のアナログな(連続な)信号を、デジタルな(離散的な)信号にフーリエ変換することで、扱いやすいデータに変換している訳ですが、その変換の正当性(元の情報が失われないこと)は、連続関数と離散関数の間の双対性によって保証されているのです。

■──正規言語とsyntactic monoidの双対性

正規言語とそのsyntactic monoidの間にも、一種の双対性があります。前節では、「正規言語が*を使わずに書けるか」という問題が「そのsyntactic monoidが等式 $x^{N!} = x^{N!+1}$ を満たすか」という問題に変換できると言及していますが、それは正規言語とsyntactic monoidの間の双対性を反映したものなのです。

■──正規言語とsyntactic monoidの相互関係を支えるストーン双対性

正規言語のsyntactic monoidの研究の起源は1950年代に遡り歴史あるものですが、正規言語とsyntactic monoidの間の対応関係が「双対性」というキーワードを

通して再解釈されたのは実はつい最近になってのことです[42][43][39]。天下り的に言ってしまえば、その双対性は「ストーン双対性」と呼ばれるもので、古典論理の完全性定理とも深く関わってくる非常に重要な双対性です。

残念ながら数学書でない本書で、その双対性の具体的内容に立ち入るのは困難ですが[注22]、本書の主題に合った実用的な観点から見るとストーン双対性とは、

- 正規言語の性質と、そのsyntactic monoidの性質の間の対応関係を支える原理
- その双対性を仲介して（つまり正規言語の代わりにsyntactic monoidを見ることで）、正規表現の最適化の手法を生むもの

であると言えます。

注22 困難なだけでなく、技術書の話題として不適切でさえありそうなので、ここでは数学用語の乱用を押さえて要点だけ紹介します。双対性一般の（哲学的/数学的）解説記事として、京都大学の丸山善宏氏の記事[44]が秀逸です。その中でも、ストーン双対性について解説がされています。また、本節著者（浦本）による正規言語のvariety theoryの概説記事[39]では、ストーン双対性の観点から、正規言語のvariety theoryを紹介しています。この中でとくに、（代数方程式の可解性判定で活躍する）「ガロア理論」の圏論的な定式化である「ガロア圏」の話題に沿った形で、正規言語のvariety theoryを総括しています。

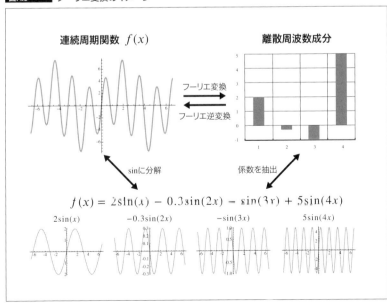

図A.5　フーリエ変換のイメージ

おわりに

　正規言語の syntactic monoid の研究は、Stephen Kleene が1951年に正規表現を生み出してからほどなくして、Rabin と Scott により始められました。元々は DFA に関する決定問題を解決する中で導入されたものでしたが、その後の Schützenberger の研究によって、その重要性はさらに高まります。Schützenberger の発見以降、正規言語と syntactic monoid、そして DFA の構造の研究は、今日まで多くの数学者の努力により発展してきており、今では正規言語、syntactic monoid、そして DFA の三者間の密接な関係性は、形式言語理論の中でも最も輝かしい達成として知られています。現在でも、正規言語の syntactic monoid の代数的な研究を始め、その応用や一般化の研究が続けられてもいるのです。

　形式言語理論、そしてより広く計算機科学は元来、「計算できることって何だろう」という素朴な疑問が元になって生まれた分野です。それまで数学における簡単な問題（たとえば2つの整数の最大公約数を計算することなど）のいくつかは、機械的に答えが出せる（アルゴリズムが存在する）ことが知られていましたが、「どういった問題が機械的に解けるのか」「アルゴリズムでは解けない問題は存在するのか」といった疑問が、1900年代初頭の懸案となっていたのです。その疑問に一つの答えを出すために、1936年、Alan Turing が「計算できること」、つまり「計算可能性」のモデルである（今日で言うところの）チューリング機械を導入し、それによって「機械的には解けない問題が存在する」ことを証明してから、現代的な計算機科学が始まったと言われます。

　計算機科学はもはや言うまでもなく、数学のみならず工学的/実学的にも重要な分野です。計算可能性についての理論的な理解のみならず、チューリング機械の実現であるコンピュータの工学的な改良や製品化自体にも、研究の動機が生まれてきたのです。本書籍の対象である正規表現も、元々は理論畑で生まれたものでしたが、Kenneth Thompson によって文字列検索に応用されてから、プログラミングの世界で活躍する存在となりました。また「正規表現の技術」も日々新しく更新されていっています。

　そういった正規表現の技術の背後に、「正規言語理論」という計算機科学の長い歴史の中でも根本にある理論が横たわっているのだと知っていることも、あるいは有意義かもしれません。本当に役立つ技術は、確固たる理論的基盤に支えられているものなのです。

A.3 参考文献

[1] 『詳説 正規表現 第三版』(Jeffrey Friedl著、長尾 高弘訳、オライリー・ジャパン、2008)
[2] 『Programming Perl, 4th Edition』(Tom Christiansen/brian d foy/Larry Wall/Jon Orwant著、O'Reilly Media、2013)
[3] 「On Computable Numbers, with an Application to the Entscheidungsproblem」(Alan Turing著、Vol. 42、Proceedings of the London mathematical society、1936)
[4] 「A Logical Calculus of the Ideas Immanent in Nervous Activity」(Warren S. McCulloch/Walter Pitts著、Vol. 5、Bulletin of Mathematical Biophysics、1943)
[5] 「Representation of Events in Nerve Nets and Finite Automata」(Stephen Kleene著、Project RAND Research Memorandum RM-704、Rand Corp.、1951)
[6] 「Representation of Events in Nerve Nets and Finite Automata」(Stephen Kleene著、Princeton University Press、1956)
[7] 「Finite Automata and Their Decision Problems」(Michael Rabin/Dana Scott著、Vol. 3、IBM J. Res. Dev.、IBM Corp.、1959)
[8] 「Programming Techniques: Regular Expression Search Algorithm」(Ken Thompson著、Vol. 11、ACM、1968)
[9] 『Digital Typography』(Donald E. Knuth著、Center for the Study of Language and Information、1999)
[10] 『The World of Scripting Languages』(David Barron著、John Wiley & Sons, Inc.、2000)
[11] 『Netizens: On the History and Impact of Usenet and the Internet』(Michael Hauben/Ronda Hauben/Thomas Truscott著、IEEE Computer Society Press、1997)
[12] 『A Quarter Century of UNIX』(Peter H. Salus著、Addison-Wesley Publishing Co.、1994)
[13] 「SNOBOL, A String Manipulation Language」(David J. Farber/Ralph E. Griswold/Ivan P. Polonsky著、Vol. 11、ACM、1964)
[14] 『Formal language theory : perspectives and open problems』(Ronald V. Book編、Academic Press、1980)
[15] 「Word Problems Requiring Exponential Time(Preliminary Report)」(Larry Stockmeyer/Albert Meyer著、Proceedings of the Fifth Annual ACM Symposium on Theory of Computing、ACM、1973)
[16] 『正規表現クックブック』(Jan Goyvaerts/Steven Levithan著、長尾 高弘訳、オライリー・ジャパン、2010)
[17] 「RFC 3986: Uniform Resource Identifier(URI): Generic Syntax」**URL** http://www.ietf.org/rfc/rfc3986.txt
[18] 「URLにマッチする真の正規表現 – RFC 3986定義のURIの話」**URL** http://sinya8282.sakura.ne.jp/?p=1064
[19] 『Elements of Automata Theory』(Jacques Sakarovitch著、Reuben Thomas訳、Cambridge University Press、2009)
[20] 「Canonical regular expressions and minimal state graphs for definite events」(Janusz A. Brzozowski著、Mathematical theory of Automata、Polytechnic Press、1962)
[21] 『オートマトン言語理論 計算論 I[第2版]』(John E. Hopcroft/Jeffrey D. Ullman/Rajeev Motwani著、野崎 昭弘/町田 元/高橋 正子/山崎 秀記訳、サイエンス社、2003)
[22] 『ビューティフルコード』(Brian Kernighan/Jon Bentley/まつもとゆきひろ著、Andy Oram/Greg Wilson編、久野 禎子/久野 靖訳、オライリー・ジャパン、2008)
[23] 『プログラミングテクニックアドバンス』(多治見 寿和著、アスキー、2004)
[24] 「The Equivalence Problem for Regular Expressions with Squaring Requires Exponential Space」(Albert Meyer/Larry Stockmeyer著、Proceedings of the 13th Annual Symposium on Switching and Automata Theory、IEEE Computer Society、1972)
[25] 「RFC 2396: Uniform Resource Identifiers(URI): Generic Syntax」**URL** http://www.ietf.org/rfc/rfc2396.txt
[26] 『言語実装パターン ──コンパイラ技術によるテキスト処理から言語実装まで』(Terence Parr著、中田 育男監訳、伊藤 真浩訳、オライリー・ジャパン、2011)
[27] 『コンパイラ -- 原理・技法・ツール』(第2版、Alfred V. Aho/Jeffery D. Ullman/Ravi Sethi/Monica S. Lam著、原田 賢一訳、サイエンス社、2009)
[28] 「The Power of the Greibach Normal Form.」(Günter Hotz/Thomas Kretschmer著、Vol. 25、Elektronische Informationsverarbeitung und Kybernetik、1989)
[29] 「Three Models for the Description of Language」(Noam Chomsky著、Vol. 2、IRE Transactions on Information Theory、1956)
[30] 『計算理論の基礎[原著第2版]1.オートマトンと言語』(Michael Sipser著、太田 和夫/田中 圭介/阿部 正幸/植田 広樹/藤岡 淳/渡辺 治訳、共立出版、2008)
[31] 「Packrat Parsing: a Practical Linear-Time Algorithm with Backtracking」(Bryan Ford著、2002)
[32] 「Parsing Expression Grammars: A Recognition-based Syntactic Foundation」(Bryan Ford著、Vol. 39、ACM、2004)
[33] 「Translation of Regular Expression with Lookahead into Finite State Automaton」(Akimasa MORIHATA著、Vol.29、Computer Software、2012)、「先読み付き正規表現の有限状態オートマトンへの変換」(日本語版、森畑 明昌著、**URL** https://www.jstage.jst.go.jp/article/jssst/29/1/29_1_1_147/_article/
[34] 「Regular Languages」(Sheng Yu著、Handbook of Formal Languages Volume 1. Word, Language, Grammer、Springer Science & Business Media、1997)
[35] 『Computation Engineering: Applied Automata Theory and Logic』(Ganesh Gopalakrishnan著、Springer Science & Business Media、2006)

[36] 『Introduction to Formal Language Theory』(Michael A. Harrison著、Addison-Wesley Longman Publishing Co., Inc.、1978)
[37] 『Finite Automata』(Mark V. Lawson著、Chapman and Hall、2003)
[38] 「A Necessary and Sufficient Pumping Lemma for Regular Languages」(Jeffrey Jaffe著、Vol. 10、SIGACT News、ACM、1978)
[39] 「双対性による正規言語のVariety Theory(計算機科学における論理・代数・言語)」(浦本 武雄著、Vol. 1915、数理解析研究所講究録、京都大学、2014)
[40] 「On Finite Monoids Having Only Trivial Subgroups」(Marcel-Paul Schützenberger著、Information and Control、1965)
[41] 「Simultaneous Finite Automata: An Efficient Data-Parallel Model for Regular Expression Matching」(Ryoma Sin'ya/Kiminori Matsuzaki/Masataka Sassa著、ICPP-2013、IEEE Computer Society、2013)
[42] 「Regular Languages and Stone Duality」(Nicholas Pippenger著、Vol. 30、Theory of Computer Systems、1997)
[43] 「Duality and equational thoery of regular languages」(Mai Gehrke/Serge Grigorieff/Jean-Eric Pin著、ICALP、2008)
[44] 「圏論的双対性の「論理」/圏論における抽象と取捨、あるいは不条理」(丸山 善宏著、数学セミナー5月号、日本評論社、2012)

索引

記号等

- ^（文字クラスの否定） ... 26
- ^（アンカー） ... 29
- _ ... 26
- - ... 25
- -eオプション ... 75
- -oオプション ... 37, 43, 246
- -pe（オプション） ... 46
- ? ... 23
- 24
- ' ... 27
- " ... 42
- (?:) ... 37
- (?=) ... 48
- [ ]（文字クラス） ... 16, 25
- [ ]（キャプチャしないグループ化） ... 38
- * ... 17, 22
- \ ... 27, 28
- \\ ... 28
- + ... 23
- $ ... 29
- $_ ... 47
- $n ... 34, 46
- \K ... 191
- {n, m} ... 23
- \n ... 44, 46
- (?<name>) ... 36
- (?R) ... 52
- \R ... 192
- \X ... 193
- δ（小文字のデルタ） ... 119
- ε ... 88
- ε-NFA ... 127
- ε展開 ... 128
- Σ（大文字のシグマ） ... 86
- σ（小文字のシグマ） ... 86

アルファベット

- abnf ... 264
- ABNF ... 262
- Alan Turing ... 63
- ALGOL ... 276
- AND演算 ... 51
- ANSI C ... 75
- Apache ... 11, 45
- ASCII ... 25
- AVX2 ... 232
- AWK ... 73, 74
- Berkeley time-sharing system ... 69
- BM 7094 ... 69
- BNF ... 18, 266, 274
- Boyer-Moore-Horspool ... 190
- BRE ... 75
- BREGEXP.DLL ... 206
- bregonig.dll ... 206
- Brzozowskiの最小化法 ... 141
- CFG ... 276
- CFL ... 276
- Chomsky-Schützenbergerの定理 ... 276
- Chomsky階層 ... 277
- Commentz-Walterのアルゴリズム ... 226
- CSSセレクタ ... 209
- CTSS ... 70
- curlコマンド ... 37
- Dana Scott ... 68
- DFA ... 56, 120
- DFA型 ... 56, 76, 132
- Donald Knuth ... 73
- Douglas McIlroy ... 76
- Dyck言語 ... 276, 297
- EBNF ... 274
- ECMAScript ... 81, 209
- ed ... 71
- egrep ... 12, 75
- Emacs ... 71, 73
- ERE ... 75, 246
- ereg ... 74
- ereg_replace ... 74
- etags ... 73
- expr ... 73
- false negative ... 108
- false positive ... 108
- findコマンド ... 73
- gather ... 232
- getopt関数 ... 75
- GNU grep ... 37, 75, 76
- Google Code Search ... 78
- Google RE2 ... 78
- Graphviz ... 268
- Grass ... 266
- grep ... 12, 37, 76
- gオプション ... 45
- Haswell ... 232
- Henry Spencer ... 75
- hmjre.dll ... 206

HTML	9
HTML5	9, 15, 106
HTML5 Forms	60
Huffman符号化	38
Irregexp	210
Jamie Zawinski	273
Janetter	14
JavaScript	81, 98, 209, 258
JavaScriptCore	98
JITコンパイラ	69
JITコンパイル	81, 98, 210
John Warner Backus	276
jQuery	209
jre.dll、jre32.dll	206
JSON	8, 60, 210
json2.js	60, 210
Kenneth Thompson	69
killall	73
Kleeneの定理	122
Kleene閉包	17, 91
Larry Wall	78
LGPL	82
LISP	179
Marcel-Paul Schützenberger	311
Markdownパーサ	60
matchメソッド	35
MaxClients	11, 45
Michael O. Rabin	68
monoid	319
Multicsプロジェクト	70
Myhill-Nerodeの定理	293
MySQL	75
Nクイーン問題	146
nano	73
Nehalem	232
NFA	56, 59, 69, 119
Noam Chomsky	277
NP完全	80
onig.dll	206
onig_match()	146
onig_new()	146
onig_search()	146
On-the-Fly構成法	133
PC	152, 215
PCRE	80, 206, 239
pcregrep	37, 42
PEG	277
Perl	78
Perlのワンライナー実行	46
Peter Naur	276
Philip Hazel	80
POSIX	74
POSIX文字クラス	252
PSPACE完全	94, 267
Python 2.x	18, 19, 242
QED	69
Quick search	190, 221
RANS	268
regcomp()	146
regexec()	146
regex.h	74
Regexper	267
regular expression	66, 67
re.subメソッド	44
reモジュール	39
RFC 2396	268
RFC 3986	108, 109, 261, 268
rn	78
Rob Pike	148
Ruby	81
Russ Cox	78, 151
SDL Regex Fuzzer	270
sed	11, 45, 73
SIMD	226, 232
Sizzle	209
sljit	98
SNOBOL	79, 80
SP	152
SpiderMonkey	81
split	73
SRE	75
SSE 4.2	232
star-free言語	311
std::regex	206
Stephen Kleene	66
Stringology	226
Sublime Text	60
SunSpider	211
syntactic monoid	232, 311
tail	76
tar	73
Tcl	75
TeX	87
Thompson NFA	69, 155
Thompsonの構成法	69, 123
TMTOWTDI	47
Twitter	13
UCD	186
Unicode	85, 182, 188, 193, 206
Unicodeプロパティ	254
Unix	12, 73
UNIX	73

索引

URI 107, 261
URL 60, 107, 109
V8 .... 81, 210
V8 Benchmark Suite 211
V8 Irregexp 81
VerbalExpression 264
Version 8 UNIX 75
vi 73
Vim 60, 71
VirtualBox 145
VM 57, 59, 145
VM型 57, 76, 145
VMware 145
Walter Pitts 64
Warren McCulloch 64
WebKit Yarr 81
Windows環境 206
WREC 81
WWW 79
XML 8

ア行

アサーション 28
アトミック 244
アトミックグループ 193, 244, 255
後読み 49
アルゴリズム 63
アンカー 28, 33, 191
アンダースコア 26
位置 28, 48
一般プロパティ 254
エスケープシーケンス 27
演算子 3, 5, 28
演算の結合順位 21
オートマトン 68, 115
オートマトン理論 68
オーバーラップ 249
鬼雲 82, 162
鬼車 82, 206

カ行

外延的記法 89
解析表現文法 277
階層 277
拡張Unicode結合文字シーケンス 193
拡張機能 47
拡張性 96
拡張正規表現 75
可視化ツール 267
仮想マシン 57, 145
可変長後読み 257

空集合 86
空文字列 29, 88, 257
完全一致 31
記憶領域の有無 65
機械語 210
機能重視のVM型 98
帰納的可算言語 277
基本三演算 15, 92, 153
基本三演算では表現できないパターン 54
基本三演算の組み合わせ 19
疑問符 23
逆向きオートマトン 141
キャプチャ 5, 34
共通部分 51
キーワード 219
クォーテーション 27
繰り返し 17, 91, 125
グループ化 5, 21
計算の理論 63
計算モデル 63
形式言語理論 90
形式的ニューロン 64
結合順位 21
決定性 56
決定性有限オートマトン 56, 117
言語 89
検索 190
構成要素 3, 5
構文 6
構文解析 273
後方一致 32
後方参照 53, 54, 80, 299
強欲な量指定子 44, 237, 244
強欲マッチ 203
コードポイント 185
小迫清美 82
固定文字列 218
固定文字列探索 190, 218, 243
コンパイラ 145, 187

サ行

再帰 51, 54, 297
最左最長 246
最小DFA 140
最小DFAの一意性 297
最小の正規表現 267
先読み 48, 250, 286
サブパターン 33
サブマッチ 33, 248
シェル 73
式 3

[333]

識別子 19
字句解析 10
辞書 129
自然言語 18
自然言語処理 91
自動強欲化 189, 201, 241
シフトアンド法 229
集合 85
十分条件 287
受理状態 114
受理文字列集合 91
純粋な正規表現 58, 91
順番で指定する方法 34
商集合 294
状態数爆発 101
状態数爆発問題 131
状態複雑性 270
省メモリ性 96
初期状態 114
シンタックス 6, 80
シンタックスシュガー 22
シンタックスハイライト 60
真の包含 87
親和性 96
スクリーンエディタ 72
スクリプト 254
スター 17
スタック 152, 164
スタックオーバーフロー 160
ステートメント 291
ストーン双対性 327
スレッド 152
スレッドセーフ性 96
正規 7, 67
正規言語 85, 90, 93
正規言語のvariety theory 304
正規表現 3, 66
正規表現エンジン 6, 55, 96
正規表現エンジンの検証 253
正規表現リテラル 7
生成文法 277
正則 67
積 51
積表 316
接頭辞 30
接尾辞 30
セマンティクス 80
ゼロ幅アサーション 28
遷移規則 114
線形計画法 326
線形時間 132

選択 16, 124
前方一致 32, 146
双対性 326
総和 87
速度 96
速度重視のDFA型 98
素数 299
素数言語 299

タ行

代表元 315
多機能性 96
田中哲 53, 264
田中英行 281
ダブルクォーテーション 42
単集合 86
遅延評価 133
置換 45
抽象構文木 145
チューニング 97
チューリングマシン 63
テキストエディタ 60
テープ 65
テレタイプ 72
電話番号 107
糖衣構文 22
等価 94
等価性判定 94
等価判定 68
同型 139
到達可能状態 131
同値関係 293
同値類 294
トークナイズ 60
トークン 60
ドット 24

ナ行

内包の記法 89
名前付きキャプチャ 36
名前で指定する方法 34
ニューラルネットワーク 65
任意の 17
ネスト 241, 242
バイトコード 56, 57, 212
パイプ 76
ハイフン 25
パーサ 60, 145, 178, 273
パーサジェネレータ 178
パターン 3
バックスラッシュ 27, 28

索引

バックトラック 42, 44, 57, 59, 146, 235
バックトラックの制御 201, 245
ハッシュ 129
ハット 26
鳩の巣原理 290
パフォーマンス 37, 97
早い者勝ちマッチング 247
パリティチェック 113
バリデーション 9, 32, 60
範囲指定 25
範囲指定繰り返し制御 23
範囲量指定子 23
反復補題 287
控え目なマッチ 202
控え目な量指定子 40, 236, 244
非決定性 59
非決定性有限オートマトン 117
非終端記号 262
左から右 39
左微分 324
ビットパラレル手法 226
ビット並列処理 226
必要十分条件 288
必要条件 287
否定 26, 49
否定後読み 49
否定演算 284
否定先読み 49
標準オートマトン 123
標準正規表現 75
ファジング 272
複数文字列探索アルゴリズム 225
部分一致 32, 146
部分式呼び出し 53
部分集合 87
部分集合構成法 118, 129
部分文字列 30
ブラケット 25
プラス 23
ブーリアンオートマトン 286
フーリエ変換 326
ブルートフォースアルゴリズム 220
ブロック 254
文法 273
文法規則 262
文脈依存言語 277
文脈自由言語 90, 276
文脈自由文法 276
冪集合 119
冪乗 21
ベル研究所 70

ベンチマーク 98
包含 87
ポンピング補題 287

マ行

マッチ 245
マッチ実行部 152
マッチする 4
マッチングの種類 31
末尾再帰 158
まつもとゆきひろ 82
丸括弧 5, 21
右同値類 294
右微分 324
無限 89
無限集合 89
メールアドレス 10, 15, 105
メタ文字 28
メモリの局所性 212
文字 124
文字クラス 16, 25, 230
文字の集合 85
文字列 7
文字列探索 232
文字列の置換 44
文字列の部位 30
モノイド 319

ヤ行

有限 85
有限オートマトン 56, 67, 115
有限の状態 114
有限のパターン 20
優先順位(サブマッチ) 38
郵便番号 107
欲張りな量指定子 40, 236, 244

ラ行

ラインエディタ 71
リスト内包表記 89
メタ文字 5
リテラル 5, 28
量指定子 4, 17, 22, 242
レジスタ ,, ... 152, 215
連接 16, 125
論理回路 65

ワ行

和 16

335

装丁・本文デザイン	西岡 裕二
レイアウト	酒徳 葉子(技術評論社)
本文図版	さいとう 歩美

WEB+DB PRESS plusシリーズ
正規表現技術入門
最新エンジン実装と理論的背景

2015年 5月15日 初版 第1刷発行
2023年 7月 4日 初版 第2刷発行

著者	新屋 良磨、鈴木 勇介、髙田 謙
発行者	片岡 巖
発行所	株式会社技術評論社 東京都新宿区市谷左内町21-13 電話　03-3513-6150　販売促進部 　　　03-3513-6175　第5編集部
印刷／製本	日経印刷株式会社

- 定価はカバーに表示してあります。
- 本書の一部または全部を著作権法の定める範囲を超え、無断で複写、複製、転載、あるいはファイルに落とすことを禁じます。
- 造本には細心の注意を払っておりますが、万一、乱丁（ページの乱れ）や落丁（ページの抜け）がございましたら、小社販売促進部までお送りください。送料小社負担にてお取り替えいたします。

©2015 Ryoma Shinya, Yusuke Suzuki, Ken Takata,
Takuya Kida, Takeo Uramoto

ISBN 978-4-7741-7270-5 C3055

Printed in Japan

● お問い合わせ

本書に関するご質問は記載内容についてのみとさせていただきます。本書の内容以外のご質問には一切応じられませんので、あらかじめご了承ください。なお、お電話でのご質問は受け付けておりませんので、書面またはFAX、小社Webサイトのお問い合わせフォームをご利用ください。

〒162-0846
東京都新宿区市谷左内町21-13
株式会社技術評論社
『正規表現技術入門』係

URL　https://gihyo.jp（技術評論社Webサイト）

ご質問の際に記載いただいた個人情報は回答以外の目的に使用することはありません。使用後は速やかに個人情報を廃棄します。